U0174526

ABB 工业机器人视觉集成应用精析

智通教育教材编写组 编

主 编 王刚涛 黄远飞

副主编 仝 涛 苏立强 谢 承 李 涛

参 编 张开贞 蔡红芝 吴忠海 谢剑明 李向阳

李 国 辛选飞 田增彬 钟海波 叶云鹏

梁 柱 崔恒恒 刘 刚 黄绍艺 郭 晨

张振海 刘俊峰 贺石斌 赵 君 胡 军

袁向东 林创苗 邓小林 赵鹏举

机 械 工 业 出 版 社

本书涵盖了机器视觉的基本原理与概念、机器视觉系统的构成等内容，以在自动化行业广泛使用的 ABB 工业机器人，以及康耐视智能相机为编写核心，由易及难地逐步介绍工业机器人视觉技术，包括从康耐视智能相机的硬件安装、In-Sight Explorer 软件编程方式、校准与标定，以及表面瑕疵检测、尺寸测量、字符条码识读、定位引导等常见案例的程序编写，到工业机器人与智能相机的串口及以太网套接字通信，再到综合项目练习及 ABB 工业机器人 Intergrated Vision 插件等内容。

本书第 3 ～ 7 章的资源文件可用手机浏览器扫描前言中的二维码下载。本书为授课老师提供了 PPT 课件，可联系 QQ296447532 获取。

本书适合从事工业机器人视觉集成应用、开发、调试、现场维护的工程技术人员以及相关专业的学生使用。

图书在版编目（CIP）数据

ABB工业机器人视觉集成应用精析/智通教育教材编写组编．—北京：机械工业出版社，2021.5（2025.2重印）

ISBN 978-7-111-67937-0

Ⅰ．①A… Ⅱ．①智… Ⅲ．①工业机器人—系统集成技术—教材 Ⅳ．①TP242.2

中国版本图书馆CIP数据核字（2021）第060468号

机械工业出版社（北京市百万庄大街22号 邮政编码100037）

策划编辑：周国萍　　　责任编辑：周国萍　刘本明

责任校对：潘　蕊　　　封面设计：马精明

责任印制：刘　媛

涿州市般润文化传播有限公司印刷

2025年2月第1版第7次印刷

184mm×260mm・13印张・307千字

标准书号：ISBN 978-7-111-67937-0

定价：59.00元

电话服务　　　　　　　　网络服务

客服电话：010-88361066　　机　工　官　网：www.cmpbook.com

　　　　　010-88379833　　机　工　官　博：weibo.com/cmp1952

　　　　　010-68326294　　金　　书　　网：www.golden-book.com

　机工教育服务网：www.cmpedu.com

前言

机器视觉是智能制造、自动控制等领域中重要的研究内容之一。随着工业 4.0 时代的到来，机器视觉及其应用技术在智能制造领域中的应用越来越广泛，已经成为工业生产中不可或缺的一部分。在“中国制造 2025”国家战略规划的推进过程中，以新技术、新产业、新业态和新模式为特征的“新工科”也在不断强调学科的实用性、交叉性与综合性，本书就是工业机器人技术与工业视觉技术在工业自动化中紧密结合的体现。

智通教育工业机器人系列图书自出版以来，受到了社会广泛关注，至今已被 100 余所高校图书馆收藏，同时作为教材已被超过 35 所高校选用。本书是继《ABB 工业机器人基础操作与编程》《ABB 工业机器人虚拟仿真与离线编程》《ABB 工业机器人典型应用案例详解》和《工业机器人与 PLC 通信实战教程》之后的又一力作。本书涵盖了机器视觉的基本原理与概念、机器视觉系统的构成等内容，以在自动化行业广泛使用的 ABB 工业机器人，以及康耐视智能相机为编写核心，由易及难地逐步介绍工业机器人视觉技术，包括从康耐视智能相机的硬件安装、In-Sight Explorer 软件编程方式、校准与标定，以及表面瑕疵检测、尺寸测量、字符条码识读、定位引导等常见案例的程序编写，到工业机器人与智能相机的串口及以太网套接字通信，再到综合项目练习及 ABB 工业机器人 Intergrated Vision 插件等内容，真正体现了“中国制造 2025”国家战略规划中实用性、交叉性的发展要求，使每个读者真正学有所得，并能快速地应用到项目中去。

本书第 3 ～ 7 章的资源文件可用手机浏览器扫描下面的二维码下载。本书为授课老师提供了 PPT 课件，可联系 QQ296447532 获取。

书中的内容简明扼要、图文并茂、通俗易懂，适合从事工业机器人视觉集成应用、开发、调试、现场维护的工程技术人员学习和参考。本书及其所在的系列书籍还适合高等职业院校选作工业机器人基础操作、虚拟仿真、典型应用、通信、视觉集成等系列教学的学习教材。

希望本书可以帮助大家紧跟工业 4.0 的时代步伐，学习工业机器人技术，助力我国工业制造能力的转型升级。由于工业机器人技术一直处于不断发展之中，再加上时间仓促、编者学识有限，书中难免存在不足和疏漏之处，敬请广大读者不吝赐教。

智通教育教材编写组

目录

第 1 章

机器视觉概述

➲ 知识要点

1. 机器视觉的发展历史与趋势
2. 机器视觉在工业领域的应用方向
3. 机器视觉与图像、算法的关系

➲ 技能目标

1. 能准确诠释什么是机器视觉
2. 能够描述机器视觉在工业领域的典型应用场景
3. 掌握数字图像、光学系统的一些基础知识

1.1 机器视觉简介

机器视觉是使用光学非接触式感应设备自动获得实景图像数据并进行智能化分析处理，进而根据判别的结果来控制现场设备动作的综合性技术。机器视觉是当下正在高速发展的人工智能技术的一个分支，本书主要关注机器视觉在工业领域的应用。

机器视觉是一项综合技术，包括电光源照明、光学成像、传感器、图像处理、机械工程技术、电子、通信、电气控制、模拟与数字视频技术、计算机软硬件技术等。对机器视觉可以从硬件、软件、辅助技术三个方面进行认知。

1. 硬件

机器视觉系统中的硬件包含辅助成像装置、感应装置、通信装置、控制装置。在工业领域中，辅助成像装置主要指照明光源、工业镜头、滤光片等产品。图 1-1 展示了这些产品的实物。

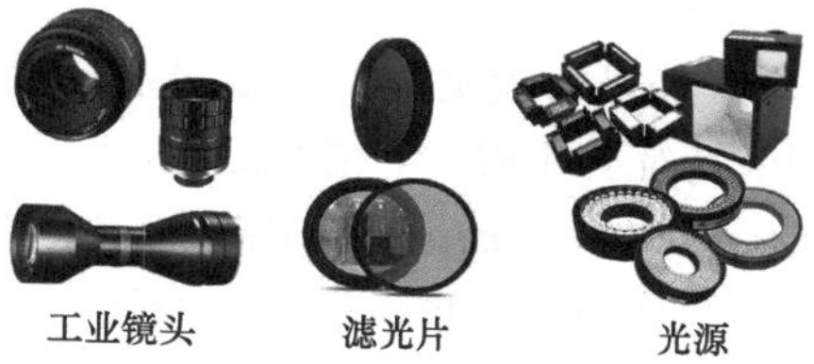

图 1-1

工业相机是集合了感应装置、通信装置和控制装置的产品，它以 CCD 或者 CMOS 器件为感应装置，具备一种或多种不同形式的通信接口，同时提供有限数量的 I/O 控制信号接口。图 1-2 展示了一些工业相机产品实物。

图 1-2

小贴士　上文中 CCD 是 Charge Coupled Device 的缩写，指电荷耦合器件；CMOS 是 Complementary Metal Oxide Semiconductor 的缩写，指互补金属氧化物半导体。两者都是相机的感应器件。

2. 软件

在机器视觉系统中，软件主要完成图像的分析处理、计算结果输出和通信数据处理等工作，它会提供丰富的图像处理算法工具供用户使用，以满足客户多种多样的应用需求。它可以是通用型的视觉算法平台软件，也可以是针对某个应用场景定制开发的专用软件。如 OpenCV、HALCON、VisionPro 等视觉软件在国内知名度较高。

3. 辅助技术

机器视觉是一项涉及多学科知识的综合技术。由于用户需求不同，系统中一般需要引入各种辅助技术和对应的设备，比如机器视觉系统需要与使用者进行交互时就会引入 HMI（Human Machine Interface 的缩写，指人机接口技术），再比如当机器视觉系统的主要工作对象是热量时会引入热成像技术。用户的需求总是多种多样的，可能引入的辅助技术也必然是多种多样的，在此无法一一列举。

1.2　机器视觉的学术发展

机器视觉起源于 20 世纪 50 年代，早期研究主要集中在二维图像的分析和处理，如光学字符识别、医疗和航空图片的分析和处理。到 20 世纪 60 年代，开始了对三维图像的研究。70 年代中期，麻省理工学院（MIT）开设机器视觉课程。从 80 年代开始，机器视觉在全球范围内兴起研究热潮，开始蓬勃发展。

在 20 世纪 60 ～ 70 年代，国外机器视觉受到传统机器视觉的影响，发展并不快，主要原因是传统机器视觉分析的图像特征并不唯一，很难定义，用于检测和识别时，检测率很低。到 80 ～ 90 年代，马尔（D. Marr）在其 *Vision* 一书中提出视觉计算理论和方法。马尔从信息处理系统角度出发，将机器视觉分为计算理论层次、表达与算法层次、硬件实现层次，标志着机器视觉成为一门独立的学科，推动了机器视觉的发展。基于概率和统计的方法应用于机器视觉研究，使得检测和识别准确率提高很多，论文数量和水平逐渐增高。机器视觉学术研究形成了几个重要分支：目标制导的图像处理、图像处理和分析的并行算法、从二维图像提取三维信息、序列图像分析和运动参量求值、视觉知识的表示、视觉系统的知识库等。机器视觉今天依然是学术研究的热门，极大地推动了机器视觉在日常生活中的应用。

在国内，20 世纪 90 年代以前仅仅在大学和研究所中有一些研究图像处理和模式识别的实验室。20 世纪 90 年代初，一些研究机构的工程师成立了他们自己的视觉公司，开发了第一代图像处理产品，做一些基本的图像处理和分析工作。尽管这些公司用视觉技术成功地解决了一些实际问题，例如多媒体处理、印刷品表面检测、车牌识别等，但由于产品本身软硬件方面的功能和可靠性还不够好，限制了它们在工业应用中的发展潜力。

目前国内许多高校也已经开设机器视觉课程，进行机器视觉系统硬件、软件以及图像处理算法的研究。工业生产对于机器视觉应用需求的增长，也促进了高校和研究机构对机器视觉的学术研究。

1.3　机器视觉的应用发展

机器视觉在国外的应用比较早，20 世纪 70 年代和 80 年代，诞生了以机器视觉为主要应用方向的公司，例如日本的基恩士和美国的康耐视，非常多的机器视觉解决方案、机器视觉设备应运而生。

在国外，机器视觉的应用普及主要体现在半导体及电子行业，其中大概 40% ～ 50% 都集中在半导体行业。机器视觉系统还在质量检测的各个方面得到了广泛的应用，并且其产品在应用中占据着举足轻重的地位。

机器视觉在中国的应用比较晚，直到 20 世纪 90 年代中期，外资的电子和半导体工厂落户国内，带有机器视觉系统的整套生产设备才被引入中国。因为行业本身就属于新兴的领域，再加上机器视觉产品技术的普及不够，导致以上各行业的应用几乎空白，早期国内机器视觉大多为国外品牌。国内大多数机器视觉公司基本上是靠代理国外各种机器视觉品牌起家，随着机器视觉的不断应用，公司规模慢慢做大，技术上已经逐渐成熟。

进入 21 世纪，国内研究者和应用者开始思考，是否可以自己生产机器视觉相关配件、设备和研发相关系统。我国的机器视觉企业在与国外企业的竞争中不断成长，发展出拥有视觉软件、工业光源、工业镜头、视觉设备等完整的机器视觉产业链，诞生了如大恒、凌云光等一大批以机器视觉为主营业务的公司。在2019 年中美贸易纠纷期间被美国列入“实体清单”的海康威视、华为等公司，其业务范围也涉及机器视觉。

我国已将发展人工智能提升至国家战略的高度。在人工智能的发展中，机器视觉是十分重要的分支之一。机器视觉是一种基础技术，是机器人自主行动的前提，能够实现计算机系统对于外界环境的观察、识别以及判断等功能。目前，我国的机器视觉行业正处于快速发展阶段，是世界机器视觉发展最活跃的地区之一。图 1-3 展示了 2014—2019 年我国机器视觉市场规模的变化趋势。

目前国内机器视觉总市场空间近 140 亿美元，年增长率保持两位数，其中机器视觉在工业领域的市场份额约占市场总规模的 30%。从地域分布来看，目前国内机器视觉相关工业企业主要位于珠三角、长三角及环渤海地区，企业重点分布在广东、浙江、江苏、上海和北京等省市。图 1-4 显示了机器视觉的地域市场规模占比。

从工业市场细分来看，机器视觉在电子产品、半导体产品、汽车等制造企业中使用最为集中。消费类电子行业元器件尺寸较小，检测要求高，适合使用机器视觉系统进行检测。同时，消费类电子行业对精细程度的高要求也反过来促进了机器视觉技术的革新。汽车领域是机器视觉市场的另一增长点。我国作为全球汽车产销大国，汽车市场体量十分巨大。作为传统制造业，在人工智能的热潮下，近年来汽车的智能化得到快速发展。

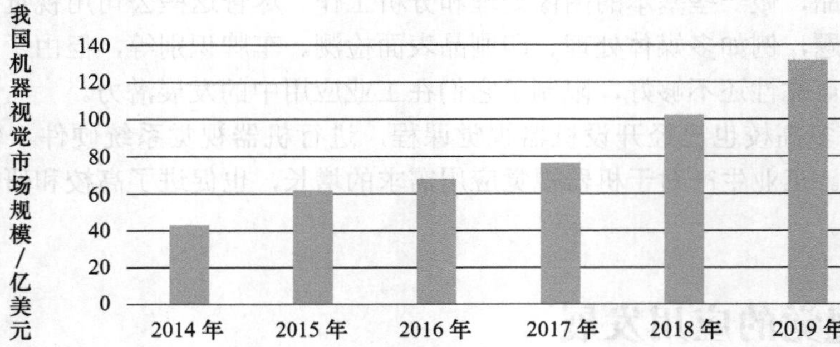

图 1-3

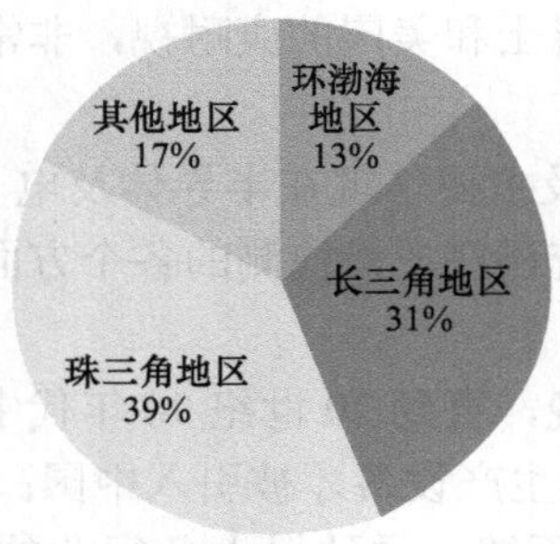

图 1-4

未来，我国劳动力成本将持续增加，企业面对不断上升的劳动力成本，只有实现要素驱动和创新，尽早布局智能制造才能实现转型升级，找到新的增长点。这将给机器视觉产品带来较大的增长空间。

1.4 机器视觉工业应用场景

工业自动化生产的应用需求推动了机器视觉的发展，如今机器视觉软硬件产品正逐渐成为协作生产制造过程中不同阶段的核心系统，无论是用户还是硬件供应商都将机器视觉产品作为生产线上信息收集和分析处理的工具。由于机器视觉系统可以快速获取大量信息，而且易于自动处理，也易于同设计信息以及加工控制信息集成，因此，在现代自动化生产过程中，人们将机器视觉系统广泛地用于工况监视、成品检验和质量控制等领域。可以预计的是，随着机器视觉技术自身的成熟和发展，它将在制造企业中得到越来越广泛的应用。

一个包含了机器视觉系统的典型工业生产设备如图 1-5 所示。

在这个生产设备中，我们可以看到机器视觉系统中包含工业相机、工业光源、I/O 信号接口、通信接口、操作界面，以及在后台运行的视觉软件。

工业视觉系统主要以瑕疵检测、尺寸测量、字符识别、条码采集、定位引导、3D 检测等应用方式出现在工业生产制造的各个环节当中。下面将为大家介绍一些机器视觉在生产制造业中的典型应用场景。

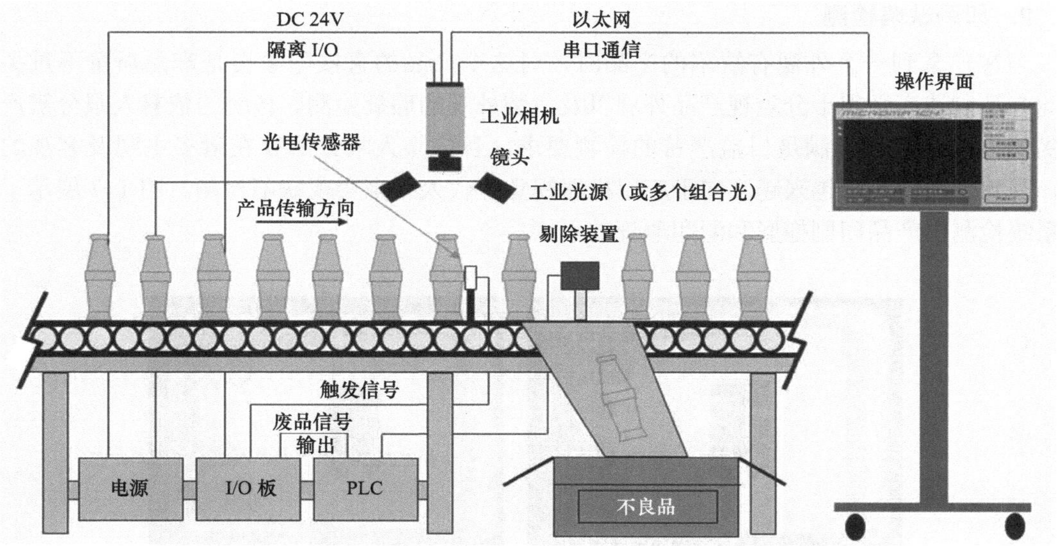

图　1-5

1.4.1　瑕疵检测

瑕疵检测主要是将被检测对象的图像像素转换为特征，再通过这些特征检测产品和分析产品的瑕疵。

1. 接插件瑕疵检测

接插件属于批量生产，速度快、产量高，生产过程中很容易出现划痕、掉块、缺胶、绝缘体擦伤、打字面划伤、鱼眼断针、弹片缺少、尺寸偏差等瑕疵。有时候，表面小小的瑕疵就会严重影响接插件的性能和质量。比如，一丁点缺胶，可能导致产品无法导电；一小处划痕，可能导致信号传递受阻等。以前，表面瑕疵检测主要依靠人眼识别，速度慢、精度低、易漏检，眼睛一旦出现疲劳，检测效率更是大打折扣。“接插件表面瑕疵检测系统”则采用了机器视觉领域的多项先进技术，和生产线无缝对接，能迅速取代人工视觉检测，可将各种类型的瑕疵品一网打尽。图 1-6 展示了视觉系统检测出连接器引脚方向装反的示例。

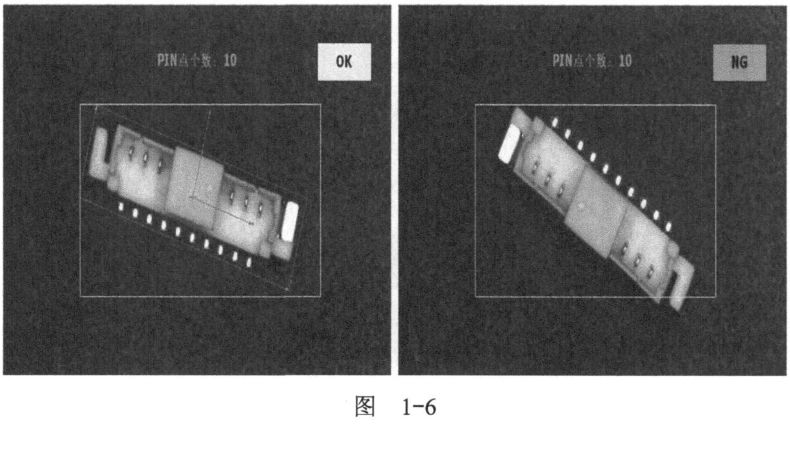

图　1-6

2. 印刷缺陷检测

当客户拿到一个外观有缺陷的产品时，对这个产品的直接印象会是产品质量不过关，因此产品制造商必须十分重视产品外观以及包装外观的瑕疵检测。传统的依靠人眼分辨产品优劣的方法已经不能满足日益严苛的检测要求，且依靠人眼分辨存在诸多主观及客观的缺点，因此，当前市场越来越倾向于应用机器视觉替代人眼来实现缺陷检测。图 1-7 展示了视觉系统检测出产品印刷拖影和漏印瑕疵的示例。

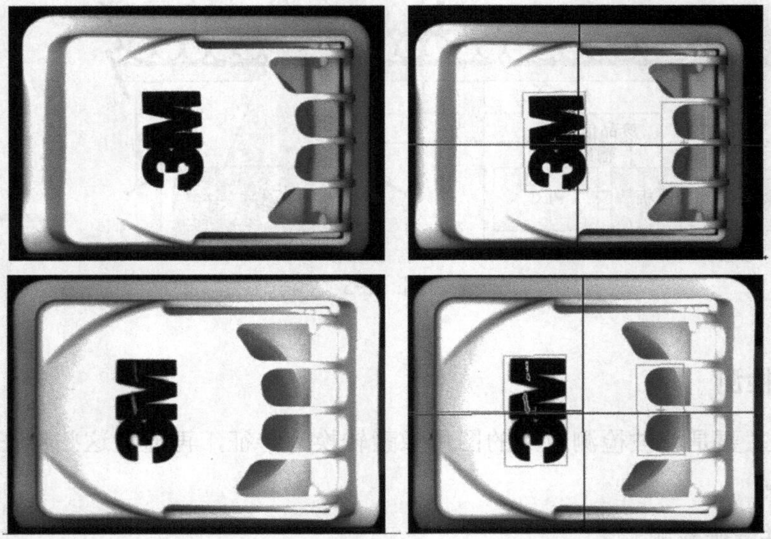

图 1-7

3. 瓶装饮料装盖检测

对于瓶装饮料生产商而言，瓶盖的装盖检测十分重要，需要完全杜绝装盖不良的产品流入市场。产品的日产量非常高，生产商是如何实现装盖全检的呢？生产商为了确保无不良装盖产品流出，设计了多道检测流程，机器视觉检测就是其中一道重要的检测流程。图 1-8 展示了机器视觉系统检测出瓶装饮料装盖不良的示例。

图 1-8

4. PCB 焊点检测

PCB 焊点检测是机器视觉非常成熟的应用案例，电子产品生产制造业中将进行 PCB 焊点检测的设备称为 AOI（Automated Optical Inspection，自动光学检测）设备。图 1-9 展示了一台 AOI 设备，以及它检测出的一些焊点瑕疵示例。

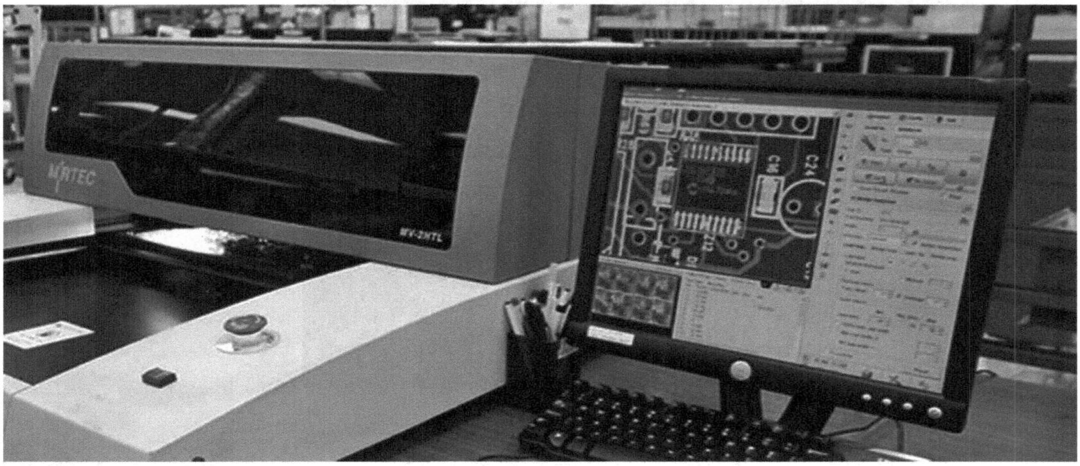

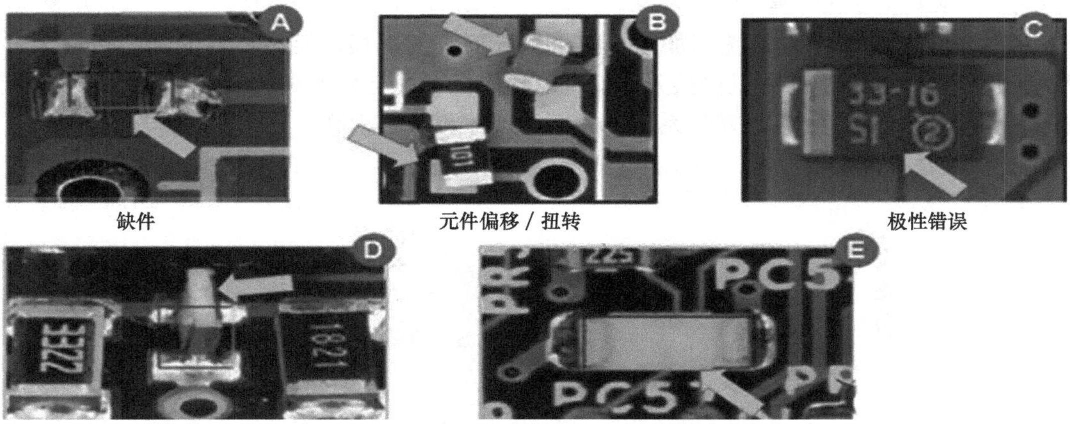

图 1-9

1.4.2 尺寸测量

视觉测量主要将像素单位转换为物理单位，用物理单位结合公差判断产品是否合格，一般以长度、角度、面积为测量对象。

1. IC 芯片引脚间距测量

半导体产品生产企业与电子产品生产企业一样，很早就将机器视觉系统集成在生产设备中。使用机器视觉系统进行 IC 芯片的引脚间距测量是一个典型的应用案例，图 1-10 展示了 IC 芯片引脚间距测量的一个示例。

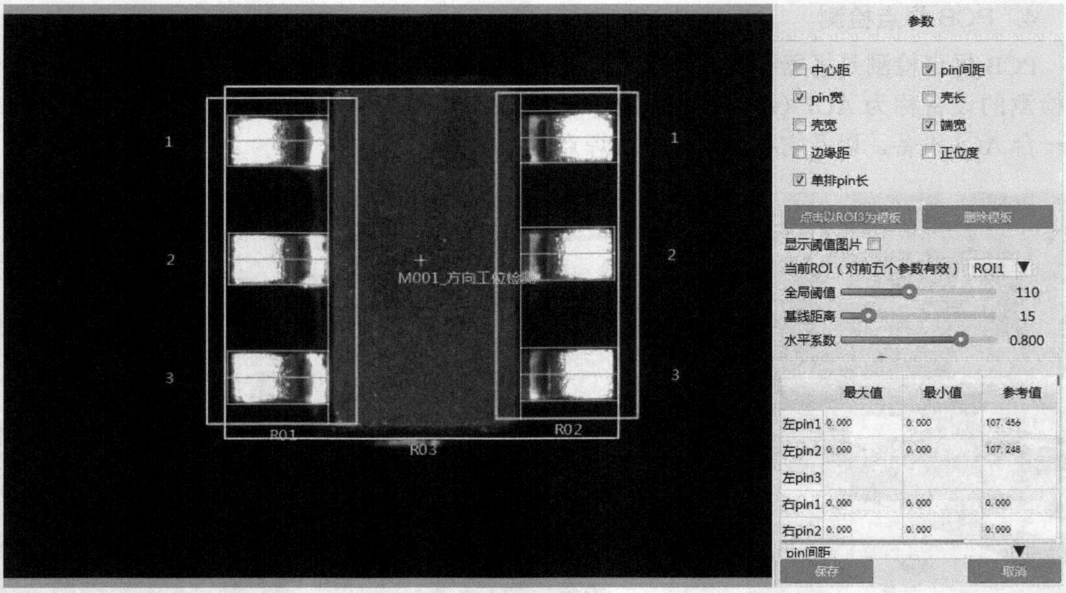

图 1-10

2. 机械零件尺寸测量

机械零件在机床上进行铣削加工，随着机床刀具的磨损，机械零件的加工精度会发生变化。为了确保在准确的时机更换刀具，可以使用机器视觉系统对机械零件进行尺寸测量。图 1-11 展示了一个使用机器视觉系统进行零件尺寸测量的示例。

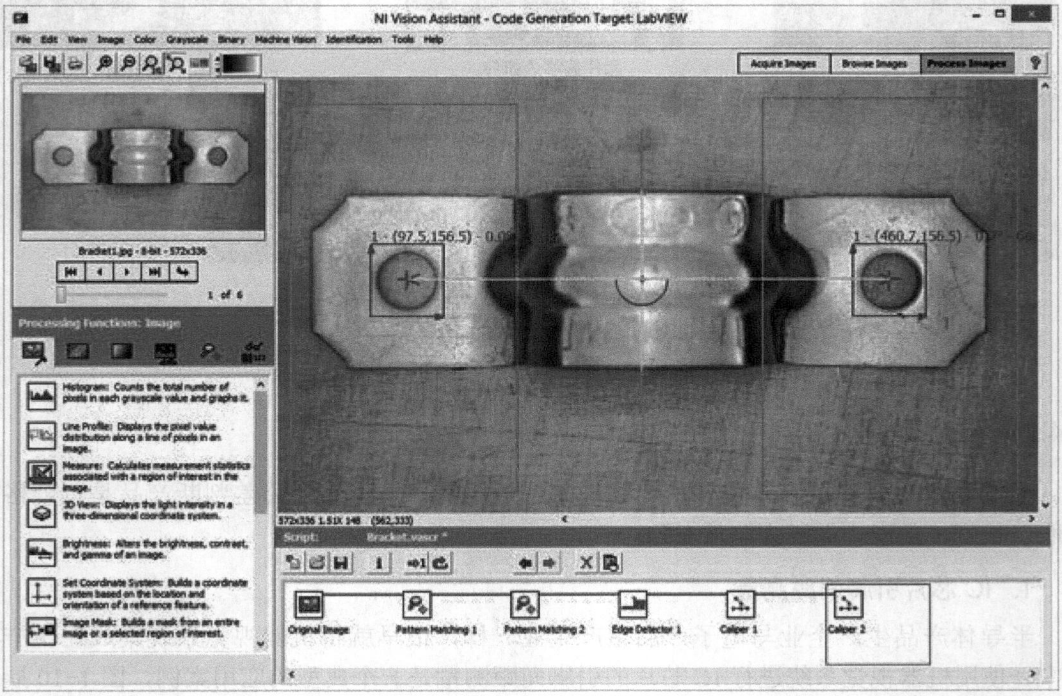

图 1-11

3. 注射器针尖测量

注射器的针头对于针尖角度、允许的最大毛刺高度都需要严格控制。注射器的针头尺寸很小，非常不便于进行人工测量，注射器生产企业都是借助机器视觉系统进行针尖角度、毛刺高度的测量。图 1-12 展示了使用机器视觉系统进行注射器针尖测量的示例。

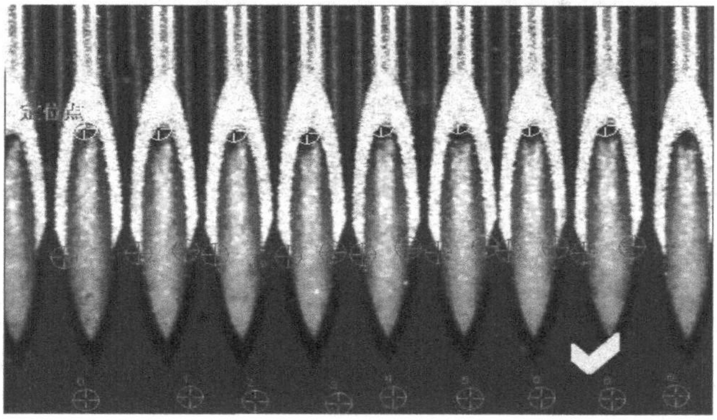

图　1-12

1.4.3　字符识别

字符识别就是机器视觉系统通过被测对象的图片识别并提取出图片中所包含的字符。为了能让机器视觉系统准确地识别字符，通常需要先进行字符库的训练。

1. 喷码字符识别

食品类产品在生产包装上要喷印生产日期等信息，为了检测喷码内容的完整性，一般使用机器视觉系统字符识别方式进行检测。

图 1-13 展示了一个使用机器视觉系统进行字符识别的应用示例。

图　1-13

2. 键盘按键字符检测

键盘的每一个按键上都印刷有字符，这些按键既不能出现印刷不良，又不能装错位置。一个键盘上有很多按键，只有使用机器视觉系统进行检测才能满足生产效率要求。图 1-14 展示了一个使用机器视觉系统进行键盘按键字符检测的示例。

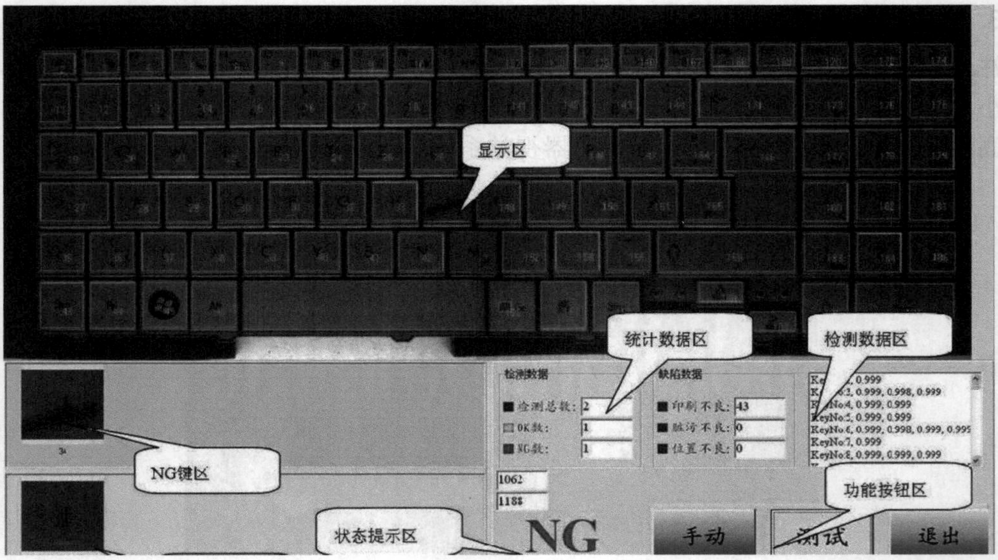

图 1-14

3. 凹凸字符识别

一些压铸、冲压成形的产品，也会印上标识产品型号的字符。这些字符不同于平面印刷的字符，它们呈凹凸状态。这些凹凸字符需要采用不同的打光方式来获取图像，并用不同的图像算法进行识别。图 1-15 展示了两个分别印有凹凸字符的产品。

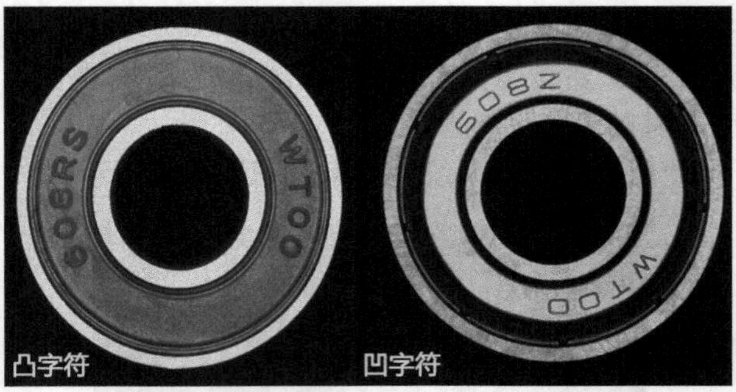

图 1-15

1.4.4 条码采集

条码采集是指通过机器视觉系统摄取图像，然后通过视觉算法将图片中条码所包含的信息以文本形式呈现出来并加以利用。

1. 产品信息追溯

为了进行严格的产品质量追溯，许多制造商都实行了一品一码，将产品生产的各种信息记录在产品信息数据库中。机器视觉系统因为具备良好的智能分析和通信能力，已经在很多场合取代了传统的手持扫码枪。

2. 包裹自动分拣

快递物流行业现在已经进入了智能分拣时代。发往全国各地的快递包裹汇聚到快递公司的物流中心后，通过机器视觉系统对包裹上的二维码进行分析处理，然后分拣装备会将发往同一地区的包裹分拣到同一传输带上。图 1-16 展示了一个物流中心的智能分拣装备。

图　1-16

1.4.5　定位引导

在产品的生产制造环节中，很多时候不方便对产品进行机械定位。这时为了能够对产品进行准确的加工作业，就需要引入机器视觉系统进行视觉定位引导。

1. 对位贴合

纸盒生产就是一个应用机器视觉进行定位引导的典型案例，图 1-17 展示了纸盒的生产流程。

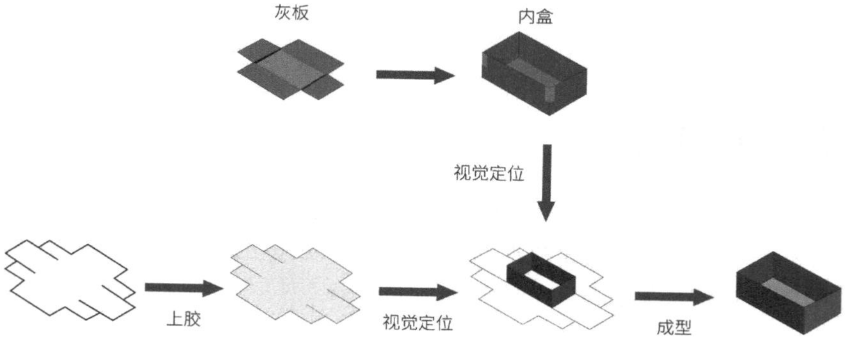

图　1-17

2. 食品装盒

在食品生产中，为了包装产品安全卫生，生产人员不能过多地与产品直接接触，所以不能采用人工装盒。很多食品的质地偏软或偏脆，因而也不能采用机械定位，使用机器视觉系统进行定位引导的机器人分拣装置成为食品分拣装盒的最佳选择。图 1-18 展示了一个使用机器视觉系统进行定位引导的食品分拣装盒设备。

图 1-18

1.4.6 3D 检测

当需要在不翻转产品的情况下对产品进行多方位检测时，可以考虑使用 3D 检测。目前对于 3D 检测的研究十分火热，生产制造业对于 3D 检测的需求也很大。图 1-19 展示了一个使用机器视觉系统对产品进行 3D 检测的示例。

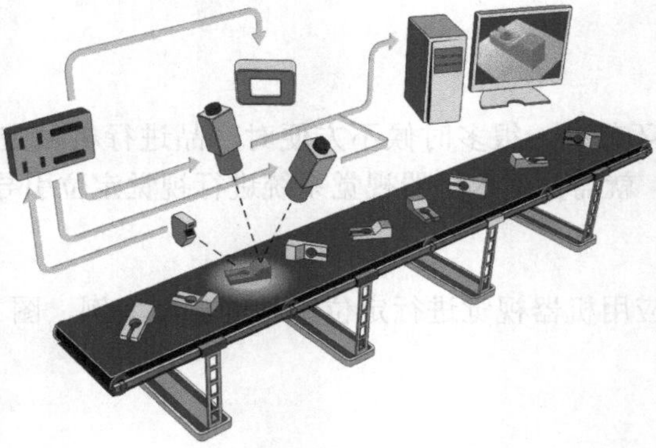

图 1-19

1.5 机器视觉与图像

机器视觉的操作对象为图像，我们看到的图像实际上就是数据的集合。图像一般以文件头和数据的表现形式，文件头和数据的内容和显示硬件相关，我们以常用的 BMP 图像为例进行介绍，BMP 文件头见表 1-1。

表 1-1

结构	占用字节
BITMAPFILEHEADER 位图文件头	14B
BITMAPFILEHEADER 位图信息头	40B
Palette 调色板	4B
DIB Pixel 图像数据	8 位：W×HB 24 位：W×H×3B

机器视觉真正处理的数据就是 DIB Pixel 图像数据，只要找到图像数据就可以对图像进行分析处理。

图像可以分为灰度图像和彩色图像。灰度数字图像是每个像素只有一个采样颜色的图像，这类图像通常显示为从最暗的黑色到最亮的白色之间的灰度。对于灰度 8 位图像来说，1 个字节表示 1 个像素，像素的值为 0 ～ 255，0 代表最黑，255 代表最白。横向的像素个数代表图像的宽（W），纵向的像素数代表图像的长（H），W×H 代表图像的分辨率。

对于 24 位彩色图，3 个字节表示 1 个像素用（R，G，B）通道表示，每个像素的内容为 0 ～ 255 之间的数值。对于 R 通道：0 表示最不红，255 表示最红；对于 G 通道：0 表示最不绿，255 表示最绿；对于 B 通道：0 表示最不蓝，255 表示最蓝。不同数据构造了不同的颜色，比如（255，0，0）表示红色，（255，255，0）表示黄色。与灰度图像一样，横向的像素个数代表图像的宽（W），纵向的像素个数代表图像的长（H），W×H 代表图像的分辨率。

1.6　机器视觉与算法

图像数据是机器视觉的工作对象，对图像数据的不同操作，构成了成千上万种图像算法。

将图像中每个像素的值用周围 9 个点的均值代替，就可以实现图像看起来更平滑，这就是图像平滑算法，可用于图像去噪。图 1-20 展示了图片降噪前后的对比。

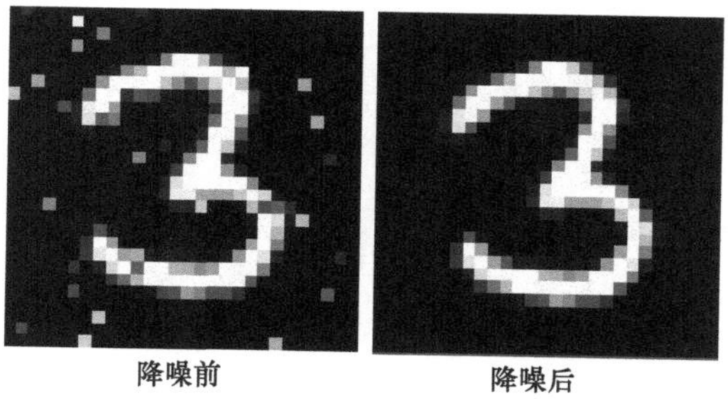

图　1-20

将图像的像素值用周围 9 个点最大值减去最小值代替，即可实现图像轮廓的提取。图 1-21 展示了对图片运用提取轮廓算法前后的效果对比。

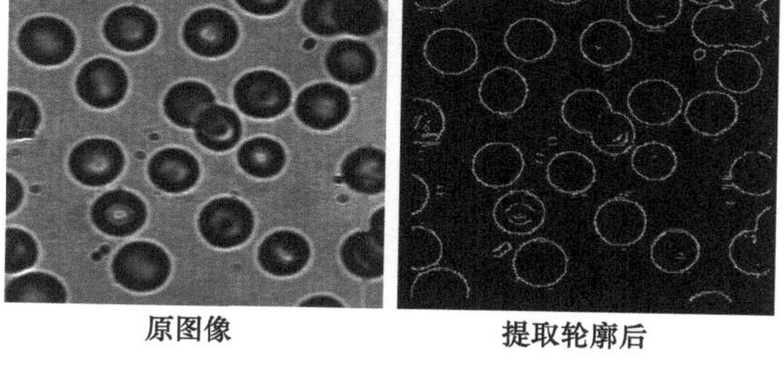

图　1-21

课后练习

1. 机器视觉系统中的硬件包含辅助成像装置、感应装置、通信装置、控制装置。辅助成像装置主要指______、______、______等产品。

2. 工业相机是集合了感应装置、通信装置和控制装置的产品，它以________或者________器件为感应装置。

3. 20 世纪 80 ～ 90 年代，马尔（D. Marr）在其 *Vision* 一书中提出视觉计算理论和方法。马尔从信息处理系统角度出发，将机器视觉分为__________、表达与算法层次、硬件实现层次。

4. 从工业市场细分来看，机器视觉在______、______、汽车等制造企业中使用最为集中。

5. 在工业领域，机器视觉的典型应用场景有______、______、字符识别、条码采集、定位引导、3D 检测等。

6. PCB 焊点检测是机器视觉非常成熟的应用案例，电子产品生产制造业中将进行 PCB 焊点检测的设备称为______设备。

7. 灰度数字图像是每个像素只有一个采样颜色的图像，这类图像通常显示为从最暗的黑色到最亮的白色之间的灰度。对于灰度 8 位图像来说，1B 表示 1 个像素，像素的值为 0 ～ 255，0 代表______，255 代表______。

8. 机器视觉的工作对象是______，对其进行的不同操作，构成了成千上万种图像算法。

第 2 章

机器视觉硬件选型

➲ 知识要点

1. 工业相机类型与性能参数
2. 工业镜头类型与性能参数
3. 工业光源的类型与照明特性

➲ 技能目标

1. 能够根据精度和视野计算相机分辨率
2. 能够根据工作距离和视野计算镜头焦距
3. 能够描述工业相机、工业镜头、工业光源的选型依据

机器视觉硬件选型一般指的是成像硬件选型。典型的机器视觉系统包含工业相机、工业镜头、工业光源、通信卡、工业计算机等，本章将重点介绍工业相机、工业镜头、工业光源的选型。选型的通用三原则是：

（1）目的性　选型时以客户的应用需求为导向。

（2）适用性　硬件性能参数满足应用需求即可，不能配置不足，也不宜配置过高。

（3）性价比　在满足应用需求的前提下，优先选择价格低廉的产品。

2.1　工业相机的选型

工业相机是机器视觉系统中的一个关键组件，其最本质的功能就是将光信号转变成有序的电信号，最终形成数字化数据。选择合适的相机也是机器视觉系统设计中的重要环节，相机的选择不仅直接决定所采集到的图像分辨率、图像质量等，同时也与整个系统的运行模式直接相关。

2.1.1　工业相机的分类

工业相机按照分类依据的不同可以划分为很多种类，本节主要介绍图 2-1 所示的几种分类方式。

1. 按输出信号类型分类

按工业相机信号输出类型的不同，可以将工业相机分为模拟相机和数字相机两类。

（1）模拟相机　模拟相机所输出的信号形式为标准的模拟量视频信号，需要配专用的图像采集卡将模拟信号转化为计算机可以处理的数字信号，以便后期计算机对视频信号的

处理与应用。其主要优点是通用性好、成本低，缺点一般表现为分辨率较低、采集速度慢，且在图像传输中容易受到噪声干扰，导致图像质量下降，所以大多用于对图像质量要求不高的机器视觉系统。早期的机器视觉系统多用模拟相机组成，其视频输出接口形式主要为 BNC、S-Video 等，所搭配的机器视觉主机大多采用工控机加视频采集卡的形式，整机成本较高。目前主要的高清机器视觉应用场景中，模拟相机的使用越来越少。图 2-2 展示了一个模拟相机。

（2）数字相机　数字相机是指视频输出信号为数字信号的相机，它的内部集成了 A/D 转换电路，直接将模拟量的图像信号转化为数字信号，具有图像传输抗干扰能力强、视频信号格式多样、分辨率高、视频输出接口丰富等特点。数字相机常用的接口类型有：GigE Vision 千兆网卡接口、USB 2.0 接口、USB 3.0 接口、Camera Link 1394 接口等。图 2-3 展示了一个带有 GigE Vision 千兆网卡接口的数字相机。

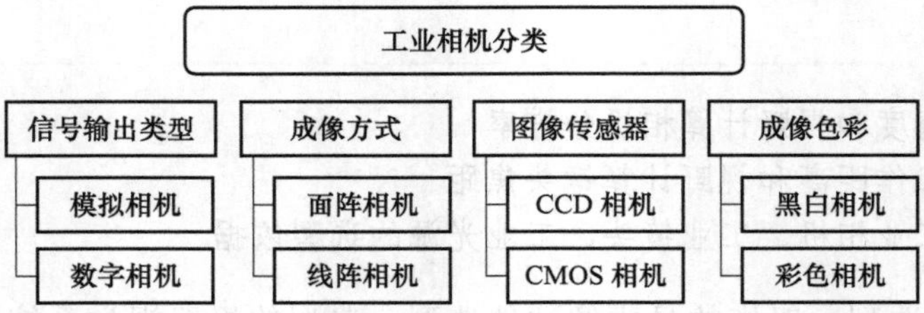

图　2-1

图　2-2

图　2-3

2. 按成像方式分类

工业相机按成像方式的不同，可以分为面阵相机和线阵相机两类。

（1）面阵相机　面阵相机是一种采用像素矩阵拍摄的相机，可以一次性获取图像并能及时进行图像采集。日常生活中大家接触到的相机都是面阵相机，工业生产中面阵相机的应用面较广，如面积、形状、尺寸、位置测量等。图 2-4 展示了一个面阵相机。

（2）线阵相机　线阵相机是采用线阵图像传感器的相机。线阵相机系统用于被测物体和相机之间有相对运动的场合，每次采集完一条线后，被测物体正好运动到下一个单位长度，相机可继续对下一条线进行采集，这样一段时间下来就拼成了二维图片。与面阵相机采集的图片不同，线阵相机采集的图片可以无限长。接下来通过软件把这幅“无限长”的图片截成一定长度的图片，进行实时处理或放入缓存稍后进行处理。

线阵相机的典型应用领域是连续材料的检测、圆形滚筒上的检测、大幅面的精细扫描等。图 2-5 展示了一个线阵相机。

图　2-4

图　2-5

图 2-6 对比了面阵相机和线阵相机工作时获取图像方式的差别。面阵相机触发一次获取的是一个像素矩阵，线阵相机获取的是一列像素。

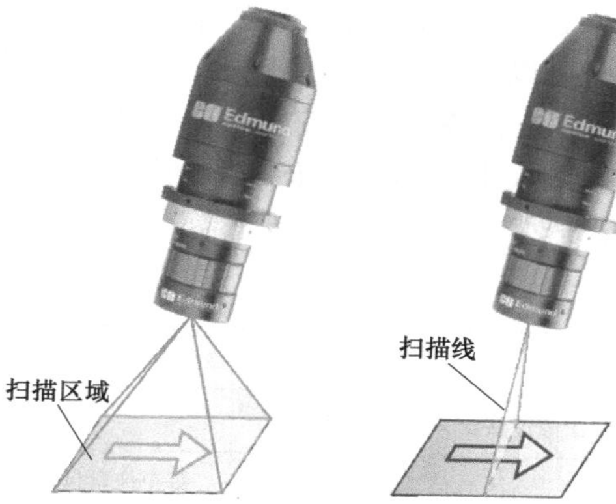

图　2-6

3. 按图像传感器分类

工业相机按照所使用的图像传感器类型的不同，可以分为 CCD 相机和 CMOS 相机两类。

（1）CCD 相机　指使用 CCD 作为图像传感器的相机。CCD 是指电荷耦合器件，是一种用电荷量表示信号大小、用耦合方式传输信号的探测元件，具有体积小、重量轻、自扫描、感受波谱范围宽、成像畸变小、系统噪声低、响应速度快、功耗小、寿命长、可靠性高等优点。CCD 相机在需要拍摄移动物体、需要进行高精度的测量、对响应速度有极高要求的机器视觉系统中被广泛使用。

（2）CMOS 相机　指使用 CMOS（互补金属氧化物半导体）制程制作的感光元件作为图像传感器的相机。CMOS 图像传感器是一种典型的固体成像传感器，通常由像敏单元阵列、行驱动器、列驱动器、时序控制逻辑、A/D 转换器、数据总线输出接口、控制接口等几部分组成，这几部分通常都被集成在同一块硅片上。CMOS 图像传感器具有随机窗口读取、抗辐射能力强、可靠性高、可简化系统硬件结构、非破坏性数据读出方式、价格低廉等优点。值得注意的是，由于在像元结构中集成了多个功能晶体管的原因，CMOS 图像传感器也存在着噪声高和填充率低的缺点。

CCD 感光器件和 CMOS 感光器件的构造差异如图 2-7 所示。

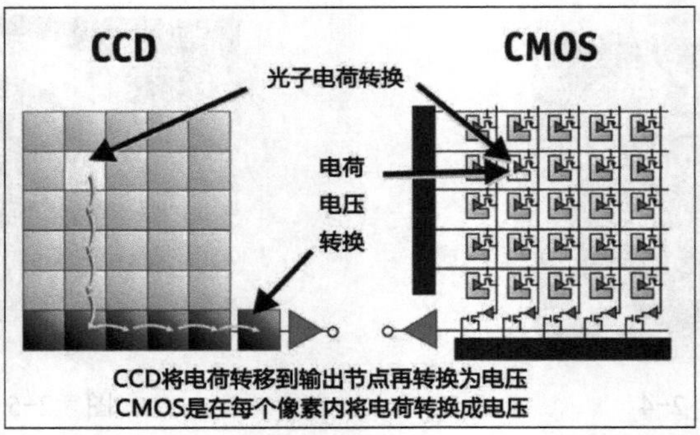

图 2-7

由于构造上的差异，CCD 和 CMOS 图像传感器在多项性能指标上有不同的表现。CCD 的特色在于使用专属传输通道设计，充分保持信号在传输时不失真，通过每一个像素集合至单一放大器上再做统一处理，可以保持资料的完整性；CMOS 的制程较简单，没有专属通道的设计，因此必须先行放大再整合各个像素的资料。整体来说，CCD 与 CMOS 两种图像传感器设计的差异反应在成像效果上就形成了 ISO 感光度、制造成本、解析度、噪点与耗电量等性能指标的差异。表 2-1 列举了两种图像传感器的性能指标差异。

表 2-1

性能指标	传感器	
	CCD 图像传感器	CMOS 图像传感器
ISO 感光度	单一像素中电路简单，感光区域占比高。相同像素、同样大小的感光器尺寸条件下 CCD 感光度高	每个像素包含放大器与 A/D 转换电路，压缩了单一像素的感光区域的表面积。相同像素、同样大小的感光器尺寸条件下 CMOS 感光度低
解析度	单一像素电路结构简单，感光区域占比高，相同尺寸的感光器条件下，CCD 解析度高	单一像素电路结构复杂，感光区域占比低，相同尺寸的感光器条件下，CMOS 解析度低
噪点	使用单一放大器，同步性好，图像噪点少	感光二极管搭配 ADC 放大器，放大器数量多，同步性差，图像噪点多
耗电量	CCD 的影像电荷驱动方式为被动式，必须外加 12V 以上电压让每个像素中的电荷移动至传输通道，驱动电压高、功耗高	CMOS 的影像电荷驱动方式为主动式，感光二极体所产生的电荷会直接由旁边的电晶体做放大输出，所需的驱动电压低、功耗小
制造成本	CCD 采用电荷传递的方式输出图像信息，必须另辟传输通道，如果通道中有一个像素故障，就会导致一整排的信号拥塞，无法传递，因此 CCD 的良率比 CMOS 低，制造成本高昂	CMOS 应用半导体工业常用的 MOS 制程，可以一次整合全部周边设施于单晶片中，节省加工晶片所需负担的成本和良率的损失，制造成本低廉

4. 按成像色彩分类

工业相机按成像色彩的不同，可以分为黑白相机和彩色相机。

（1）黑白相机　指所拍摄的图像为灰度图像的相机。

（2）彩色相机　指所拍摄的图像为彩色图像的相机。

当光线照射到感光芯片时，光子信号会转换成电子信号。由于光子的数目与电子的数目成比例，统计出电子数目就能形成反应光线强弱的黑白图像。经过相机内部的微处理器处理，输出的是一幅数字图像。在黑白相机中，光的颜色信息是没有被保留的。

实际上相机的感光器件是无法区分颜色的，只能感受到信号的强弱。在这种情况下为了采集彩色图像，理论上可以使用分光棱镜将光线分成光学三原色（RGB），接着使用三个感光器件去分别感知强弱，最后再综合到一起。这种方案理论上可行，但是采用 3 个 CCD 加分光棱镜使得成本骤增。最好的办法是仅使用一个感光器件也能输出各种彩色分量。现代彩色相机的原理也很简单，直接在黑白图像传感器的基础上增加色彩滤波阵列（CFA），从而实现从黑白到彩色的成像。其中很著名的一种设计就是拜耳色彩滤波阵列（Bayer CFA）。

拜耳阵列由伊士曼·柯达公司的科学家布莱斯·拜耳（Bryce Bayer）发明，使得仅使用一个 CCD 也能输出各种彩色分量。拜耳阵列模拟人眼对色彩的敏感程度，采用 1 红 2 绿 1 蓝的排列方式将灰度信息转换成彩色信息。采用这种技术的传感器实际上每个像素仅有一种颜色信息，需要利用反马赛克算法进行插值计算，最终获得一张彩色图像。

采用拜耳阵列的彩色相机的原理为：在相机的感光器件上覆盖如图 2-8 所示的彩色滤片，一行使用蓝绿元素，下一行使用红绿元素，如此交替。每个像素仅包括了光谱的一部分（R、G 或 B），然后通过色彩空间插值来还原每个像素的 RGB 值，最终得到一副彩色图像。

图 2-8

从彩色相机的成像原理可以看出，色彩值主要通过插值的形式来表述。而在实际应用中，即使最成熟的色彩插值算法也会在图片中产生低通效应，彩色图像的细节处会出现伪彩色，导致精度降低。在工业应用中，如果我们要处理的对象与图像颜色有关，那么我们需要采用彩色相机；如果不是，那么最好选用黑白相机，因为在同样的分辨率下，黑白相机的精度高于彩色相机。

2.1.2 工业相机的性能参数

工业相机有很多性能参数指标来描述其工作特点和工作能力，本小节将介绍工业相机的一些主要性能参数。

1. 分辨率

相机分辨率是指相机每次采集图像的像素点数，它由工业相机所采用的芯片分辨率决定，是芯片靶面排列的像元数量总和。分辨率影响采集图像的质量，在对同样大的视场成像时，分辨率越高，对细节的展示越明显。需要注意的一点是，平时经常听到的“200 万像素相机、500 万像素相机”指的都是相机的分辨率标称值，比如一个相机的感光器件上像素排列是 2560 行、1920 列，那么这个相机的分辨率就是 2560×1920=4 915 200 像素，但是这个相机在销售时依旧标称 500 万像素。另外相机分辨率也经常以“感光器件宽度方向的像素个数 × 感光器件高度方向的像素个数”的形式给出。

2. 像素深度

像素深度是指储存每个像素所用的位数，它决定彩色图像每个像素可能的颜色数或者灰度图像每个像素可能的灰度级数。计算机中用二进制来表示一个像素的数据。用来显示一个像素的数据位数越多，则这个像素的颜色越丰富、越细腻、颜色越深，常见的像素深度是 8 位、16 位、24 位。分辨率和像素深度共同决定了图像的存储体积的大小，例如对于像素深度为 8 位的 500 万像素相机拍出来的图像，整张图像的存储体积约为：（500 万像素 ×8 位 / 像素）/（8×1024×1024 位 /MB）≈4.8MB。

3. 靶面尺寸

靶面尺寸是指相机感光器件的感光部位的物理尺寸。需要注意的是：靶面尺寸的标号，如 1/1.8"，既不是标注感光部位的长度，也不是标注宽度，更不是标注对角线长度，而是表示该靶面的面积与直径为 1/1.8in 的光导摄像管的成像靶面面积相当。为了直观地感知靶面的物理尺寸，我们可以将靶面尺寸标号值乘以 16 近似得到靶面的对角线长度（mm），再根据靶面的长宽比就可以知道靶面的长度和宽度的尺寸了。相机的靶面尺寸对于镜头的选择有重要影响。

4. 像元尺寸

像元尺寸是指相机感光器件中单个像素的物理尺寸，以长度乘宽度的形式给出，如“4.8μm×3.6μm”。如果只标注一个长度值则表示该像素为正方形像素，标注的值为正方形像素的边长。

在靶面尺寸相同的情况下，分辨率越高，像元尺寸越小。图像的成像质量与像素的大小成正比。这也就意味着，同样大小的感光器件，分辨率越高，像元尺寸就越小，其成像质量也就会越差。对于工业相机的 1/2.3"CMOS 传感器，分辨率可以做到 240 万像素级别，而民用的 1/2.3"CMOS 传感器，则分辨率可以做到 1600 万像素甚至更高的级别，因此工业相机往往比民用相机成像质量要好；同时，相同分辨率的相机，传感器面积越大，则其单位像素的面积也越大，成像质量也会越好。同样的 500 万像素的工业相机，2/3" 的传感器成像质量就要优于 1/2" 的。

5. 最大帧率 / 行频

相机采集传输图像的速率，对于面阵相机一般为每秒采集的帧数（FPS），对于线阵相机为每秒采集的行数（Hz）。

6. 快门方式与快门时间

线阵相机采用逐行曝光的方式，可以选择固定行频和外触发同步的采集方式，曝光时间可以与行周期一致，也可以设定一个固定的时间；面阵相机有帧曝光、场曝光和滚动行曝光等几种常见方式，工业数字相机一般都提供外触发采图的功能。快门时间一般可到 10μs，高速相机还可以更快。

7. 信噪比

信噪比的计量单位是 dB，其计算方法是 10lg（P_s/P_n），其中 P_s 和 P_n 分别代表信号和噪声的有效功率。相机的信噪比定义为图像中信号与噪声的比值，即有效信号平均灰度值与噪声均方根的比值，代表了图像的质量，图像信噪比越高，图像质量越好。工业相机的信噪比一般在 30 ～ 55dB 之间。

8. 镜头接口类型

工业镜头和工业相机之间的接口有许多不同的种类。接口类型与工业相机、工业镜头的性能及质量并无直接关系。镜头接口分为螺口和卡口两类，螺口主要有 M42 接口、M58 接口、M72 接口、C 接口、CS 接口等，卡口主要有 F 接口、V 接口等。

C 接口和 CS 接口是工业相机最常见的国际标准接口。C 接口和 CS 接口的螺纹连接是一样的，区别在于 C 接口的后截距为 17.5mm，CS 接口的后截距为 12.5mm，因此 CS 接口的工业相机使用 C 接口镜头时需要加一个 5mm 的接圈。C 接口的工业相机不能用 CS 接口的镜头。

F 接口是尼康镜头的接口标准，所以又称尼康接口，也是工业相机中常用的类型，一般工业相机靶面大于 1in 时需用 F 接口的镜头。V 接口镜头是著名的专业镜头品牌施耐德镜头所主要使用的标准，一般也用于工业相机靶面较大或特殊用途的镜头。同时许多相机生产厂家为了实现客户自己对后截距的控制，他们生产了 M42、M58、M72 等不同大小的螺纹接口，适用于大靶面。

在光学系统中，最后一个光学镜片表面的顶点到像面的距离称为后截距。对于不同的光学系统，其后截距都是不一样的，因此，在安装镜头时，需要调节镜头到相机的相对位置，使相机底片到镜头最后一面顶点的距离满足后截距的要求，即使得底片位于镜头的像平面上。

2.1.3 工业相机的选型步骤

工业相机可以遵循以下步骤选型：

1. 选择相机输出信号类型

尽可能选用数字相机，除非受到设备硬件条件限制或者客户有硬性要求，否则不建议选用模拟相机。在“2.1.1 工业相机的分类”小节中，已经比较过模拟相机和数字相机的特点，在此不再赘述。

2. 选择相机的分辨率

相机的分辨率是根据系统的视场范围和精度要求来确定的。以一个具体案例来进行说明：假设现有一工件需要进行瑕疵检测，要求检测精度为 0.01mm，工件的表面尺寸为长 10mm、宽 8mm，视场范围要求 12mm×10mm，请选定相机的分辨率。

相机分辨率 =（视场长边 / 检测精度）×（视场短边 / 检测精度）

=（12/0.01）×（10/0.01）

= 120 万

该机器视觉系统中相机的分辨率最低为 120 万像素，但市面上常见的是 130 万像素的相机，所以可以选用 130 万像素分辨率的相机。根据经验，如果一个像素对应一个检测缺陷，机器视觉系统将会不稳定，经常出现漏判误判的情况。为了使机器视觉系统稳定工作，建议最少 3 个像素对应一个缺陷，所以该案例中应该选择不低于 300 万像素分辨率的相机。

3. 选择相机的感光器件类型

如果被拍摄物体是运动的，建议选择 CCD 传感器，因为 CCD 传感器的响应速度比

CMOS 传感器更快。如果被测对象要求的精度很高，建议选用 CCD 传感器，因为 CCD 传感器的信噪比、解析度都要比 CMOS 传感器高。其余应用场合可以优先考虑 CMOS 传感器，因为其性价比高，功耗低。

4. 选择相机的成像色彩

如果需要处理的对象与图像颜色相关，使用彩色相机，否则选用黑白相机。因为在相同分辨率的情况下，黑白相机的解析度比彩色相机好，图像中物体边沿清晰明显，且黑白相机得到的是灰度信息，更利于做图像算法处理。

5. 选择工业相机的帧速率

机器视觉系统中要根据检测速度来选择相机的帧速率，相机的帧速率要大于检测速度，否则就会出现漏检的情况。如果是运用于飞拍，则应选择帧速率更高的高速相机。

6. 选择相机的成像方式

优先选用面阵相机，在对于检测要求很高、被测对象运动速度很快，面阵相机的分辨率和帧速率达不到要求的情况下才考虑选用线阵相机。另外被测对象处在圆柱面上而非平面上时，也应选用线阵相机。

7. 选择相机的数据传输接口类型

应尽可能选用国内市场应用普遍的接口类型，避免选用濒临淘汰的接口类型。另外要考虑接口类型的传输距离、抗干扰程度是否满足生产现场需求。

8. 选择相机接口类型

尽可能选用国内市场应用普遍的镜头接口类型如 C 接口、CS 接口，对于超大靶面的相机需要使用其他接口类型时，优先考虑螺口，尽量避免使用卡口。

9. 选择相机的靶面尺寸

靶面尺寸的大小会影响到镜头的适用焦距，在相同视角下靶面尺寸越大，需要的镜头焦距越长。靶面尺寸大小与镜头的配合情况将直接影响视场角的大小和图像清晰度。因此在选择靶面尺寸时要结合镜头的焦距、视场角一起选择。

10. 品牌和价格

尽可能选用已经被市场认可的品牌产品。同品牌同款相机在不同的供应商处购买价格也会不同，应仔细甄选诚信可靠、价格优惠的供应商。

2.2 工业镜头的选型

工业镜头是指专为工业应用场景设计制造的镜头。工业镜头的应用不同于诸如安防监控、智能交通之类的应用，它要求更高的精度，也往往受到特定的照明环境和特定的安装位置的限制。镜头是机器视觉系统中的重要组成部分，它直接影响视觉系统的图像有效分辨率、图像清晰度、图像失真程度，因此工业镜头的选型是搭建机器视觉系统的重要一环。

2.2.1　工业镜头的分类

工业镜头种类繁多，根据不同的划分依据可以有不同的分类。图 2-9 展示了几种不同分类依据下工业镜头的种类划分。

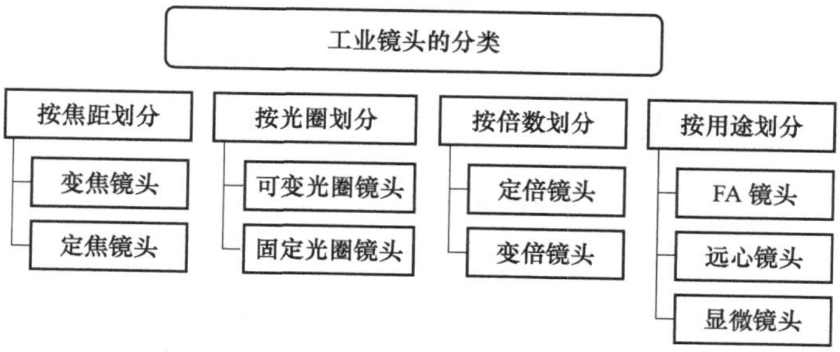

图　2-9

在工业自动化领域中应用最多的是 FA 镜头和远心镜头，下文将主要介绍这两类工业镜头。

1. FA 镜头

FA 镜头指普通工厂自动化镜头，它是按照一般光学成像原理设计的工业用镜头，一般也称为普通镜头。图 2-10 展示了一个 FA 镜头。

FA 镜头一般是固定焦距、可改变光圈大小的，镜头上有一个通光孔径调节环和一个聚焦调节环。聚焦环的作用是改变相机感光器件和焦点成像面的相对位置，使得成像清晰。通光孔径调节环的作用是改变镜头光圈的大小。FA 镜头接口多采用螺纹连接的 C 接口或 CS 接口。

2. 远心镜头

远心镜头是指为纠正传统工业镜头视差而设计的，在一定的物距范围内得到的图像放大倍率不会变化的镜头。FA 镜头距离被摄物体越近，被摄物体所成的像越大。远心镜头由于采用平行光路设计，在其远心范围内，改变镜头与被摄物体的距离，被摄物体所成的像大小不会发生变化。仅在物方采用平行光路设计的远心镜头称为物方远心镜头，仅在像方采用平行光路设计的远心镜头称为像方远心镜头，物方、像方都采用平行光路设计的远心镜头称为双远心镜头。图 2-11 展示了一个远心镜头。

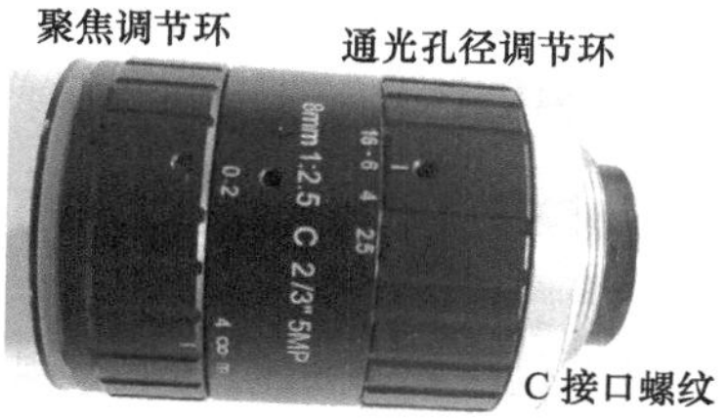

图　2-10

图　2-11

远心镜头除上述特性外，还具有高影像分辨力、超低图像失真、无透视误差、超宽景深等优点。同时远心镜头也具有被拍摄对象不能大于前组镜头尺寸、只在一个有限的固定的成像距离范围内才能获得清晰的图片、重量大、成本高等缺点。

基于远心镜头自身的固有特点，它一般被应用在以下几种情况中：

1）拍摄物不在同一平面时；
2）拍摄物到镜头的距离在一个固定范围内波动时；
3）需要检测带孔或柱状凸起特征的物体时；
4）拍摄物只在被同一方向平行照明才能检测到时；
5）需要获取超低畸变、解析度好、全图像亮度均匀的图片时。

2.2.2 工业镜头的性能参数

镜头作为机器视觉系统中不可缺少的重要光学器件，它有一系列的性能参数指标来表示自己的工作特点和工作能力。下文将介绍工业镜头的一些重要性能参数。

1. 焦距

相机的镜头是一组透镜，当平行于主光轴的光线穿过透镜时，会聚到一点上，这个点叫作焦点，焦点到透镜光学中心的距离，就称为焦距。镜头所成的最清晰的像，一般位于焦点略靠后的位置。焦距是镜头的重要性能指标，镜头焦距的长短决定着拍摄的成像大小、视场角大小、景深大小和画面的透视强弱。

2. 光圈 F 值

光圈是一个安装在镜头内，通过改变通光孔径来控制进入机身内感光器件进光量的装置。图 2-12 展示了一个典型的光圈装置。

图 2-12

在焦距相同的情况下，镜头的通光孔径越大，进入相机内部感光器件的光量越多；在通光孔径相同的情况下，镜头的焦距越短，进入相机内部感光器件的光量越多。光圈F值，指的是镜头的焦距除以镜头通光直径得出的相对值，即 F 值计算公式为

F= 焦距 / 通光直径

对于光圈 F 值，F 后面的数值越大，进光量越小，相机内部越暗。镜头最大光圈 F 值小，镜头进光能力越强，制造成本也越高，

对于定焦镜头，镜头身上通常会标注出镜头的最大光圈 F 值，标准的形式通常有两种，一种是直接标注 F××，另一种是标注写法 1:××，例如图 2-10 中镜头身上标注的“1:2.5”表示的即是光圈 F 值，亦可写作“F2.5”。

3. 景深

在镜头物方焦点前后有一段一定长度的空间，当拍摄物位于这段空间内时，其在感光传感器上的成像都位于容许弥散圆之内。拍摄物所在的这段空间的长度，就叫景深。换言之，在这段空间内的被摄对象，其呈现在底片面的影像模糊程度，都在容许弥散圆的限定范围内，这段空间的长度就是景深。图 2-13 所示的镜头成像示意图对景深进行了标注。

景深随镜头的光圈值、焦距、拍摄距离而变化，光圈越大，景深越小（浅），光圈越小，景深越大（深）。焦距越长，景深越小，焦距越短，景深越大。距离拍摄物体越近，景深越小，拍摄距离越远，景深越大。

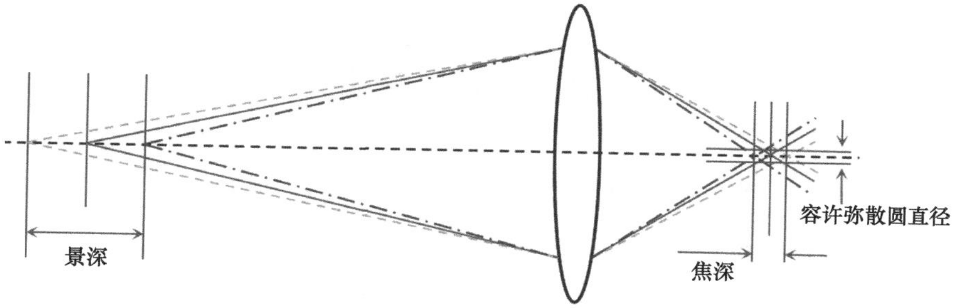

图　2-13

4. 工作距离

镜头的工作距离是指镜头能够清晰成像时，镜头前端到被摄对象的距离。在镜头选型时，要考虑现场环境中允许的安装距离是否在镜头允许的工作距离范围内。

5. 视场角

视场角的大小决定了光学仪器的视野范围，视场角越大，视野就越大，光学倍率就越小。通俗地说，目标物体超过这个角度就不会被收在镜头里。镜头焦距可定义其视场角。如图 2-14 所示，对于给定的传感器尺寸，焦距越短，镜头的视场角越大。此外，镜头的焦距越短，获得指定大小视场所需的工作距离越短。

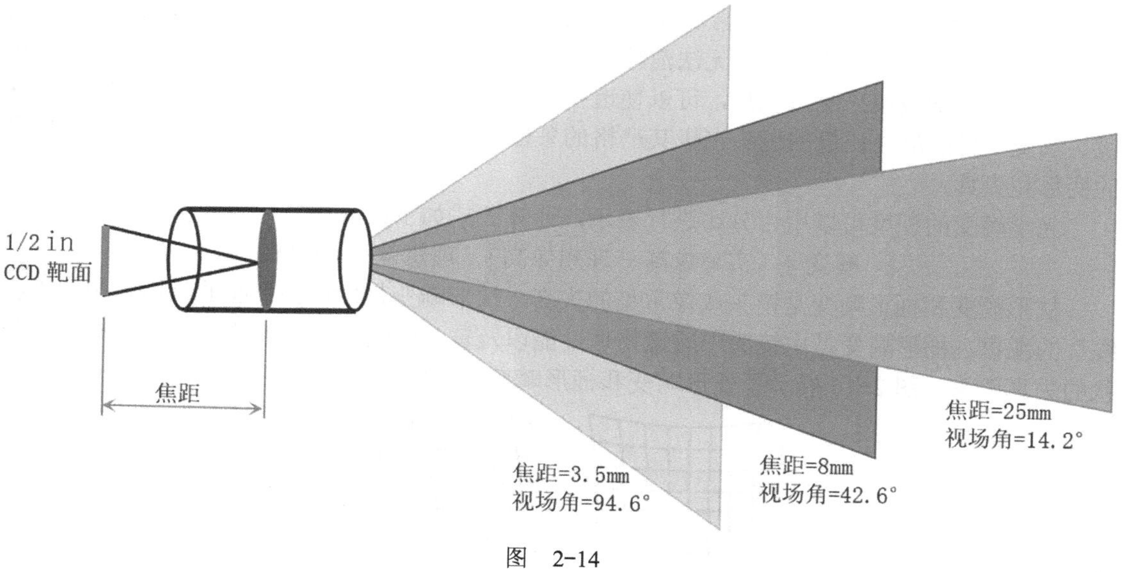

图　2-14

视场角与焦距的关系可以用以下公式近似计算：

$$AFOV \approx 2\arctan\left(\frac{k}{2f}\right)$$

式中，AFOV 表示镜头水平方向的视场角，单位为（°）；k 表示相机传感器水平方向的宽度，单位为 mm；f 表示镜头焦距，单位为 mm。

如图 2-15 所示，在给定视场角下，视场尺寸、传感器尺寸、工作距离 WD 之间存在如下近似关系：

$$AFOV \approx 2\arctan\left(\frac{HFOV}{2 \times WD}\right)$$

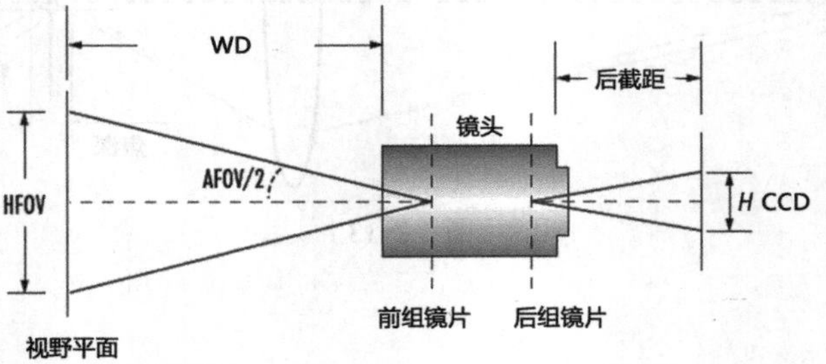

图 2-15

6. 视场

工业镜头的视场是指工业镜头能清晰成像的视野范围，它与镜头的工作距离、镜头的视场角为正相关关系。选用镜头时需要满足视场尺寸大于拍摄物尺寸。

7. 畸变

镜头畸变是指由于光学透镜固有的透视失真导致实际成像相对于拍摄物有所差异的现象。失真对于机器视觉成像是非常不利的，但镜头畸变是透镜的固有特性（凸透镜汇聚光线、凹透镜发散光线）导致的，所以无法消除，只能改善。高档镜头利用镜片组的优化设计、选用高质量的光学玻璃来制造镜片，可以使透视变形降到很低的程度，但是依旧不能完全消除镜头畸变。目前最高质量的镜头在极其严格的条件下测试，在镜头的边缘也会产生不同程度的变形和失真。

光学畸变的程度可以用百分比进行表示，计算公式如下：

畸变 =（实际像高 − 理想像高）/ 理想像高 ×100%

枕形畸变和桶形畸变是镜头成像常见的失真。枕形畸变是由镜头引起的画面向中间“收缩”的现象，桶形畸变是由镜头中透镜物理性能以及镜片组结构引起的成像画面呈桶形膨胀状的失真现象。图 2-16 展示了枕形畸变和桶形畸变的对比。

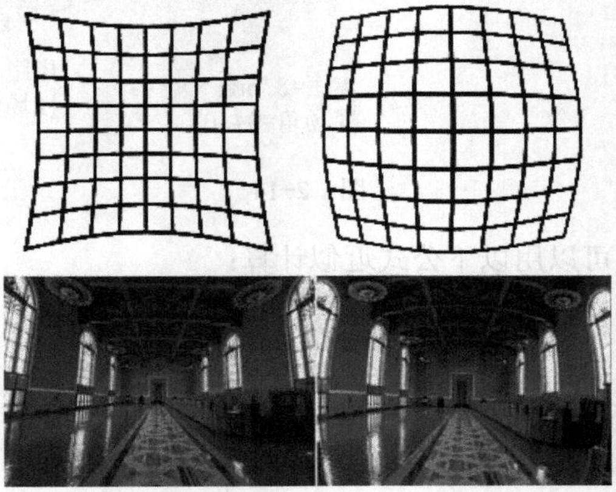

图 2-16

8. 最大适配芯片尺寸

每种工业镜头都只能兼容感光芯片不超过一定尺寸的相机。为了保证相机感光芯片的充分利用及整幅图像的质量，工业镜头的最大适配芯片尺寸不能小于与之配合使用的芯片尺寸。

跟相机靶面尺寸一样，镜头厂商给出的最大适配芯片尺寸指的既不是芯片的边长，也不是芯片的对角线长度，而是与该芯片感光区面积相当的显像管的直径。图 2-17 给出了常见芯片尺寸所对应的芯片的边长和对角线长度。

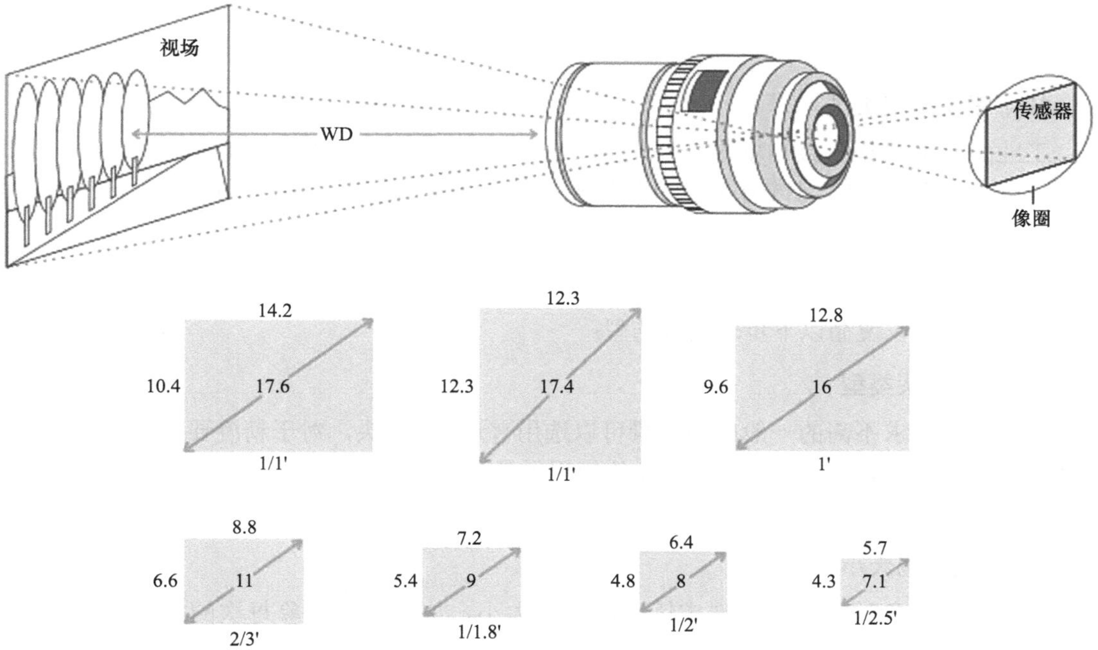

图 2-17

9. 分辨力

分辨力所描述的是镜头分辨细节的能力，具体是指在成像平面上 1mm 间距内能分辨开的黑白相间的线条对数，单位是 lp/mm（line-pairs/mm）。

工业镜头对黑白等宽的测试线对并不是无限可分辨的。当黑白等宽的测试线对密度不高时，成像平面处黑白线条是很清晰的。当黑白等宽的测试线对密度提高时，在成像平面处还是可以分辨出黑白线条，但白线黑线的对比度会下降。当黑白等宽的测试线对密度提高到某一程度时，在成像平面处黑白线的对比度非常小，黑白线条都变成了灰的中间色了，这就到了工业镜头分辨的极限。

图 2-18 展示了通过工业镜头能够清楚区分黑白线对和不能清晰区分黑白线对的图像对比。

另一种客观描述镜头分辨力的方法是 MTF（Modulation Transfer Function，模量传递函数）曲线。就机器视觉集成应用层面而言，我们没有必要像工业镜头研发人员一样去把这个概念了解得那么彻底，只需要能看明白各种工业镜头的参数即可。比如说：百万像素工业镜头、五百万像素工业镜头等，指的是镜头最大可以兼容多大分辨率的工业相机，这个参数是厂家根据镜头分辨力给出的匹配结果。一般视觉应用场景使用普通分辨力的镜头即可，而高精度要求的场景则应使用高分辨力的镜头。

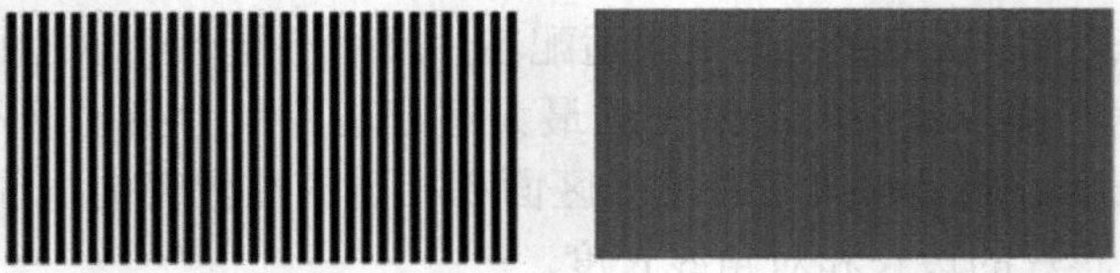

可清晰分辨的线对　　　　无法分辨的线对

图 2-18

10. 镜头接口类型

工业镜头通过镜头接口安装在相机上，镜头与相机要配合使用，两者的安装接口类型必须一致。在本章 2.1.2 小节中我们介绍过相机的镜头接口类型，在此不再赘述。

2.2.3 工业镜头的选型步骤

工业镜头可以遵循以下步骤进行选型：

1. 确定镜头类型

对于精度要求不高的一般应用场景可以选用普通 FA 镜头，对于精度要求高的应用场景以及被测对象高度会在一定范围内变化的应用场景可以选用远心镜头，对于小视场内的高精度测量可以选用显微镜头。

2. 确定视场大小

根据拍摄对象的尺寸可以选定镜头的视场大小，如果拍摄对象每次的拍摄位置是固定的，视场比拍摄对象略大即可，让拍摄对象尽可能占满图像。如果拍摄对象的位置会在一定范围内变化，视场的大小需要能够包含拍摄对象的变动范围。

3. 确定工作距离

根据视觉系统的安装位置可以选定合适的工作距离，原则是在选定的工作距离下安装机器视觉系统不会对其他机构造成干涉，又利于成像。

4. 确定最大适配芯片尺寸

通常在对工业镜头进行选型前已经选定了相机，此时相机的感光器件靶面尺寸已知。镜头的最大适配芯片尺寸不能小于相机感光器件的靶面尺寸。

5. 确定焦距

镜头焦距、芯片尺寸、视场、物距之间存在如下关系：

芯片尺寸（水平 / 竖直方向）÷ 视野尺寸（水平 / 竖直方向）= 焦距 ÷ 物距

公式可演变为：

焦距 = 芯片尺寸（长边 / 短边）÷ 视野尺寸（长边 / 短边）× 物距

焦距 ≈ 芯片尺寸（长边 / 短边）÷ 视野尺寸（长边 / 短边）× 工作距离

举例说明：检测一个 100mm×100mm 的产品，相机工作距离为 200mm，500 万像素相机的靶面标号尺寸为 1/2.5in，芯片实际尺寸为 5.8mm×4.3mm，请问该应用场景应该使用多大焦距的镜头？

焦距 ≈ 芯片尺寸（长边 / 短边）÷ 视野尺寸（长边 / 短边）× 工作距离

焦距 ≈4.3mm÷100mm×200mm

焦距 ≈8.6mm

该应用案例可以选择焦距为 8.6mm 左右的镜头。因为工业镜头常见焦距有 5mm、8mm、12mm、25mm、35mm、50mm、75mm 等，所以优先选择 8mm 焦距的镜头，安装相机时略微调整工作距离，使被测对象尽可能地填满画面。

6. 确定镜头分辨力

在相机选型时已经根据精度要求选择了合适的分辨率。工业镜头的分辨力，通常标注为最高匹配多少分辨率的相机。为了保证成像质量和精度要求，所选用的工业镜头参数列表中所标注的分辨率不能低于相机的分辨率。

7. 确定接口类型

所选用镜头的安装接口类型必须与相机的接口类型一致。

8. 选定品牌和型号

以上主要参数确定之后，可依据业内的口碑和产品性价比选定相机品牌，然后在该品牌的产品手册中查找符合以上各项参数的相机，最终确定相机型号。

2.3　工业光源的选型

机器视觉系统想要获得理想的图像，除相机和镜头外，光源也是十分重要的影响因素。在已选定相机和镜头的情况下，通过适当的光源照明设计，使图像中的目标信息与背景得到合理分离，可以大大降低图像处理算法难度，同时提高系统的定位、测量精度，使系统的可靠性和综合性能得到提高。反之，如果光源选型及照明方案设计不当，会导致图像处理算法设计和成像系统设计的难度大增，事倍功半。

工业光源在机器视觉系统中的作用可以归纳为以下三点：

1）照亮被摄目标，形成利于成像的光照条件；

2）克服外部光环境干扰，保证系统成像的稳定性；

3）突出被摄目标上的待处理特征，抑制不需要的特征，简化图像处理算法。

2.3.1　工业光源的分类

工业光源形式多样、种类丰富，通常可以从形状结构、发光材质、波长特性三个方面对工业光源进行分类，如图 2-19 所示。

工业光源采用何种发光材质，决定了工业光源的光辐射稳定性和使用寿命。广泛用于家庭照明的白炽灯和荧光灯由于会快速老化，随着时间的推移，亮度会迅速下降，已经很少用作工业光源。卤素灯由于工作温度高、不能频繁通断等缺点，在机器视觉系统中已经较少使用。激光光源的光照均匀性、光谱范围、光照强度、稳定性、使用寿命等各项性能指标都很优秀，但由于制造成本较高，通常仅在精度、稳定性要求特别高的应用场景中使用。目前应用最为普遍的发光材质是LED（发光二极管），它具有节能、使用寿命长、高速响应、亮度便于调节、发光颜色易制备等优点。

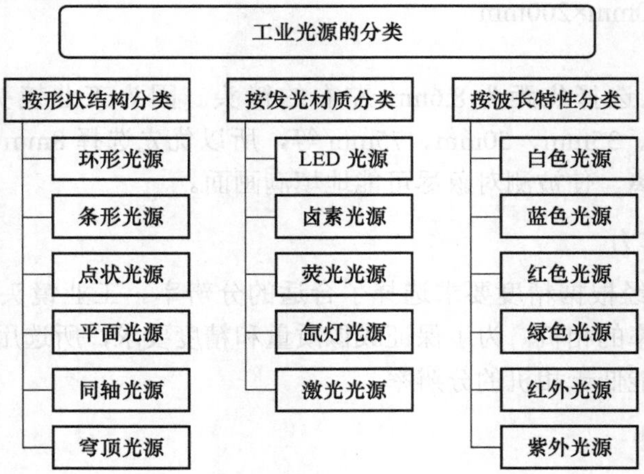

图 2-19

光的颜色是由其波长特性决定的，不同颜色的光源应用场景也不相同。各种颜色光源的特点见表 2-2。

表 2-2

颜色类型	光源特点
白色光源	白色光源通常用色温来界定，色温 >5000K 的白色光源略偏蓝，色温 <3300K 的白色光源略偏红，介于 3300 ～ 5000K 之间的白色称为中间色。白色光源适用性广，亮度高，特别适合拍摄彩色图像
蓝色光源	波长范围在 435 ～ 480nm 之间，广泛用于金属材质的产品，如钢轨、冷轧带钢、船舶加工件、手机外壳等
红色光源	红色光源的波长通常在 605 ～ 700nm 之间，其波长比较长，可以透过一些比较暗的物体，例如底材黑色的透明软板孔位定位、绿色线路板线路检测、透光膜厚度检测等，采用红色光源更能提高对比度
绿色光源	绿色光源波长 500 ～ 560nm，介于红色与蓝色之间，主要针对红色背景产品和银色背景产品，如钣金、机加工件等
红外光源	红外光的波长一般为 750 ～ 1000nm，属于不可见光。红外光源在 LCD 屏检测、视频监控行业应用比较普遍
紫外光源	紫外光的波长一般为 10 ～ 400nm，其波长短，主要应用于证件检测、触摸屏导电玻璃检测、布料表面破损检测、点胶溢胶检测、金属表面划痕检测等方面

光除了具有波长特性，还与物体具有色相性。在光学中，若将两种色光以适当的比例混合而能产生白光时，则称这两种颜色为互补色。互补色同时出现在同一画面中，将会引起视觉上更强烈的对比感受，会感到红的更红、绿的更绿。如果希望提高特征颜色上的对比度来突出特征，则可以选择使用特征的互补色光源，这样可以明显地提高特征与背景的对比度。如果使用与背景相同的颜色或者与背景色类似的光源，则可以有效降低背景对于特征处理的干扰。色光的 24 色相环如图 2-20 所示。

当图像采集设备为黑白相机时，可以采用与背景色相近的光源来降低背景的亮度，或者使用与背景色相差较远的光源来提高背景的亮度。例如表面背景为红色时，在明视场，若要凸显出缺陷与背景的差异，可以选择与红色相近的紫红色或橙色光源。暗视场拍摄图像，就需要选择与红色相差较远的青色光源。光源颜色的选择，其根本目的都是提高待检测物体表面特征与背景的对比度。

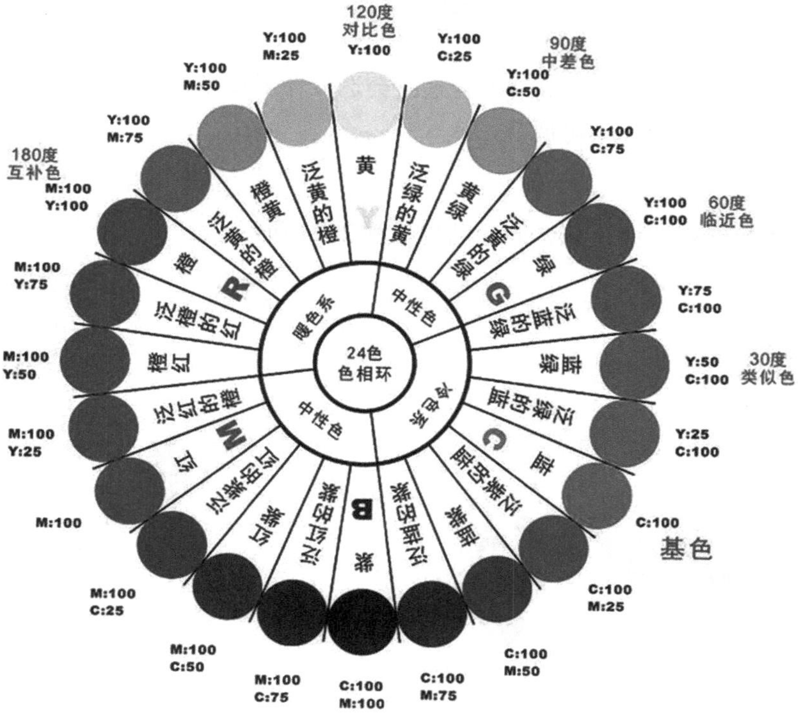

图　2-20

为了满足视觉系统中不同尺寸形状、不同表面质地的拍摄对象的照明需求，工业光源也被制作成不同的形状结构，从而获得所需的照明特性。

1. 环形光源

环形光源的实物如图 2-21 所示，照明结构如图 2-22 所示。

图　2-21

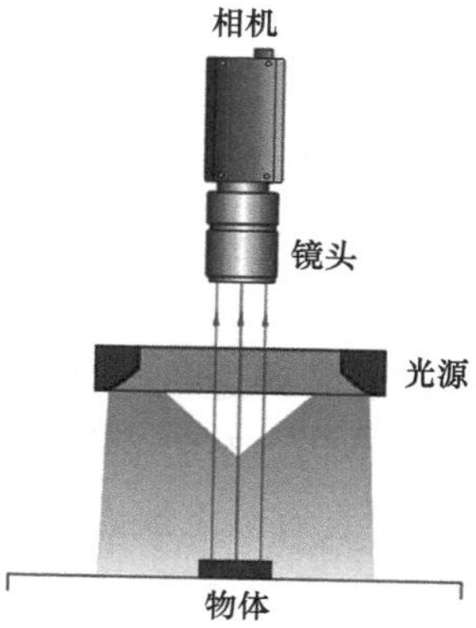

图　2-22

环形光源具有以下优点：

1）结构紧凑，易于安装，节省空间。

2）360° 环绕照射，解决阴影问题。

3）对于高反射率材料表面纹理特征成像表现极佳。

环形光源具有以下缺点：

1）对于工作高度敏感、安装高度不合适时会造成环形反光。

2）光线照射角度固定，不可调节。

2. 条形光源

条形光源实物如图 2-23 所示，照明结构如图 2-24 所示。

图 2-23

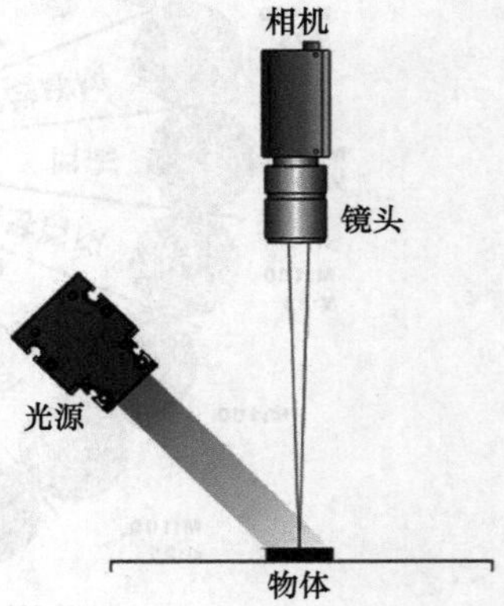

图 2-24

条形光源具有以下优点：

1）适合具有较大长宽比的拍摄对象的照明。

2）可通过安装角度，调整光线照射角度。

3）可多个条形光源组合成任意多边形光源使用。

条形光源具有以下缺点：

1）宽度方向，照明区域狭窄。

2）多个条形光源合围使用，会出现区域边缘光照强、中间区域光照弱的情况。

3）需要使用安装框架，不便于安装。

3. 点状光源

点状光源的实物如图 2-25 所示，照明结构如图 2-26 所示。

点状光源具有以下优点：

1）光源有特殊透镜组合，可实现高亮度、高均匀度的局部照明。

2）体积小巧，节省安装空间，能耗低。

点状光源具有以下缺点：

1）通常需要配合同轴镜头使用，通用性差。

2）只适用于基准点定位、芯片字符读取等拍摄对象较微小的应用场景。

图　2-25

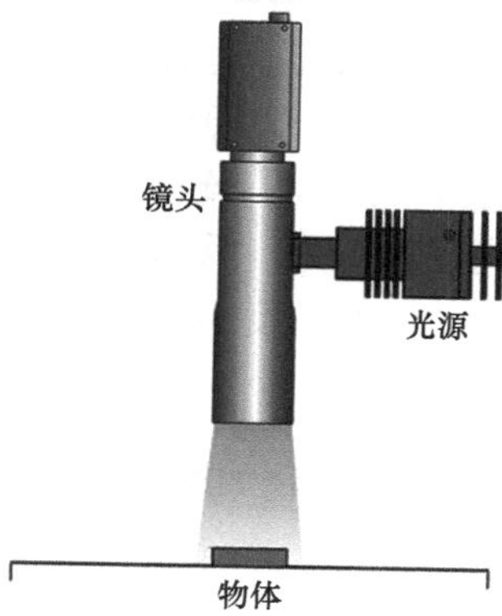

图　2-26

4. 平面光源

平面光源的实物如图 2-27 所示，照明结构如图 2-28 所示。

图　2-27

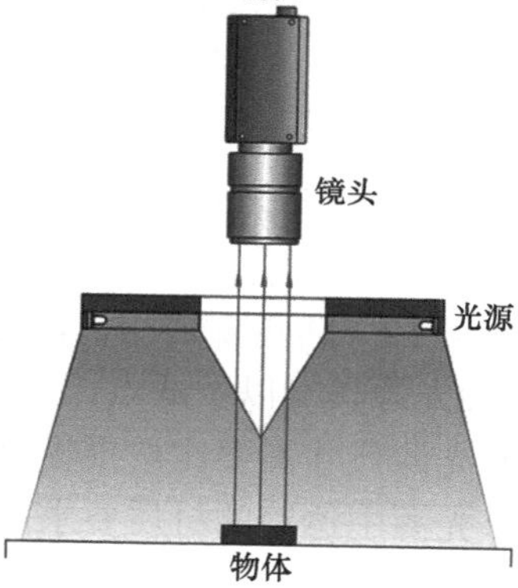

图　2-28

不开孔的平面光源实物如图 2-29 所示，它通常作为背光光源使用。
背光光源的照明结构如图 2-30 所示。

图　2-29

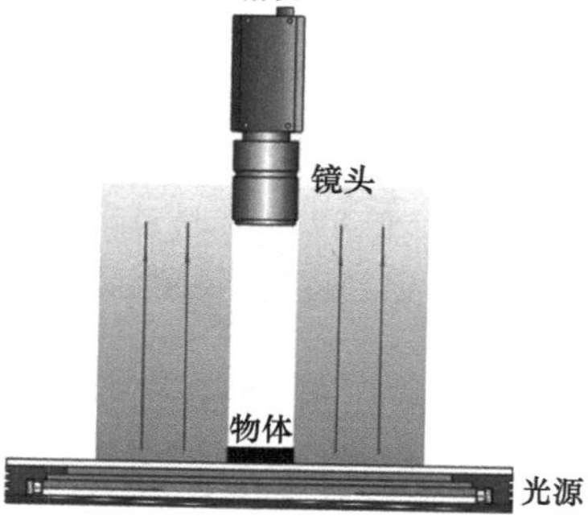

图　2-30

平面光源具有以下优点：

1）照射面积大，适合尺寸较大的被摄对象使用。

2）照明区域内光照强度均匀。

平面光源具有以下缺点：

1）光源体积大，重量大，不便安装。

2）光源照射角度不可调。

5. 同轴光源

同轴光源的实物如图 2-31 所示，照明结构如图 2-32 所示。

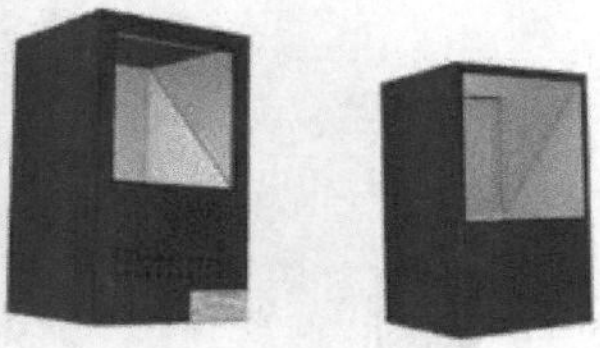

图 2-31

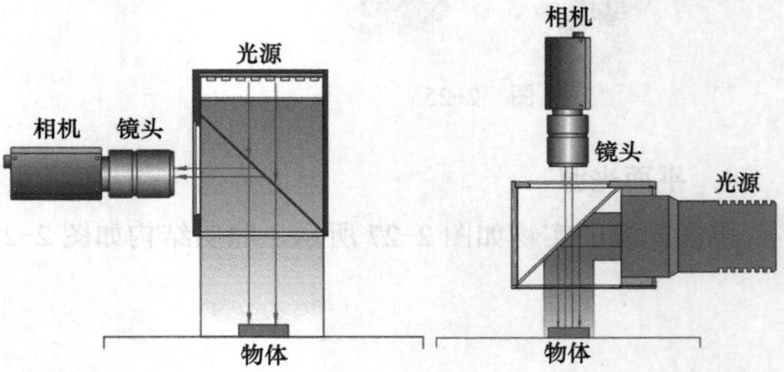

图 2-32

同轴光源具有以下优点：

1）以平行直射光线为主，对于光滑、高反光材料表面特征检测表现极佳。

2）可 90° 转角安装相机，提供更灵活的相机安装方案。

同轴光源具有以下缺点：

1）光源尺寸需要比被摄物尺寸更大才能保证良好照明效果，因而通常体积较大。

2）光源中透镜的材质要求高，因而成本较高。

6. 穹顶光源

穹顶光源的实物如图 2-33 所示，照明结构如图 2-34 所示。

图 2-33

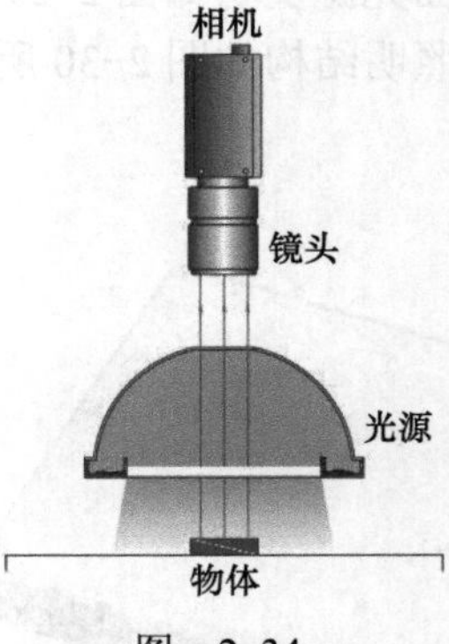

图 2-34

穹顶光源具有以下优点：

1）高均匀漫射照明，可消除产品因表面不平整造成的干扰。

2）适合曲面、柱面被摄物的照明。

3）适合具有高反光表面的被摄物的照明

穹顶光源具有以下缺点：

1）全明场照明，不能进行暗场照明。

2）只能与镜头同方向安装，无法在狭小的空间内安装。

2.3.2　光源照射方式

1. 垂直照射

当使用 0° 环形光源、带孔平面光源时，光源在被摄物正上方，光源的大部分光线垂直照射到被摄物表面上。光源垂直照射时，照射面积大、光照均匀性好，适用于较大面积照明，可用于基底和线路板定位、晶片部件检查等应用场景。光源垂直照射结构示意如图 2-35 所示。

2. 高角度照射

当光源主光线与镜头轴线所成的夹角较小时，此时的光源照射方式称为高角度照射。高角度照射的特点是在一定工作距离下，光束集中、亮度高、均匀性好、照射面积相对较小，常用于液晶校正、塑胶容器检查、工件螺孔定位、标签检查、引脚检查、集成电路印字检查等应用场景。光源高角度照射结构示意如图 2-36 所示。

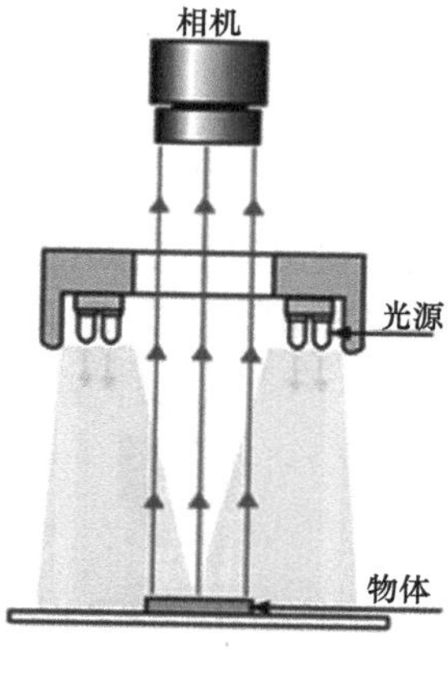

图　2-35

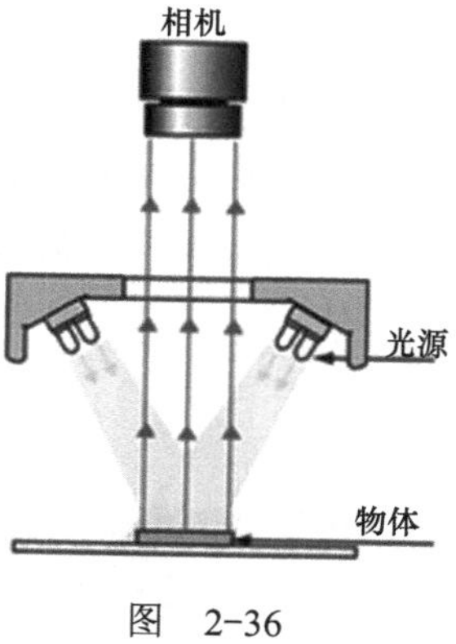

图　2-36

3. 低角度照射

当光源主光线与镜头轴线所成的夹角较大时，此时的光源照射方式称为低角度照射。低角度照射的特点是：对表面凹凸表现力强，适用于晶片或玻璃基片上的伤痕检查。光源低角度照射结构示意如图 2-37 所示。

4. 背光照射

光源与相机同轴且位于被测物体的背面，此时光源的照射方式称为背光照射。背光方式用来突出显示不透明物体的外形轮廓，所以这种照明方式只适用于被摄物的待处理特征信息可以从其轮廓中获得的场景，如尺寸测量、形状判断等。光源背光照射结构示意如图 2-38 所示。

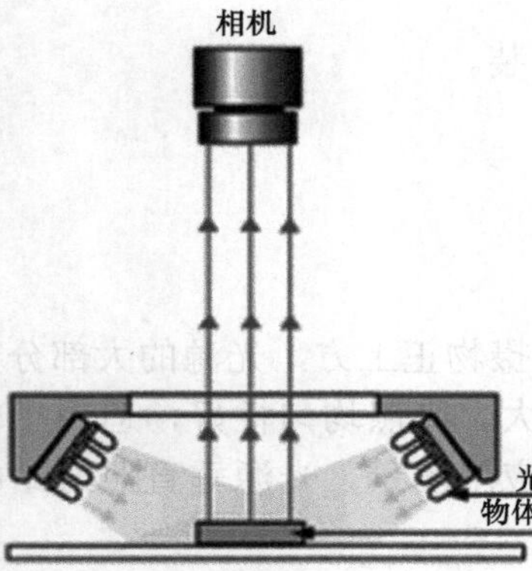

图 2-37

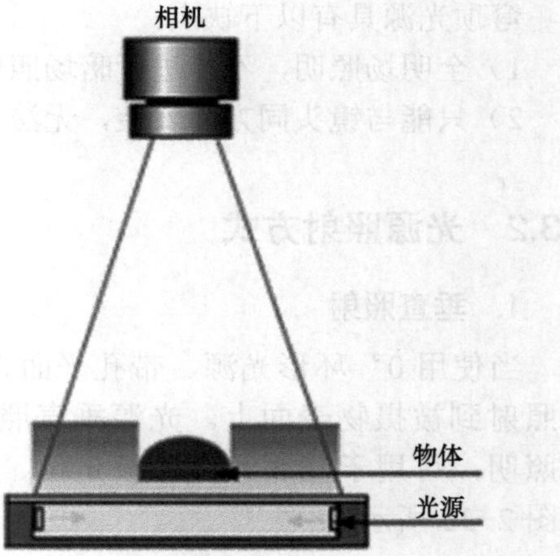

图 2-38

5. **同轴照射**

光源与镜头同轴安装，且光源前面带漫反射板，形成二次光源，使得光线主要趋于平行，此时的光源照射方式称为同轴照射。同轴照射，照明面积与光源大小成正比，照明均匀，能克服光滑表面带来的反光。同轴照射通常用于半导体、PCB 板以及金属零件的表面成像检测，微小元件的外形、尺寸测量等应用场景。光源同轴照射结构示意如图 2-39 所示。

6. **半球积分照射**

使用穹顶光源时，光源 360° 底部发光，通过碗状内壁发射，形成球形均匀光照，此时光源的照射方式称为半球积分照射。半球积分照射通常用于检测含有曲面的被摄物的表面文字和缺陷，尤其适合曲面金属材质被摄物。半球积分照射结构示意如图 2-40 所示。

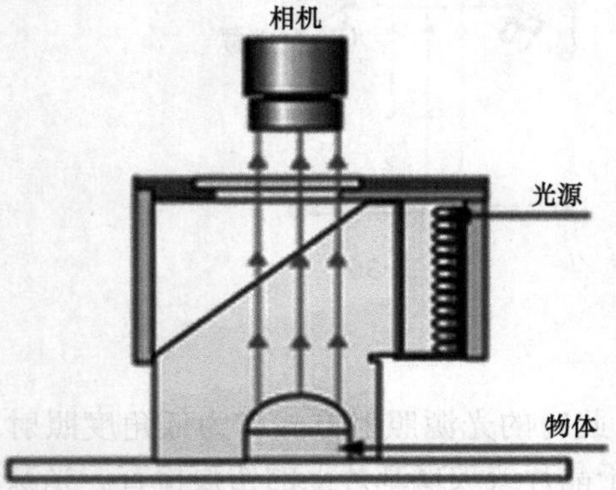

图 2-39

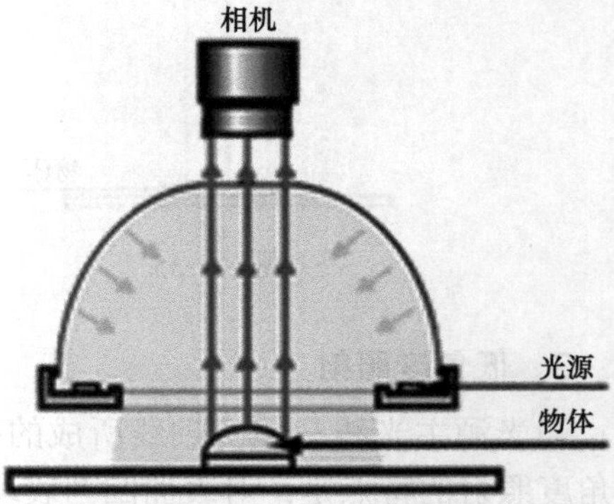

图 2-40

2.3.3 工业光源选型步骤

工业视觉系统中使用光源的目的是：照亮被摄目标，形成利于成像的光照条件；克服外部光环境干扰，保证系统成像的稳定性；突出被摄目标上的待处理特征，抑制不需要的特征，简化图像处理算法。工业光源的选型，通常可以按照以下步骤进行：

1. 选择照射方式

根据被摄对象的特点，比如被摄物是什么材质、是平面还是曲面、是光滑表面还是凹凸纹理等特点，可以选定光源的照射方式，通过光源照射方式可以缩小光源的选择范围，因为往往只有少数的光源能适合选定的照射方式。

2. 选择光源颜色

根据被摄物的材质、表面颜色，结合光的波长特性、光的色相性，进行光源颜色的选择。光源颜色的选择依据是：尽可能提高待检测物体表面特征与背景的对比度。

3. 选择光源尺寸

根据被测物的形状尺寸，选择光源的形状尺寸。要求是光源的照射光线能够均匀覆盖被摄物所处区域，要避免照明盲区和光照强度分布不均匀的现象。

4. 选择发光材质

根据光源需要的光照强度、开关频率、响应速度、使用寿命、成本等要求来选择光源的发光材质。应用在工业领域的机器视觉系统，以卤素光源、LED 光源应用较为普遍。

5. 兼顾安装空间

工业领域的机器视觉系统，很多情况下是集成在现有设备中进行使用，需要充分考虑能够被允许的安装空间。如果已选定的光源无法在允许的空间内进行安装，则需要重新选型或定制开发。

6. 样品打光测试

根据理论知识和工作经验可能选出多款可用的光源，接下来就需要对这些光源进行打光测试。进行打光测试时，需要使用实际已选定的相机、镜头和实际的被摄物，尽可能使测试环境和实际生产环境一致。

课后练习

1. 机器视觉系统选型的三原则：
目的性是指：________________________________。
适用性是指：________________________________。
性价比是指：________________________________。

2. 工业相机是机器视觉系统中的一个关键组件，其最本质的功能就是将________转变成有序的______，最终形成数字化数据。

3. 数字相机常用的接口类型有________、USB 2.0 接口、________、Camera Link 1394 接口等。

4. 线阵相机系统用于被测物体和相机之间有________的场合，每次采集完一条线后，被测物体正好运动到下一个单位长度，相机可继续对下一条线进行采集，这样一段时间下来就拼成了二维图片。

5. CCD是指电荷耦合器件，是一种用电荷量表示信号大小、用耦合方式传输信号的探测元件，具有______小、重量轻、自扫描、______宽、成像畸变小、______低、响应速度快、功耗小、寿命长、可靠性高等优点。

6. 如一个相机的感光器件上像素排列是2560行、1920列，那么这个相机的分辨率就是2560×1920=4 915 200像素，但是这个相机在销售时依旧标称______万像素。

7. 为了直观地感知靶面的物理尺寸，我们可以将靶面尺寸标号值乘______近似得到靶面的对角线长度（mm），再根据靶面的长宽比就可以知道靶面的长度和宽度的尺寸。

8. 远心镜头是为纠正传统工业镜头视差而设计的，是一种______得到的图像放大倍率不会变化的镜头。

9. 光源与相机同轴且位于被测物体的背面，此时光源的照射方式称为______，这种照射方式可以用来突出显示不透明物体的外形轮廓。

10. 对于光圈F值，F后面的数值______，进光量越小，相机内部越暗。镜头最大光圈F值______，镜头进光能力越强，制造成本也越高。

第 3 章

康耐视智能相机应用基础

➲ 知识要点

1. In-Sight Explorer 软件功能认知
2. In-Sight Explorer 软件安装及仿真器授权
3. 智能相机的硬件连线
4. Easy Builder 编程和电子表格编程

➲ 技能目标

1. 掌握 In-Sight Explorer 软件安装及仿真器授权
2. 掌握智能相机硬件连线方法
3. 熟悉 In-Sight Explorer 软件基本操作
4. 掌握 Easy Builder 和电子表格两种编程方法

3.1 康耐视智能相机

康耐视公司设计、研发、生产和销售各种机器视觉产品，这些产品包括广泛应用于全球各地工厂、仓库及配送中心的条码读码器、机器视觉传感器和机器视觉系统，它们在产品生产和配送过程中实现引导、测量、检测、识别产品的功能并确保产品质量。

康耐视 In-Sight 视觉系统是拥有高级机器视觉技术并且简单易用的工业级智能相机的独立视觉系统，不仅拥有高速的图像采集和处理能力，还有很好的视觉硬件和软件的综合能力，具有工件检验、识别和引导等功能，而且可以完成很多具有挑战性的视觉应用任务，因此获得各行各业的青睐。

1. In-Sight 视觉系统系列

In-Sight 视觉系统包含多个系列，比如 In-Sight 9000 系列、In-Sight 8000 系列、In-Sight 7000 系列、In-Sight 5000 系列等，如图 3-1 所示，其中 In-Sight 9000、8000、7000 系列为现在的主流产品，每个系列又提供多种型号供用户选择。

In-Sight 9000 系列是具有超高分辨率的视觉系统，即使安装距离较远，也能够对较大区域内的元件进行高度准确的定位、测量和检测。In-Sight 9000 系列包含两个型号：9902L（2K 线扫描）和 9912（1200 万像素面阵扫描），两个型号均提供 IP67 级防护（防尘且防水），适用于恶劣的工厂环境。

图 3-1

In-Sight 8000 系列是新一代 In-Sight Micro 相机，所有 In-Sight 8000 系列型号的尺寸仅有 31mm×31mm×64mm，拥有以太网供电（POE）功能，可以提供较佳的独立视觉系统，以便集成到较小空间中。

In-Sight 7000 系列属于全功能型的视觉系统，具有独特的模块化设计，配备各种可现场更换和用户配置的照明和光学元件，用户可以根据应用需求进行灵活定制。

2. In-Sight 视觉产品命名规则

康耐视 In-Sight 视觉系统系列产品的型号命名具有一定的规则。我们以 In-Sight 5705 为例，对命名规则进行简单介绍：

第一位“5”：表示系列。“5”表示 In-Sight 5000 系列。

第二位“7”：表示系列内的特定型号代码（速度型号）。数值越大，采集速度越快。

第三位“0”：表示所包含的视觉工具代码。“0”表示所有工具，“1”表示仅支持读码，但也有些特别情况需注意，比如 In-Sight 9912 型号相机，由于其为 1200 万像素，所以第三位数值为“1”。

第四位“5”：表示分辨率代码。“5”表示 500 万像素。

如果型号后面附加有字母“C”，则表示此型号为彩色相机。

所有 In-Sight 视觉系统都是配套齐全、结构紧凑的视觉系统，均无需配备外部处理器或额外的相机。康耐视 In-Sight 5000、In-Sight 7000、In-Sight 8000、In-Sight 9000 等视觉系列根据应用需求拥有多种可选型号，所有 In-Sight 型号都是使用 In-Sight Explorer 软件进行参数设置和编程的。

3.2 In-Sight Explorer 软件安装

1. In-Sight Explorer 软件下载

In-Sight Explorer 软件可以直接进入康耐视官网（https://www.cognex.cn/zh-cn）进行下载，

具体步骤为：单击“支持”→“In-Sight 支持”→“软件和固件”，找到需要安装的软件版本下载即可，如图 3-2 所示。

图　3-2

本节内容以“Cognex In-Sight Software 5.7.2 CR1”软件版本为例，进行下载安装及界面介绍。

2. In–Sight Explorer 软件安装和授权

（1）硬件要求　官方推荐 PC 硬件相关要求见表 3–1。

表　3–1

PC 硬件最低要求 （适用于连接到以较低生产速度运行的单个低分辨率 In-Sight 视觉系统的 PC）
英特尔赛扬 1.8GHz 处理器（或同等配置） 2GB 的可用 RAM 4GB 的可用硬盘空间 可以在 24 位色深下显示 1024×768 分辨率的视频卡（“DPI 显示”必须设置为 96 DPI） 网络接口卡（至少 100MB/s），用于连接 In-Sight 视觉系统
PC 硬件推荐要求 （适用于同时连接至 4 个 In-Sight 视觉系统的 PC）
英特尔酷睿 i7 处理器，运行频率为 2.7GHz（或同等配置） 4GB 的可用 RAM 8GB 可用硬盘空间 可以在 32 位色深下显示 1920×1080 分辨率的视频卡（“DPI 显示”必须设置为 96 DPI） 千兆网络接口卡，用于连接 In-Sight 视觉系统

（2）软件安装和仿真器授权　In-Sight Explorer 软件需要 Microsoft .NET Framework 4.5 或更高版本的 Microsoft.NET。如果 Windows 禁用了 Microsoft .NET Framework，也无法正常安装 In-Sight Explorer 软件。

In-Sight Explorer 软件安装和仿真器授权步骤为：

1）右击“Cognex In-Sight Software 5.7.2 CR1.exe”，选择“以管理员身份运行”开始安装软件，安装过程中以默认选择进行安装即可。

2）打开安装好的软件，进入“系统”菜单，依次打开“选项”→“仿真”，复制“脱机编程引用”码，如图 3-3 所示。

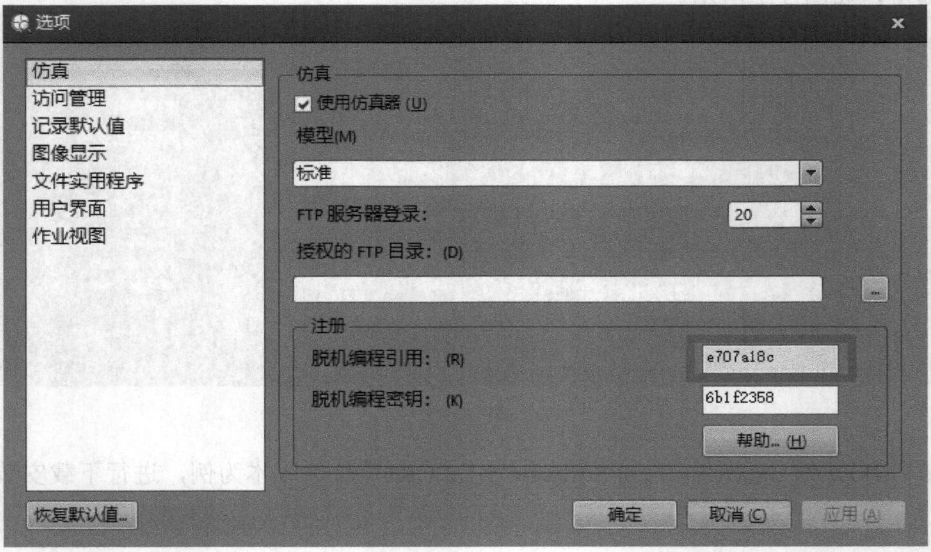

图 3-3

3）回到官网的软件下载页面，单击左侧的“In-Sight 模拟器软件密钥”进行授权，如图 3-4 所示。

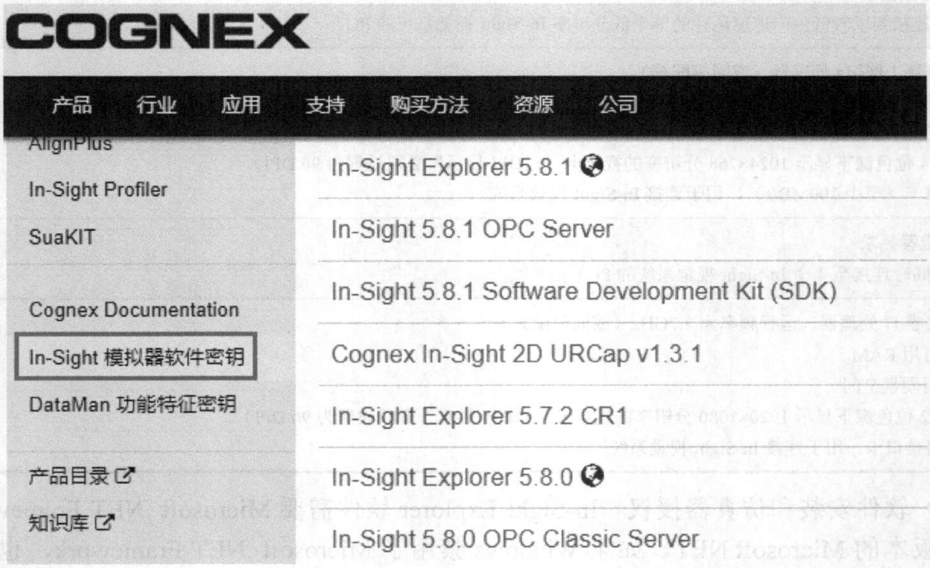

图 3-4

4）输入公司名和粘贴“脱机编程引用码”后，单击“获取密钥”，然后复制生成的密钥，如图 3-5 和图 3-6 所示（在这一步，需要在官网以企业邮箱注册账号并处于登录状态）。

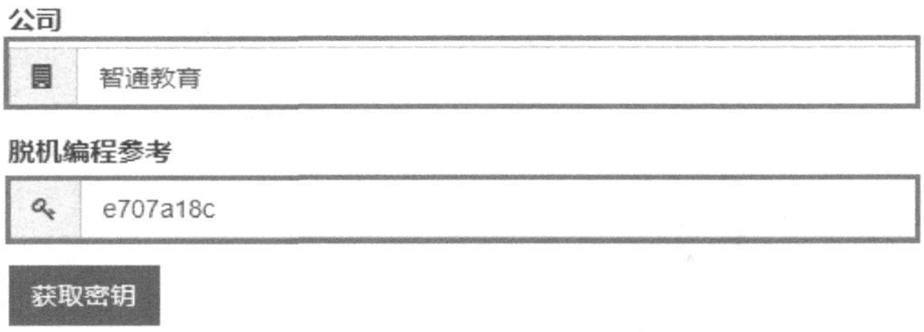

图　3-5

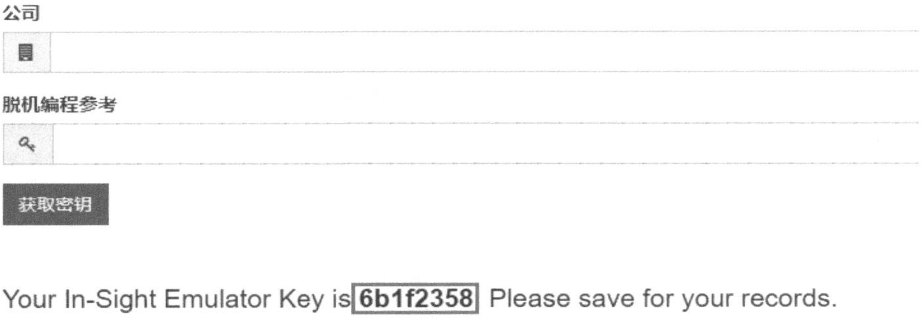

图　3-6

5）回到软件的“仿真”选项卡，把密钥粘贴至“脱机编程密钥”，单击“确定”即可完成仿真器的授权，如图 3-7 所示。

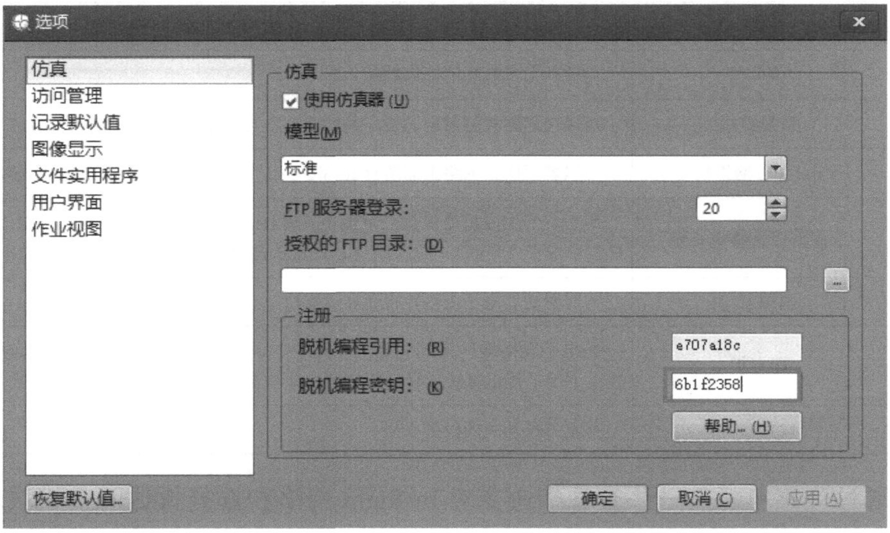

图　3-7

3. 软件界面

In-Sight Explorer 软件 EasyBuilder 用户界面由 7 个部分组成，分别是菜单栏、快捷键栏、In-Sight 网络栏、应用程序步骤设置栏、视图窗口、选择板、设置窗格，见图 3-8 和表 3-2。

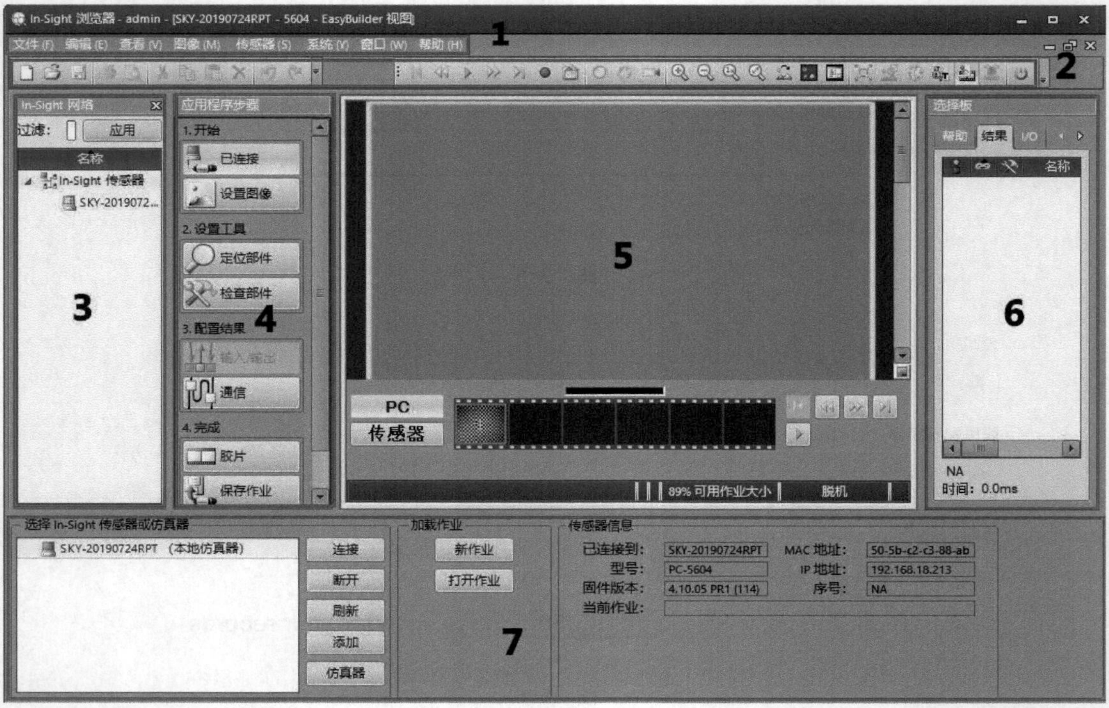

图 3-8

表 3-2

序号	名称	说明
1	菜单栏	为软件大多数功能提供功能入口
2	快捷键栏	可以快速地找到常用功能，其功能基本与菜单栏相同，但操作更加简便
3	In-Sight 网络栏	可以看到所在网络上的所有 In-Sight 相机和仿真器，也可以添加传感器 / 设备
4	应用程序步骤设置栏	用于逐步生成机器视觉应用程序或作业的 EasyBuilder，在键盘上按“F1”或在菜单栏中选择“帮助”可以启用 EasyBuilder 在线帮助文档
5	视图窗口	实时图像、电子表格等视图显示窗口
6	选择板	在电子表格编程模式下用于向程序中添加函数和程序片段，在 EasyBuilder 编程模式下用于显示算法工具帮助信息和算法工具运行结果
7	设置窗格	显示各种功能的设置界面

可以通过“菜单栏”→“查看”命令对 In-Sight 网络和选择板这两个模块进行显示或隐藏。

3.3 智能相机硬件连接

本节以 In-Sight 5000 系列为例介绍智能相机与标准组件及可选组件的连接。

1. 连接器和指示器

图 3-9 为相机连接器和指示器的实物图，详细说明见图 3-10 和表 3-3。

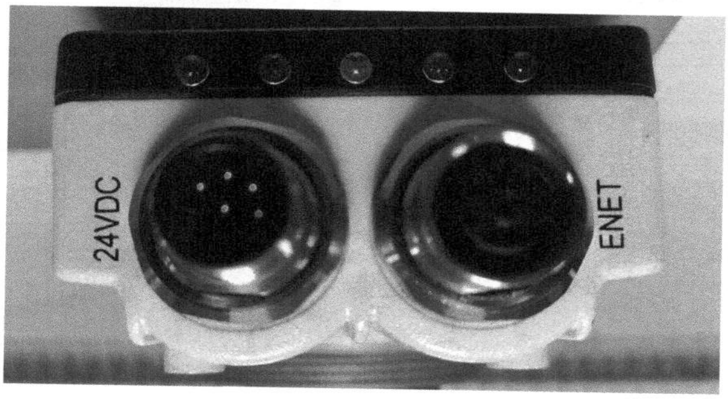

图　3-9

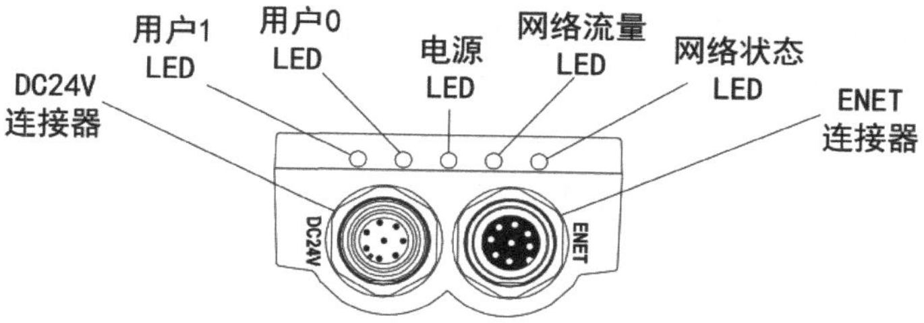

图　3-10

表　3-3

连接器 / 指示器	功能
DC24V 连接器	连接分接电缆，可以提供与外部电源、采集触发器输入、高速输出和 RS-232 串行通信之间的连接。还可用于连接 I/O 模块电缆和可选 In-Sight I/O 模块，这样可以提供通用的离散 I/O 信号和光源控制功能
用户 1　LED	处于活动状态时，指示灯为绿色。使用 4 号离散输出线进行用户配置（除 CIO-1400 使用 9 号线外，所有其他 I/O 模块均使用 10 号线）
用户 0　LED	处于活动状态时，指示灯为红色。使用 5 号离散输出线进行用户配置（除 CIO-1400 使用 10 号线外，所有其他 I/O 模块均使用 11 号线）
电源 LED	当电源供电时，指示灯为绿色
网络流量 LED	当传送和接收数据时，指示灯闪烁为绿色
网络状态 LED	当检测到网络连接时，指示灯为绿色
ENET 连接器	将视觉系统连接到网络。ENET 连接器提供外部网络设备的以太网连接

2. 安装镜头

镜头安装的步骤为：

1）拆下镜头保护盖和贴在 CCD 上的保护膜（如果有）。

2）将 C 型镜头连接到视觉系统。所需的精确镜头焦距取决于机器视觉应用程序要求的工作距离和视野。

安装示意图如图 3-11 和图 3-12 所示。

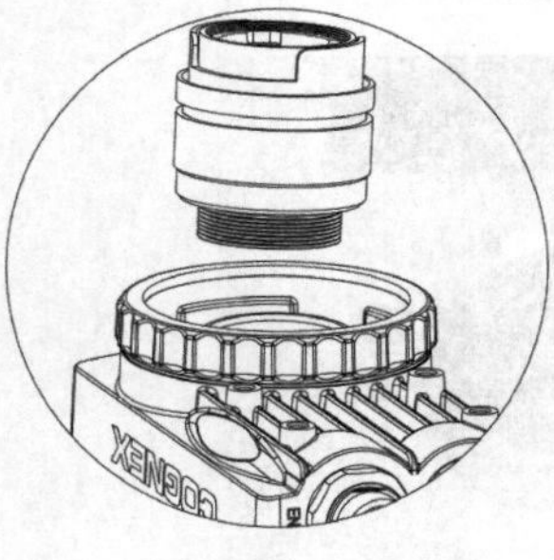

图 3-11

图 3-12

3. 电缆连接

视觉系统具有 ENET 连接器和 DC 24V 连接器。ENET 连接器提供网络通信所需的以太网连接。DC 24V 连接器提供 DC 24V 电源、I/O、采集触发器和串行通信的连接。

（1）连接以太网电缆

1）将以太网电缆的 M12 连接器连接到视觉系统的 M12 ENET 连接器，如图 3-13 所示。

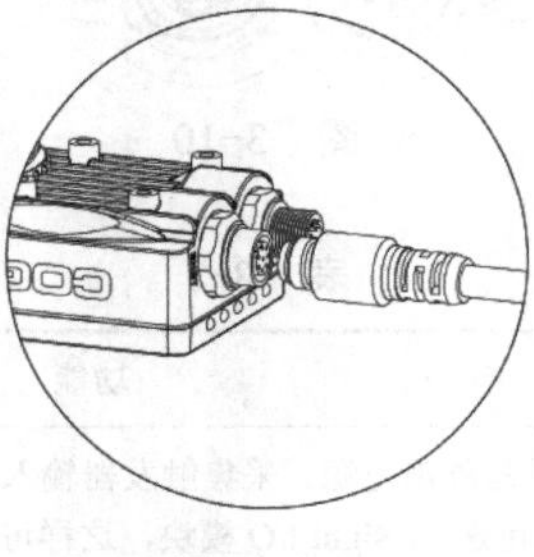

图 3-13

2）如果需要，可将以太网电缆的 RJ-45 连接器连接到交换机 / 路由器或 PC，如图 3-14 所示。

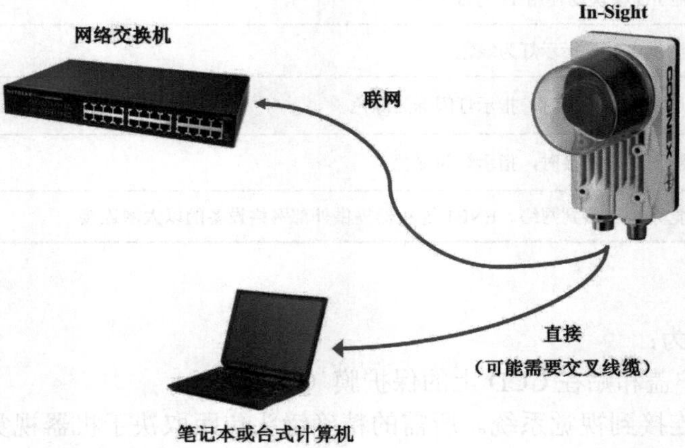

图 3-14

表 3-4 对以太网电缆引出管脚进行了详细说明。

表 3-4

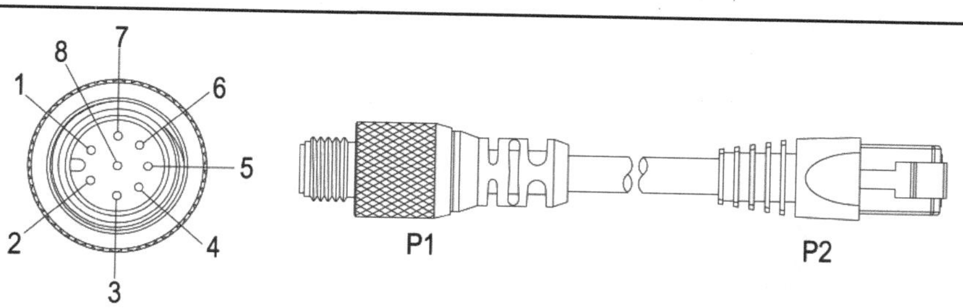

P1 管脚号	信号名称	导线颜色	P2 管脚号
6	TPO+	白色 / 橙色	1
4	TPO–	橙色	2
5	TPI+	白色 / 绿色	3
7	TRMA	蓝色	4
1	TRMB	白色 / 蓝色	5
8	TPI–	绿色	6
2	TRMC	白色 / 棕色	7
3	TRMD	棕色	8

（2）连接分接电缆　分接连接器提供对电源、串行通信、触发器以及高速输出的接入。要连接分接电缆，可以遵循如下步骤：

1）确认使用的 DC 24V 电源已拔下且未获得电能。

2）将电源连接到分接电缆上，图 3-15 所示分接电缆规范中列出了电缆的引出管脚说明。

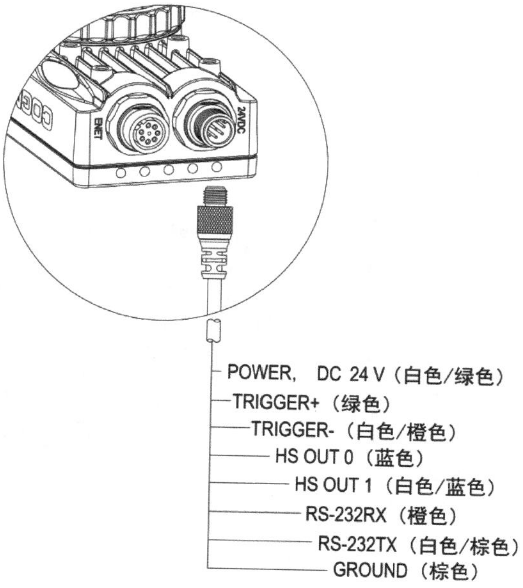

图 3-15

3）将分接电缆连接到视觉系统的 DC 24V 连接器。

4）恢复对 DC 24V 电源供电并根据需要打开电源。

表 3-5 对分接电缆引出管脚进行了详细说明。

表　3-5

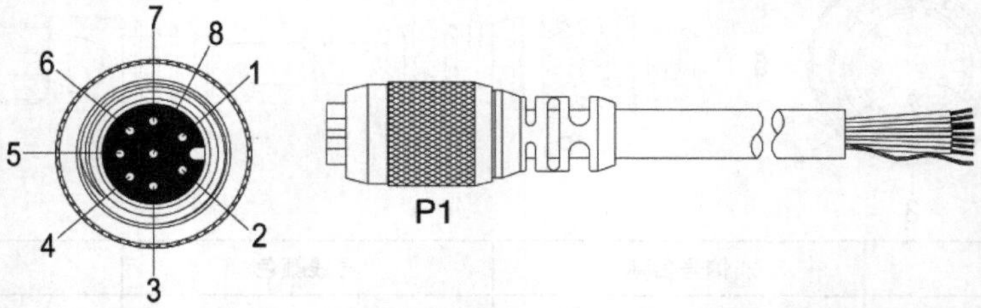

管脚号	信号名称	导线颜色
1	电源，DC 24V	白色 / 绿色
2	TRIGGER +	绿色
3	TRIGGER –	白色 / 橙色
4	HS OUT 0	蓝色
5	HS OUT 1	白色 / 蓝色
6	RS-232 接收（RXD） （仅限 In-Sight 5604：编码器 A）	橙色
7	RS-232 发送（TXD） （仅限 In-Sight 5604：编码器 B）	白色 / 棕色
8	接地	棕色

（3）连接 I/O 模块电缆　在使用 I/O 模块时，视觉系统所使用的全部电源和通信线路需使用 I/O 模块电缆连接（不再是分接电缆连接），如图 3-16 所示。

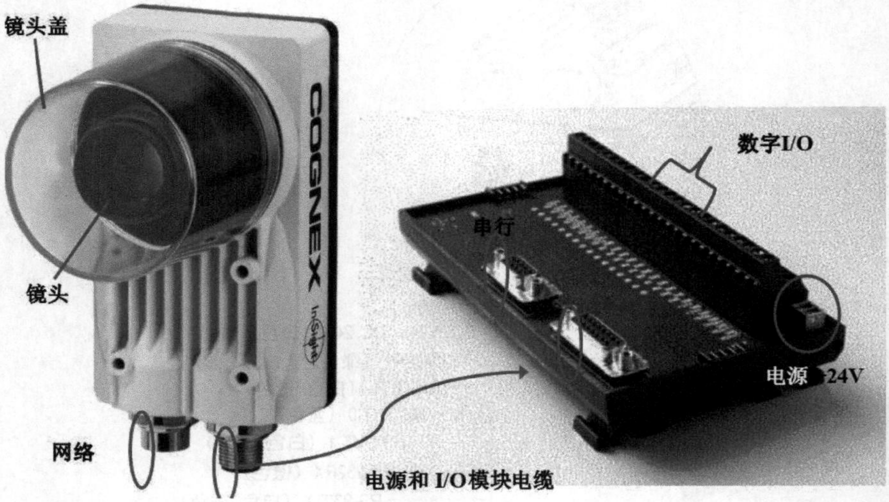

图　3-16

表 3-6 对 I/O 模块电缆引出管脚进行了详细说明。

表　3-6

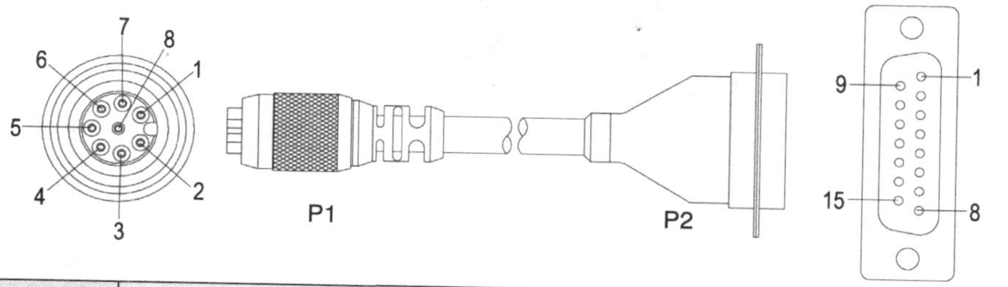

P1 管脚号	信号名称	P2 管脚号
1	电源，DC 24 V	1
2	TRIGGER +	2
3	TRIGGER –	3
4	HS OUT 0	4
5	HS OUT 1	5
6	RS-232 接收（RXD） （仅限 In-Sight 5604：编码器 A）	6
7	RS-232 发送（TXD） （仅限 In-Sight 5604：编码器 B）	7
8	接地	8

（4）光圈调节　对于已经制造好的镜头，不能随意改变镜头的直径，但是可以通过在镜头内部加入多边形或者圆形并且面积可变的孔状光栅来达到控制镜头进光量的目的，这个装置就是光圈。光圈是相机上用来控制镜头孔径大小的部件，用以控制景深、镜头的成像质量，同时可以和快门速度协同控制进光量，光圈大小用 F/ 数值表示。图 3-17 所示为康耐视相机上的光圈调节环。

图　3-17

简而言之，在快门不变的情况下：

1）F 后面的数值越小，光圈越大，进光量越多，画面越亮，焦平面越窄，主体背景虚化越大。

2）F 后面的数值越大，光圈越小，进光量越少，画面越暗，焦平面越宽，主体前后越清晰。

当拍照环境过亮或过暗时，可以旋转康耐视相机镜头上的调节环，来调节光圈大小至合适亮度。

（5）焦距调节　焦距，也称为焦长，是光学系统中光的聚集或发散的度量方式，指从透镜中心到光聚集焦点的距离；也是相机中从镜片光学中心到底片或图像传感器成像平面的距离。短焦距的光学系统往往比长焦距的光学系统具有更佳的聚集光的能力。

镜头的焦距决定了该镜头拍摄的被摄物体在成像平面上所形成影像的大小。假设以相同的距离面对同一被摄物体进行拍摄，那么镜头的焦距越长，则被摄物体在胶片或影像传感器上所形成的影像的放大倍率就越大。

由于相机取像时，被摄物体与相机（镜头）的距离不总是相同的，比如安装在工业机器人执行末端的相机，根据拍照点的不同，像距不总是固定的，这样，要想拍到清晰的图像，就必须随着物距的不同而改变胶片到镜头光心的距离。旋转相机镜头上的焦距调节环可以进行焦距调节，如图 3-18 所示。这个改变的过程就是我们平常所说的“调焦”。

图　3-18

3.4 In-Sight Explorer 软件的两种编程模式

In-Sight Explorer 软件界面操作简便，功能强大，没有计算机编程语言基础的使用者也能完成视觉应用程序的编写。In-Sight Explorer 软件拥有两种编程方式，分别是 EasyBuilder 编程模式和电子表格编程模式。

1. 两种编程方式简介

EasyBuilder 是 In-Sight Explorer 软件内置的配置模块，通过 EasyBuilder 模块可以逐步生成机器视觉应用程序或者作业，适用于所有经验水平的使用者快速进行相关设置，直观并且简单易用，如图 3-19 所示。

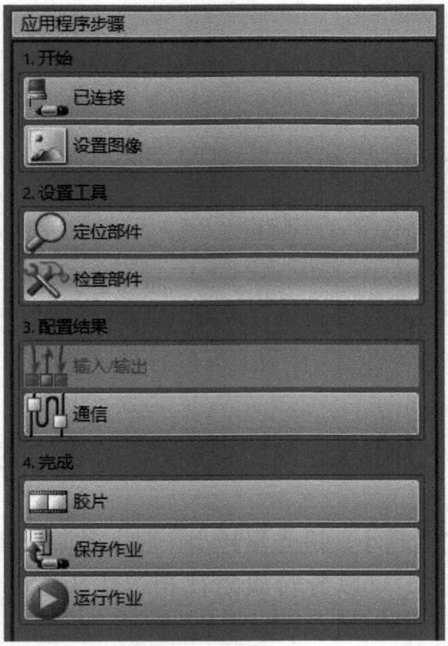

图　3-19

电子表格编程的编程界面类似于 Microsoft Excel。电子表格编程界面视图使配置视觉的逻辑过程清晰明了，非常便于使用者进行理解及操作，如图 3-20 所示。另外，In-Sight 电子表格包含专用功能函数、选项和操作，通过它们，不需要编写任何代码即可解决复杂的应用问题。图 3-21 所示为各函数分类列表。

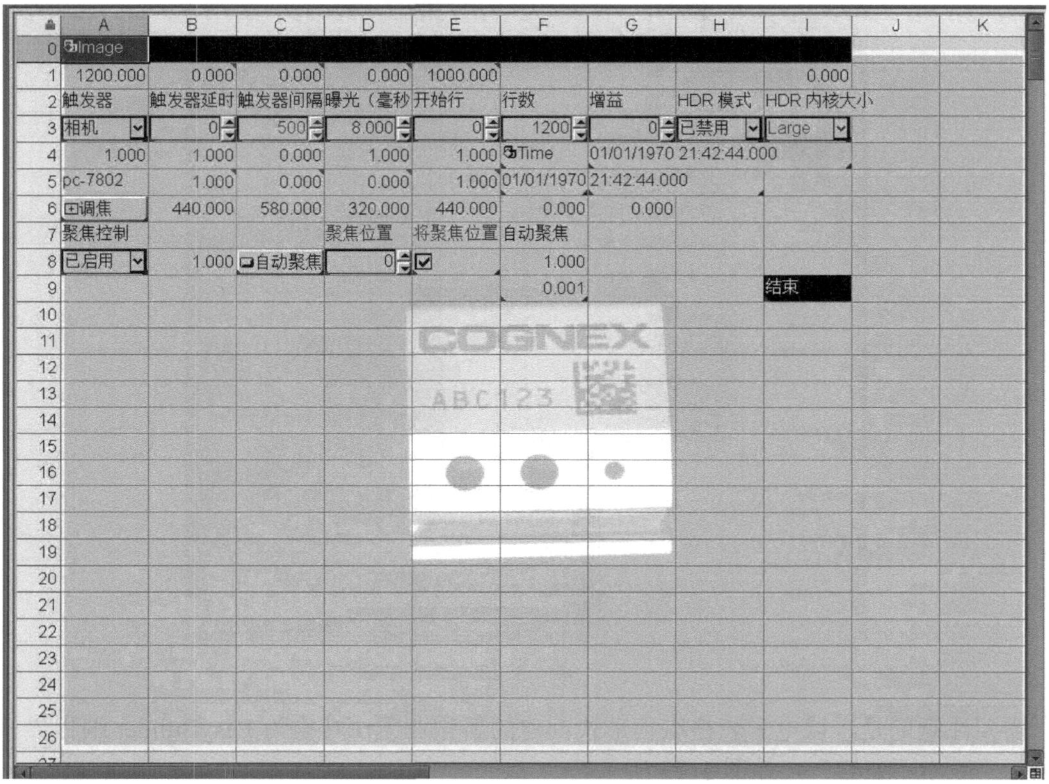

图　3-20

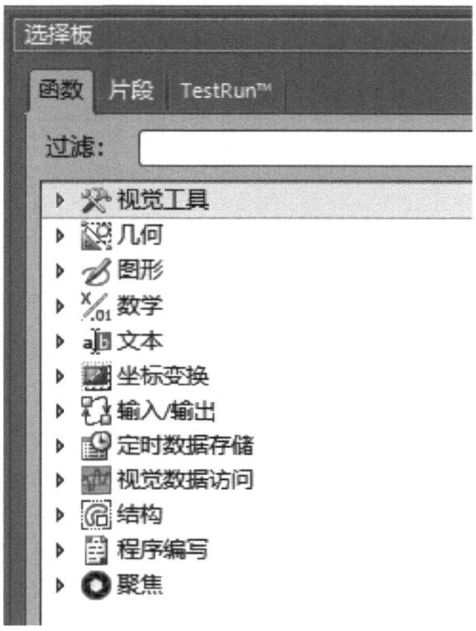

图　3-21

2. 两种编程方式界面切换

EasyBuilder 编程和电子表格编程可以灵活地进行切换，操作步骤为：进入“查看”菜单→单击“EasyBuilder”或“电子表格”，如图 3-22 所示。

图 3-22

需要注意的是，以电子表格编程形式创建的新作业无法转换为 EasyBuilder 编程界面，会提示“版本不兼容”，如图 3-23 所示。

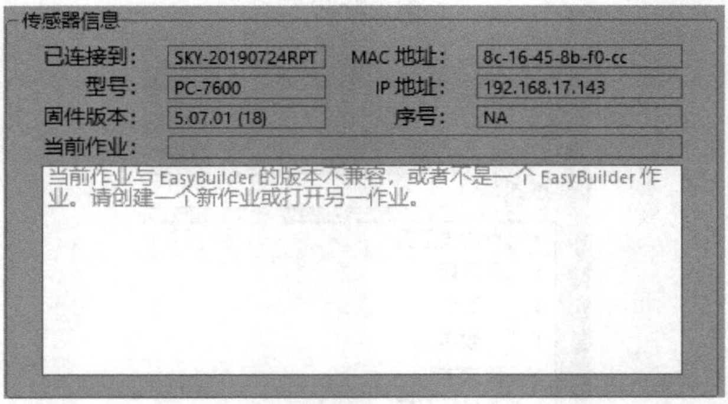

图 3-23

3. In-Sight Explorer 软件自带图形库

In-Sight Explorer 软件可以通过连接本地仿真器进行离线仿真操作，便于使用者设置视觉应用程序，也便于没有相关视觉硬件的读者进行离线学习。In-Sight Explorer 软件同时提供丰富的图形库供使用。

进入步骤为：进入“图像”菜单→单击“记录 / 回放选项”→在弹出的窗口中，单击“回放”选项卡中的“恢复默认值”→单击“确定”，此时“回放文件夹”所显示的文件夹目录即为 EasyBuilder 图形库所存储的位置，如图 3-24 所示。

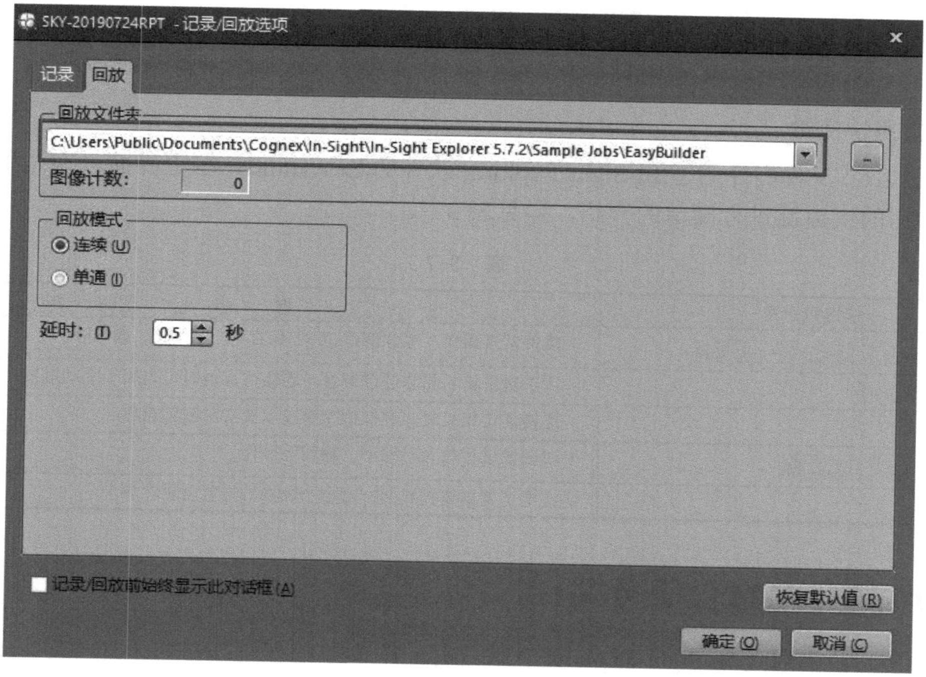

图　3-24

图 3-25 所示为 EasyBuilder 某一系列图片的合集，并且每一系列图片都有通过 EasyBuilder 做好的 Job 文件供学习参考。

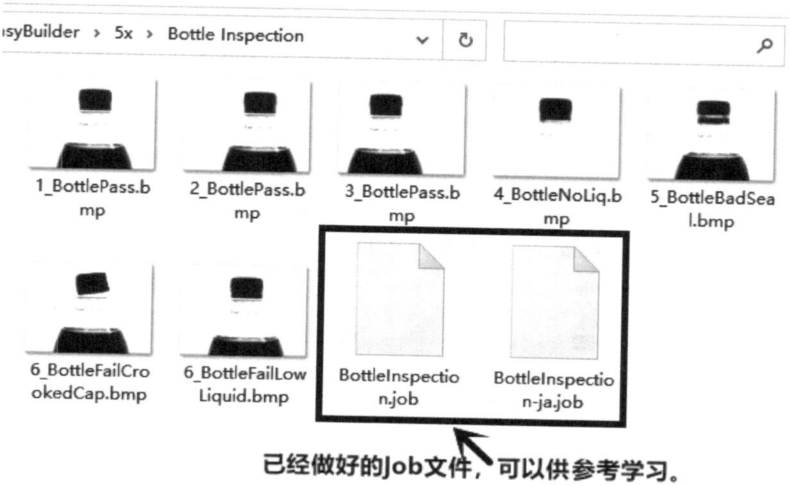

图　3-25

上翻文件目录，进入名为“Spreadsheet”的文件夹，同样可以查看电子表格相关系列图片和通过电子表格编程做好的 Job 文件，文件夹如图 3-26 所示。

图 3-26

4. 常用快捷键

在 3.2 小节，我们介绍了 In-Sight Explorer 软件的 EasyBuilder 编程界面，在这里，我们继续对常用的快捷键进行简单的介绍，详见表 3-7。

表 3-7

快捷键列表	说明
	软件常规操作，包含新建 Job、保存、打开 Job、撤销等
	用于对采集的图像进行查看，连接仿真器时，也用于手动触发
	连接真实相机时，进行拍照触发以及实况视频查看
	对图像进行放大、缩小、翻转等操作
	在电子表格编程界面，对电子表格的透明度进行调节

3.5 产品有无检查任务编程

本小节，我们通过 In-Sight Explorer 软件进行一个简单的编程任务，来加深对 EasyBuilder 编程和电子表格编程的理解，并熟悉 In-Sight Explorer 软件的使用。任务说明见表 3-8。

表 3-8

产品有无检查任务说明

一、任务说明

1）使用软件自带图形库文件夹“Bottle Inspection”中的图片作为待检测图片（见图 3-27），编写相机程序检测瓶中是否有液体。

2）通过离散 I/O 设定及编程，瓶中有液体时绿灯亮，无液体时红灯亮。

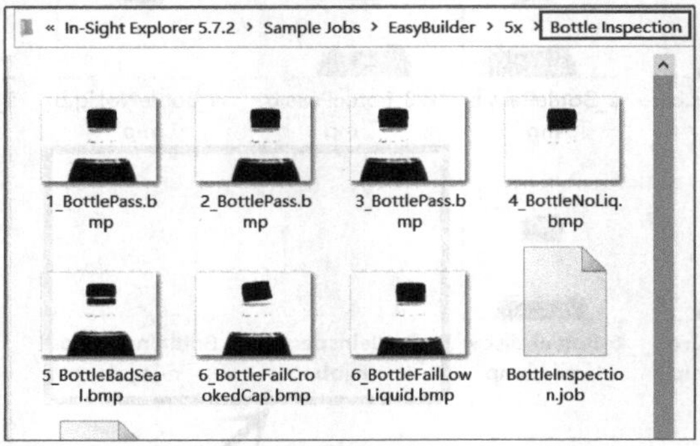

图 3-27

二、编程要求

分别使用 EasyBuilder 编程和电子表格编程两种方法进行编程。

三、任务目的

熟悉 In-Sight Explorer 软件的一般编程步骤。

1. EasyBuilder 编程步骤

（1）连接本地仿真器　打开 In-Sight Explorer 软件，进入 EasyBuilder 编程界面，连接本地仿真器，如图 3-28 所示。

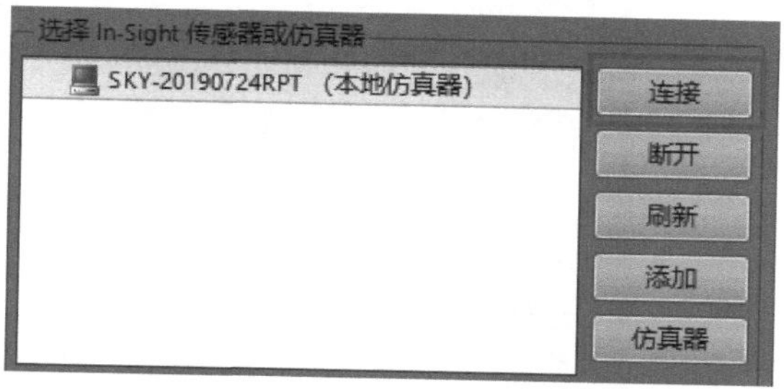

图　3-28

（2）加载图形库图片　首先，单击应用程序步骤设置栏中的“设置图像”命令，如图 3-29 所示。

接下来，单击“从 PC 加载图像”命令，如图 3-30 所示，找到名为“Bottle Inspection”的范例程序文件夹或本章附件资源文件夹，完成图片的加载。

图　3-29

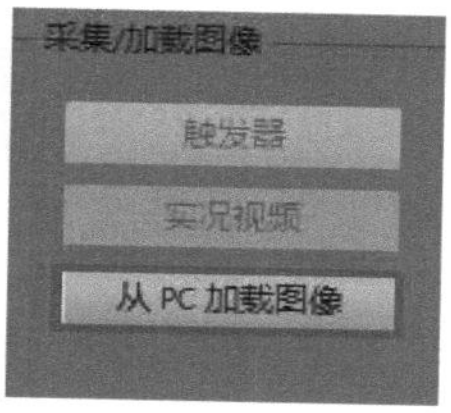

图　3-30

如果加载图像后出现图 3-31 所示无法填充整个视图的情况，表明所选择的相机模型分辨率大于图片分辨率，可以进入“系统”菜单中的“选项”命令，把仿真器型号设定为“标准”，如图 3-32 所示，并重新加载图片即可解决这个问题。

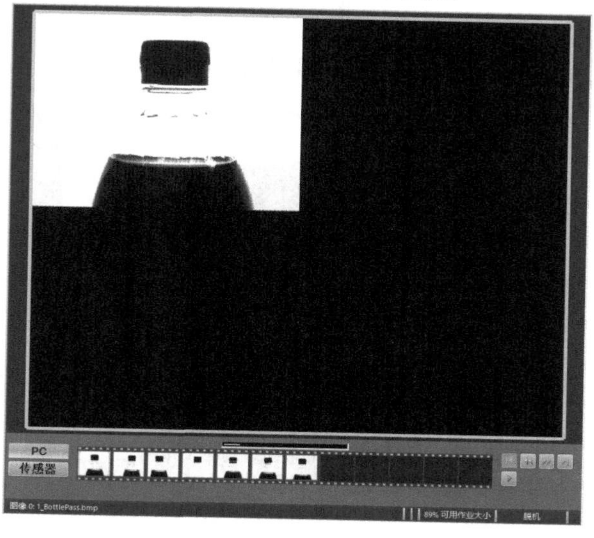

图　3-31

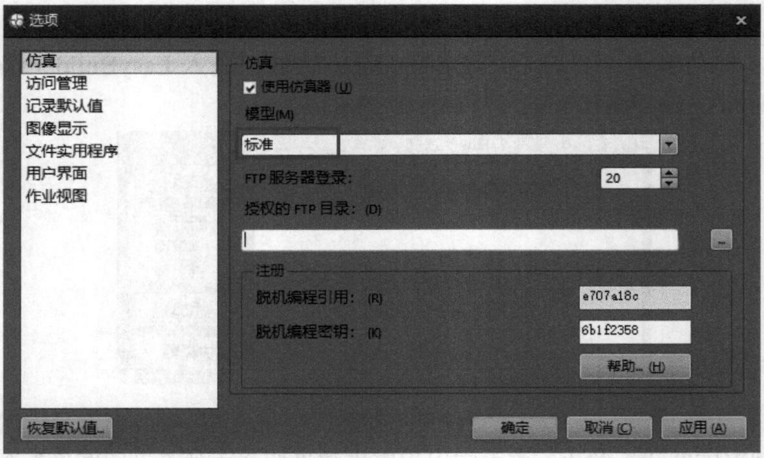

图 3-32

（3）添加工具 单击应用程序步骤设置栏中的“检查部件”命令，在“存在 / 不存在工具”中选中“对比度”工具，并进行添加，如图 3-33 所示。

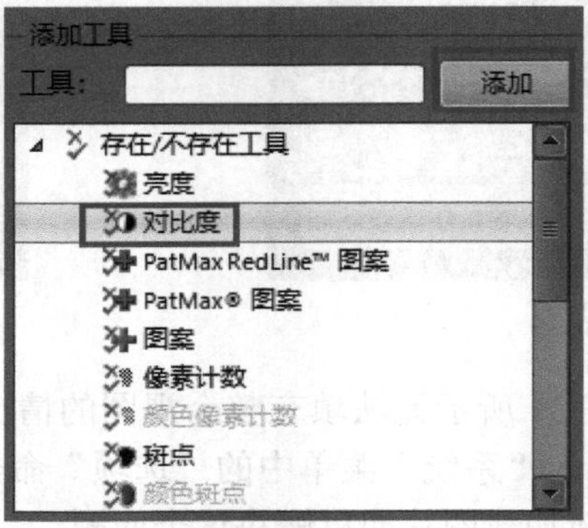

图 3-33

调节选择区域框的形状及位置，如图 3-34 所示。

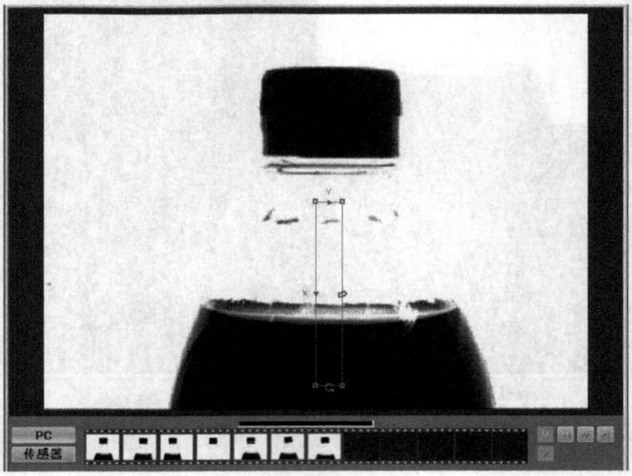

图 3-34

单击“确定”，完成“对比度”工具的添加，如图 3-35 所示。添加的工具将会显示在“选择板”中，如图 3-36 所示。通过选择板还可以对检测结果进行实时查看。

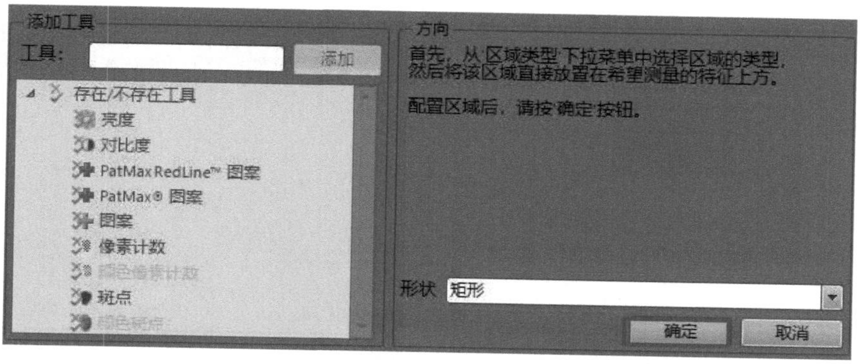

图　3-35

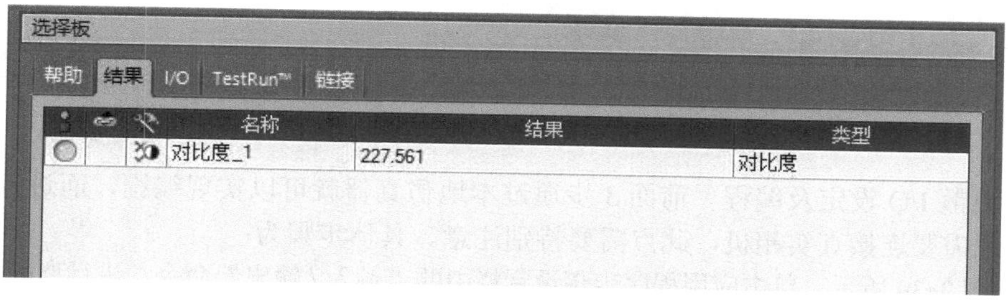

图　3-36

对于添加好的工具，可以在“编辑工具”对话框中设定工具的参数。图 3-37 所示对比度的有效范围设定为 204.805 ～ 250.317，如果检测结果的对比度在此范围内，则为良品，在本任务中即表示所检测的瓶子存在液体，否则为不良品。

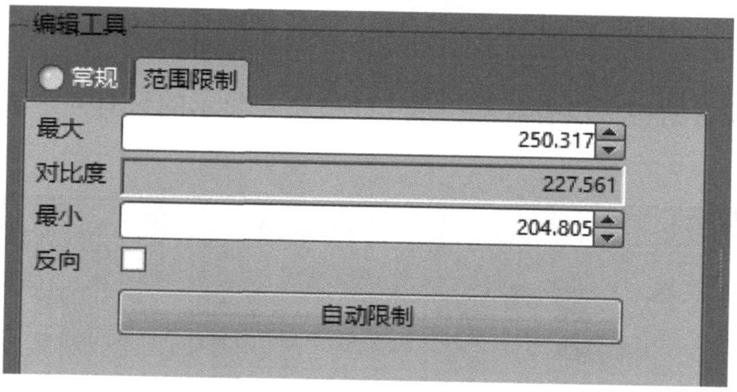

图　3-37

小贴士

根据选取的范围不同，范围限制中最小和最大值的数值可能不同于图 3-37，具体检测的有效范围可以自行设定。

通过播放键进行相机手动触发，可以看到当瓶子中没有液体时，对比度结果为 59.458，并不在设定的对比度范围内，如图 3-38 所示。

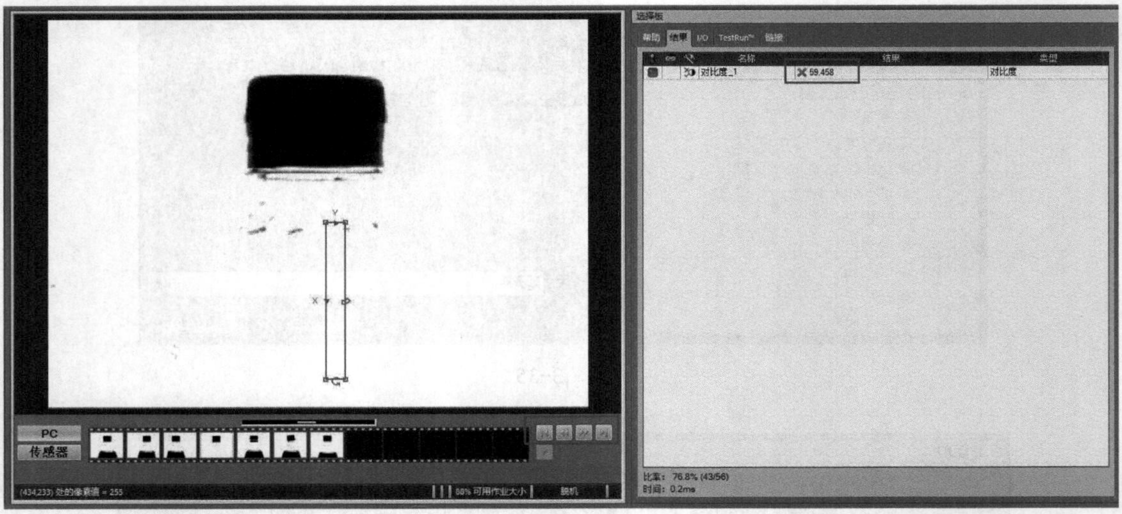

图 3-38

（4）离散 I/O 设定及编程　前面 3 步通过本地仿真器就可以实现编程，而进行离散 I/O 设定及编程需要连接真实相机，此点需要特别注意。具体步骤为：

1）如图 3-39 所示，单击应用程序步骤设置栏中的“输入 / 输出”命令，进行离散 I/O 设置。

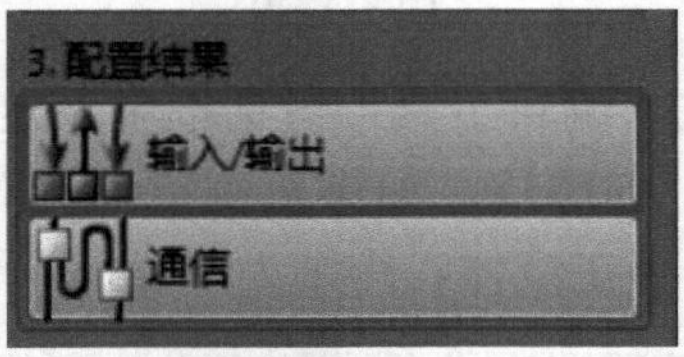

图 3-39

在这里，由于编者的相机没有添加扩展 I/O 模块，显示的只有 4 个输出信号，如图 3-40 所示。

离散 I/O
名称
信号类型
边缘类型
作业结果
强制
输出
Direct 0
Line 0
作业结果
未定义
无
详细信息...
Direct 1
Line 1
作业结果
未定义
无
详细信息...
LED 4
Green LED
联机/脱机
未定义
无
详细信息...
LED 5
Red LED
作业结果
对比度_1.失败
无
详细信息...

图 3-40

其中，LED 4（活动时为绿灯）和 LED 5（活动时为红灯）为离散 I/O 输出指示灯，详细说明可以回顾图 3-9 和表 3-3 中的内容。单击“信号类型”中的下三角图标，可以设定多种信号输出方式，如图 3-41 所示。而单击“详细信息”可以设置信号的脉冲及脉冲宽度等。

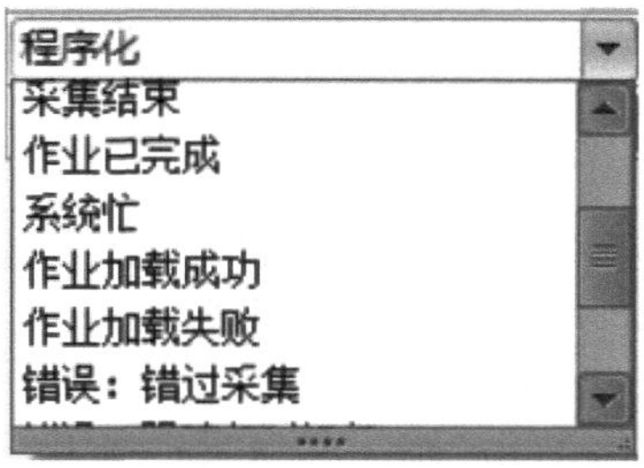

图 3-41

2）根据任务要求，瓶中有液体时绿灯亮，无液体时红灯亮，按照图 3-42 所示进行设定。

图　3-42

3）进入应用程序步骤设置栏中的“设置图像”命令把触发方式设为“手动”，如图 3-43 所示，其目的是方便进行效果展示。最后，单击进入“联机”状态。

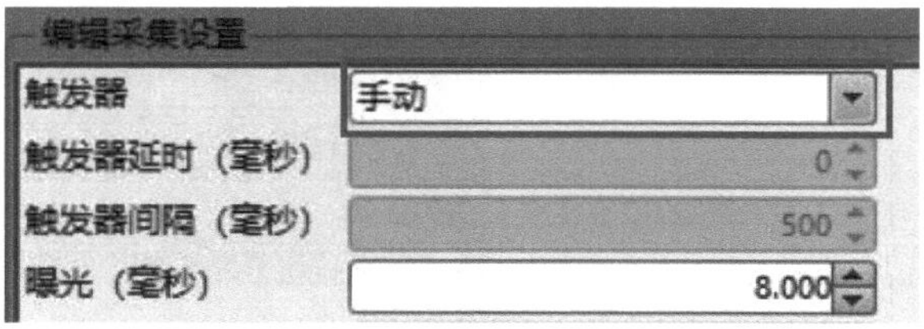

图　3-43

通过播放键进行相机手动触发，可以看到当瓶子中没有液体时，相机上的红灯亮；有液体时，相机中的绿灯亮。本章附件资源文件夹中有已经编写好的“编程示例 -EasyBuilderJob”程序，供读者参考。

2. 电子表格编程步骤

在电子表格进行编程之前，需要先了解两个函数：ExtractHistogram 和 If。

（1）ExtractHistogram　直方图工具，用于计算图像指定区域的像素灰阶值。其包含 5 个参数，如图 3-44 所示。

	Thresh	对比度	DarkCount	BrightCount	平均值
Hist	121.000	226.114	1046.000	2986.000	188.290

图　3-44

1）Thresh：区分“明暗”像素（0 ～ 255）的最佳阈值。

2）对比度：阈值以上平均灰阶值与阈值以下平均灰阶值之间的差值（0 ～ 255）。

3）DarkCount：阈值以下像素的数量。

4）BrightCount：阈值以上像素的数量。

5）平均值：表示区域内的灰阶值平均数值（0 ～ 255）。

（2）If　逻辑函数，用于条件判断。语法格式为：

If（条件，TRUE_ 值，FALSE_ 值）

如果条件为真，单元格获取 TRUE_ 值；如果条件为假，单元格获取 FALSE_ 值。

示例一：

A1=150

A2=If（A1<100，1，0）

判断式 A1<100 为假，则 A2 的值为 0。

示例二：

A1=150

A2=If（A1<100，“合格”，“不合格”）

判断式 A1<100 为假，则 A2 中包含“不合格”字符串。

电子表格编程步骤为：

（1）新建电子表格　Job 连接仿真器后，进入电子表格编程界面，新建 Job。显示结果为 Image 的 AcquireImage 函数会自动填充在 A0 单元格，如图 3-45 所示。双击 A0 单元格进入 AcquireImage 函数的参数设置界面，可以对相机的触发拍照方式、曝光时间、增益等相关参数进行设置，如图 3-46 所示。

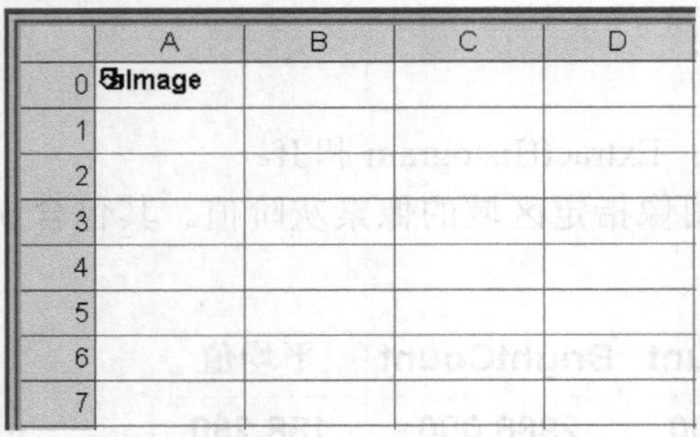

图　3-45

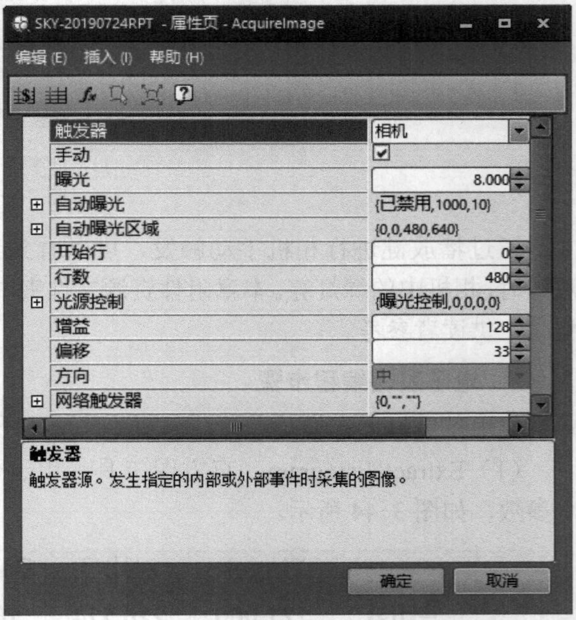

图　3-46

（2）ExtractHistogram 函数添加及参数设置　添加 ExtractHistogram 函数有两种方法，

一种方法是单击需要添加函数的单元格，用键盘直接输入函数，输入过程中，会自动匹配相关函数，选择完成添加，如图 3-47 所示。

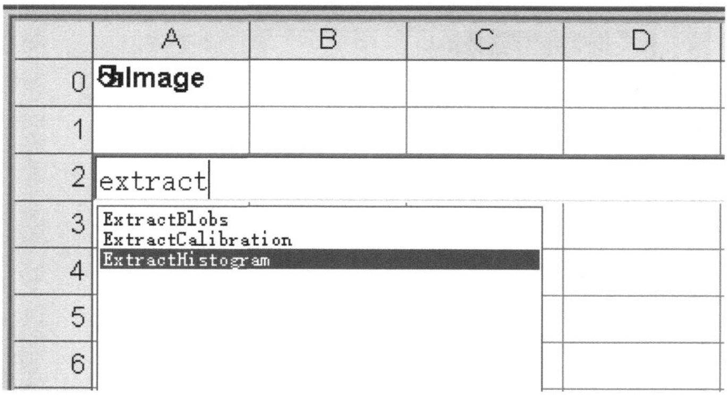

图　3-47

另一种方法是通过选择板添加函数，具体步骤为：依次单击“选择板”→“函数”→“视觉工具”→“直方图”，找到 ExtractHistogram 函数，如图 3-48 所示。拖动函数至合适单元格或者选择需要添加函数的单元格后双击函数即可实现函数的添加。

图　3-48

添加函数后会直接进入属性设置栏，双击“区域”设定 ExtractHistogram 函数的检测区域，如图 3-49 所示。

设定好区域后，单击☑完成设定，如图 3-50 所示。

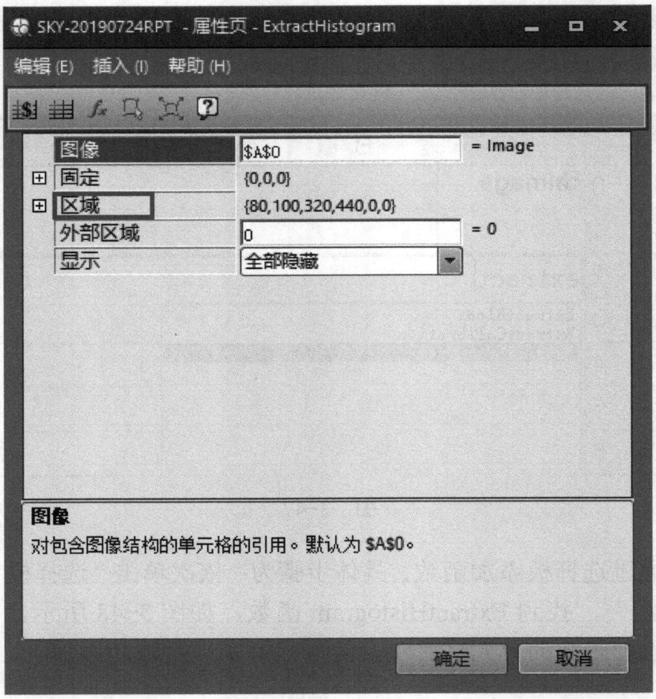

图 3-49

图 3-50

（3）If 逻辑函数添加及设置　参考步骤（2）添加 If 函数，并设定为 If（C2>200，1，0），如图 3-51 所示。

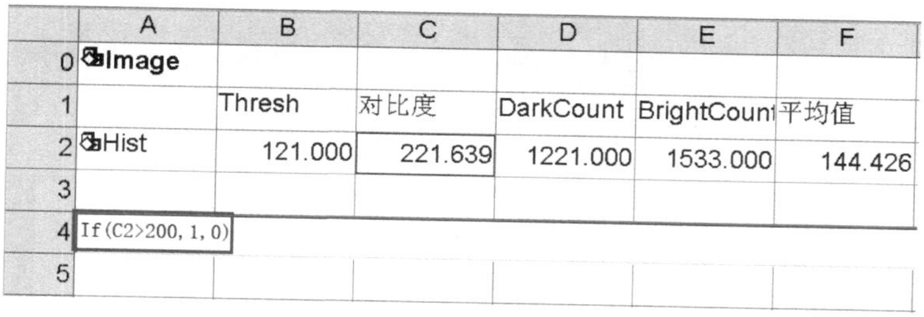
A
B
C
D
E
F
0 Image
1 Thresh 对比度 DarkCount BrightCount 平均值
2 Hist 121.000 221.639 1221.000 1533.000 144.426
3
4 If(C2>200, 1, 0)
5

图　3-51

（4）离散 I/O 设定及编程　电子表格编程界面离散 I/O 设定与 EasyBuilder 编程界面有所不同，但都需要连接真实相机。在继续编程之前，需要先了解 WriteDiscrete、ReadDiscrete、Not 这 3 个函数。

1）WriteDiscrete（事件，开始位，位数，值）：将电子表格中的值写入一系列离散输出位。

2）ReadDiscrete（事件，开始位，位数）：读取一系列输入位。

3）Not（Val）：返回 Val 的逻辑取反运算结果。

离散 I/O 设定及编程的具体步骤为：

1）如图 3-52 所示，进入“传感器”菜单，单击“离散 I/O 设置”，参数设置如图 3-53 所示。

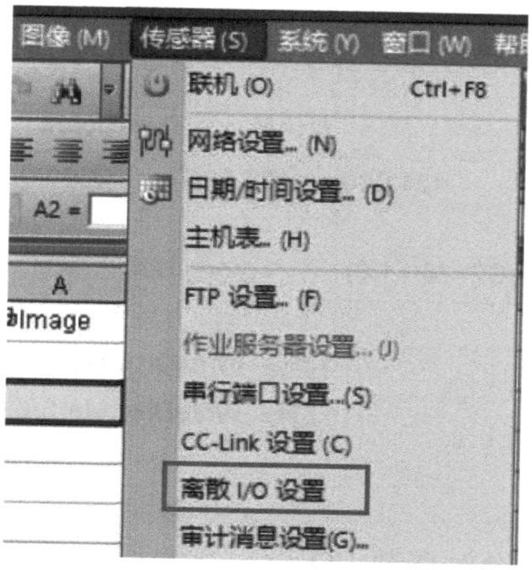

图　3-52

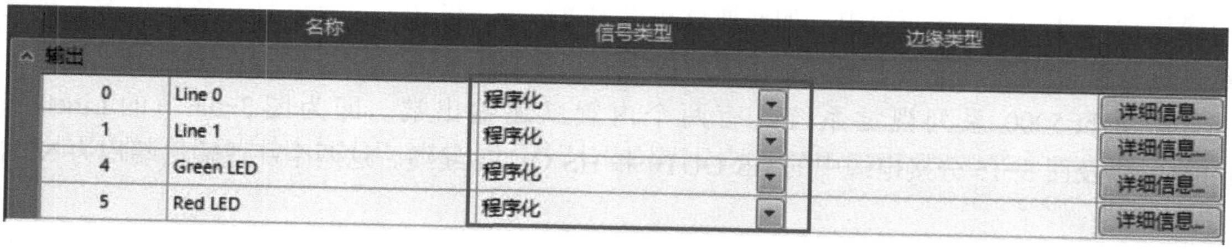
名称
信号类型
边缘类型
输出
0 Line 0 程序化 详细信息...
1 Line 1 程序化 详细信息...
4 Green LED 程序化 详细信息...
5 Red LED 程序化 详细信息...

图　3-53

2）添加 WriteDiscrete 函数，“开始位”设置为 4，“值”引用 A4 单元格中的 If 判断函数，如图 3-54 所示。

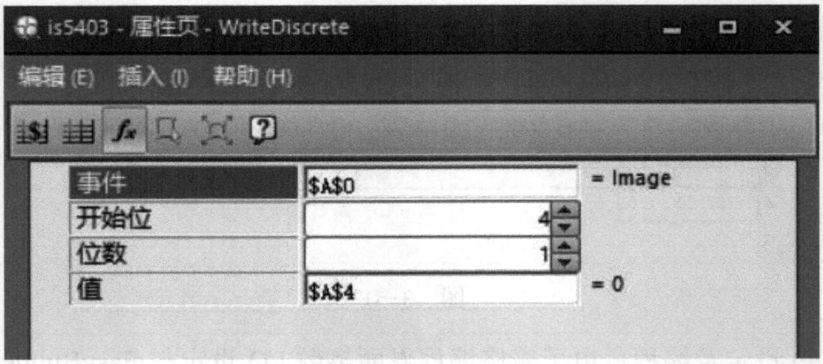

图 3-54

3）双击 A0 单元格，把相机触发方式改为“手动”，通过播放键进行相机手动触发，可以看到当瓶子中有液体时，相机中的绿灯亮。

同理，如果在第 2）步中“开始位”的值设置为 5，则会控制相机中红灯的开启或关闭。需要注意的是，如果要实现瓶子中无液体时亮红灯，则“值”不能直接引用 A4 单元格中的 If 函数，而应该添加 Not（A4）置反 If 函数的结果，并引用它。

编程最终界面如图 3-55 所示。本章附件资源文件夹中有已经编写好的“编程示例 -EasyBuilder.Job”程序，供读者参考。

	A	B	C	D	E	F
0	Image					
1		Thresh	对比度	DarkCount	BrightCount	平均值
2	Hist	121.000	229.086	3345.000	4027.000	140.757
3						
4	1.000	注释：IF(C2>200,1,0)	0.000	注释：NOT（A4）		
5						
6	1.000		注释：WriteDiscrete(A0,4,1,A4)			
7	0.000		注释：WriteDiscrete(A0,5,1,C4)			

图 3-55

通过本小节内容，我们已经对离散 I/O 设定及编程有所了解，并实现了通过离散 I/O 输出端控制相机上红绿 LED 灯的变化。这个灯其实并不方便查看，主要是便于我们对本章节内容进行学习。在实际应用中，如何通过相机的离散 I/O 与 PLC、指示灯、负载等设备相连接并进行信号交互，是接下来要重点讲解的内容。

In-Sight 5000 系列视觉系统具有两个内置高速输出端，即为图 3-53 中的 Line0 和 Line1，以及图 3-15 分接电缆中的 HS OUT0 和 HS OUT1 线缆。这两个高速输出端均为 NPN 线路。

分接电缆可用于连接高速输出到继电器、LED 或类似负载。接线方法为：负载的负极连接到输出端，正极连接到 24V，如图 3-56 所示。

分接电缆亦可用于连接到与 NPN 兼容的 PLC 输入端。连接方法为：将输出 0 或输出 1 直接连接到 PLC 输入端，如图 3-57 所示。

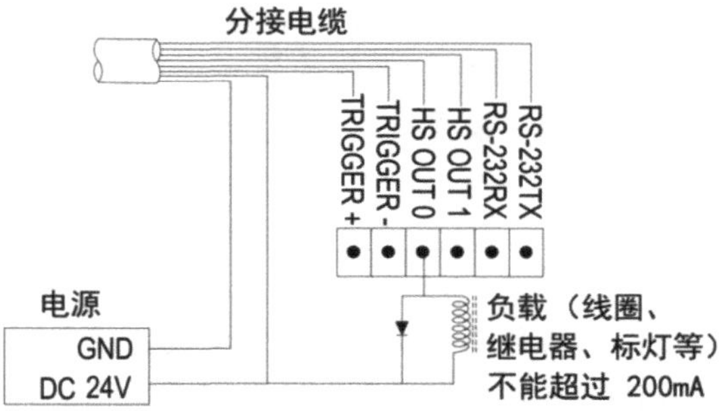

图　3-56

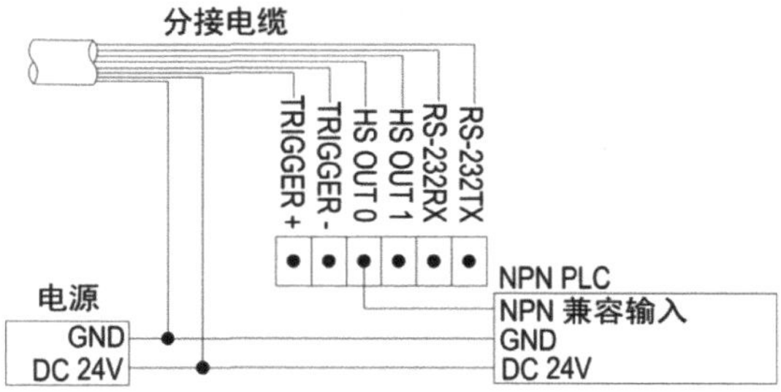

图　3-57

如果连接到 PNP 兼容输入的 PLC，可以参考图 3-58 所示的接线，也可以使用中间继电器进行转换。

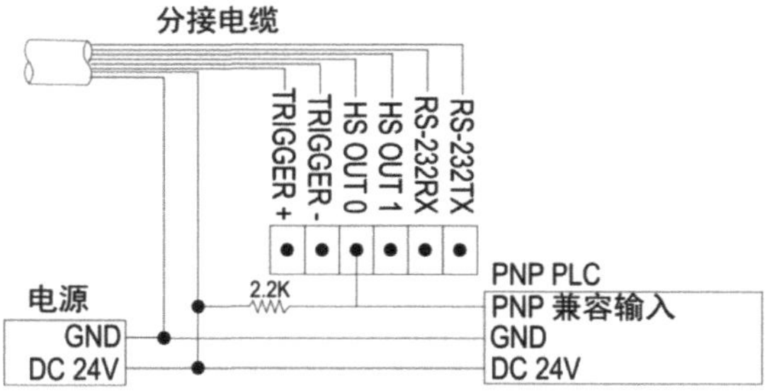

图　3-58

小贴士

如果分接电缆不方便与负载直接连接，可使用 I/O 扩展模块，其不仅带有离散输入端和离散输出端，还有串行通信接口等。

课 后 练 习

1. 康耐视视觉产品 In-Sight 7802 是属于____________系列，具有____________万像素的智能相机。

2. 如果型号后面附加有字母“C”，则表示此型号为________。
3. 康耐视 In-Sight 视觉系统采用的仿真软件是________________________。
4. In-Sight Explorer 软件的两种编程模式是____________、____________。
5. 对下面函数进行解释说明:

If: ____

Not: ____

6. In-Sight Explorer 软件的两种编程模式可以任意切换编程。（　　）
7. In-Sight Explorer 软件拥有自带图形库，并可用于编程练习。（　　）
8. 康耐视相机采用 36V 直流电源供电。（　　）
9. 康耐视相机上 5 个 LED 指示灯分别代表什么含义?
10. 简述 In-Sight Explorer 软件仿真器授权步骤。

第 4 章

In–Sight 视觉系统程序编写

➲ 知识要点

1. 函数用途分类
2. 常用函数及其参数
3. 片段功能介绍

➲ 技能目标

1. 能够利用帮助文档掌握新函数
2. 掌握常见函数及其参数
3. 能够编写机器视觉系统典型应用案例程序

在第 3 章中，我们了解了 In-Sight 视觉系统的一般工作流程，以及它的两种编程模式。本章主要介绍如何在电子表格编程模式下对表面瑕疵检测、角度测量、字符识别、条码识读、尺寸测量等机器视觉系统典型应用案例进行相机程序编写。

4.1 函数与片段

函数是 In-Sight 视觉系统的基本编程元素，视觉系统用户程序的各种功能都基于各个函数来完成。片段是指能够完成一项或多项特定功能的程序单元格组，为了提高编程效率，In-Sight视觉系统允许用户将指定的单元格组另存为片段文件（*.cxd），以便于对这些单元格组进行重复调用。

4.1.1 函数分类

在电子表格编程环境中，通常通过“选择板”进行函数的调用，如果用户对于函数比较熟悉，也可以在单元格中直接输入函数名称进行调用。在“选择板”中，根据函数的功能进行了归类划分，将函数主要分为：视觉工具、几何、图形、数学、文本、坐标变换、输入输出、定时数据存储、视觉数据访问、结构、程序编写（脚本）、聚焦 12 个类别。

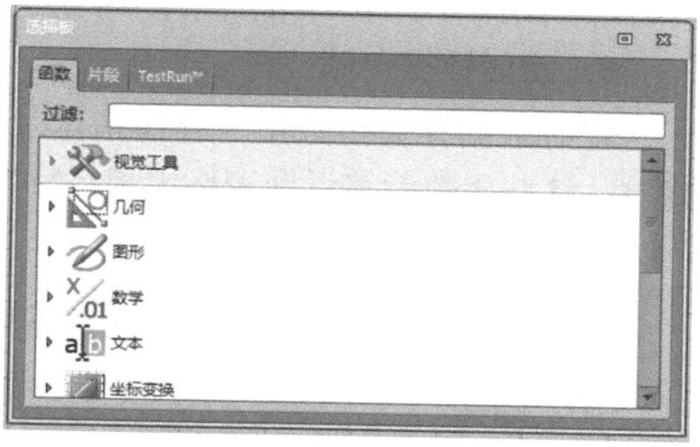

图 4-1

“选择板”窗口如图 4-1 所示，当软件界面中的【选择板】窗口被关闭时可以依次单击菜单栏的“查看”→“选择板”命令将其打开，也可以使用快捷键“Ctrl+Shift+3”将“选择板”打开。

接下来对于 12 个类别的函数进行简要介绍：

1. 视觉工具

视觉工具类别下主要包括用于图案匹配、条码识读、字符识别、找边、瑕疵检测、斑点分析、直方图、图像分析的函数，此类别下的函数使用频率都比较高。

2. 几何

几何函数类别下有测量、拟合两个子类别。使用这个类别的函数之前，通常需要先使用视觉工具类别中相关的函数。视觉工具中的一些函数可以将图像中的斑点、线段、圆弧等几何特征提取出来，然后可以使用几何类别中的函数对这些几何特征进行测量或几何特征拟合。

3. 图形

图形函数主要用于操作员用户制作画面。做一个类比，这些函数就相当于用于触摸屏画面制作的软元件。相机程序编辑界面通常不向操作员层级的用户开放，而是制作一个专门的操作员画面，有选择性地开放部分函数的参数给操作员层级的用户操作，从而降低操作员的工作难度。

4. 数学

数学函数主要包含标准的数学运算符、逻辑、统计和三角学构造函数。如果需要对于某些数据进行运算、统计，可以在这个函数类别里找到需要的函数。

5. 文本

文本类函数包含二进制、字符串两个子类别，这个类别的函数主要用于格式化显示和通信的字母、数字、数据字符串。

6. 坐标变换

坐标变换函数包含定位器、校准两个子类别，该类别函数的主要作用是进行像素坐标系和物理坐标系的关联变换。

7. 输入输出

输入输出函数用于控制 In-Sight 视觉系统与远程设备进行以太网和串口通信。

8. 定时数据存储

定时数据存储函数用于存储指定时间内来自单元格的值，每当指定的事件更新电子表格时，这些函数能够返回表格中指定特性的值。

9. 视觉数据访问

视觉数据方法函数的作用是从数据结构、函数和其他单元格引用中提取单独的值。

10. 结构

用于生成特定类型的数据结构。结构函数可以将来自电子表格单元格的值组合在一起，以创建该类型的图形、定位、掩码和区域。

11. **脚本**

脚本函数用于创建脚本，这些脚本将 JavaScript 源代码存储在单元格中，从而允许这些定制设计的源代码成为相机程序的一部分。

12. **聚焦**

聚焦函数仅在配置了自动对焦镜头的相机中起作用，它们提供了对镜头进行自动或手动对焦调整的方法。

4.1.2 帮助文档的应用

In-Sight Explorer 软件上提供的帮助文档，是对于应用 In-Sight 视觉系统极具参考价值的参考资料，用户应当善于应用 In-Sight 的帮助文档。In-Sight 帮助文档支持上下文关联，使用十分方便，比如当你在“选择板”中选中某个函数时按下快捷键“F1”，此时会打开帮助文档并直接跳转到帮助文档中关于此函数描述的章节中。遗憾的是，In-Sight 帮助文档并未翻译成中文，对于英文不熟练的用户，需要借助翻译软件来阅读。

帮助文档包含入门指南（Getting Started）、电子表格视图（Spreadsheet View）、EB 视图（EasyBuilder）、函数参考（Function Reference）、通信参考（Communications Reference）、网络（Networking）、使用方法（How to ……）、异常处理（Troubleshooting）、历史版本（Release History）等九个主题。各个主题并不是层级递进的关系，因此帮助文档并不适合当作快速入门手册来阅读，仅适合作为参考资料来查阅。

接下来我们通过帮助文档来学习一个新的函数。我们以 FindLine 函数为例，来看看通过帮助文档能了解这个函数的哪些信息。

在“选择板”中选中视觉工具类别下的 FindLine 函数，然后按下快捷键“F1”，即可打开帮助文档，并跳转到 FindLine 函数的相关页面中，如图 4-2 所示。

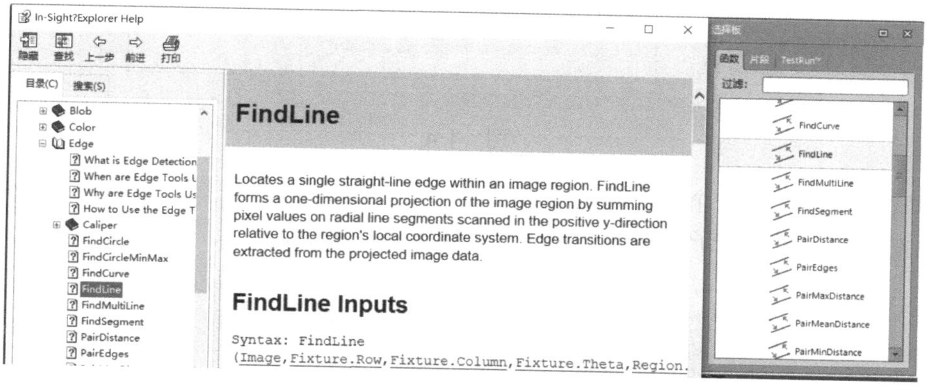

图 4-2

通过帮助文档对于 FindLine 函数的描述，我们可以了解到 FindLine 函数的作用是在图像的指定区域中提取出一段直线特征。

FindLine 函数的语法格式（syntax）显示了使用该函数需要输入的参数，帮助文档中使用一个表格对这些参数进行了简要描述，如图 4-3 所示。

Parameter	Description
Image	Specifies a reference to a spreadsheet cell that contains an Image data structure; by default, this parameter references A0, the cell containing the AcquireImage Image data structure. This parameter can also reference other Image data structures, such as those returned by the Vision Tool Image functions or Coordinate Transforms Functions.
Fixture	Defines the Region of Interest (ROI) relative to a Fixture input or the output of a Vision Tool function's image coordinate system. Setting the ROI relative to a Fixture ensures that if the Fixture is rotated or translated, the ROI will be rotated or translated in relation to the Fixture. For more information, see Fixture and Vision Tools. Note: The default setting is (0,0,0), the top leftmost corner of the image. Row: The row offset, in image coordinates. Column: The column offset, in image coordinates.

图 4-3

在描述完 FindLine 函数的输入参数后，帮助文档中介绍了函数的输出返回值，以及返回值的数据结构，并且介绍了针对该返回值可用的视觉数据访问函数，如图 4-4 所示。

FindLine Outputs

Returns	An Edges data structure containing a single straight-line edge segment, or #ERR if any of the input parameters are invalid.
Results	When FindLine is initially inserted into a cell, a result table is created in the spreadsheet.

FindLine Vision Data Access Functions

The following Vision Data Access functions are automatically inserted into the spreadsheet to create the result table. For more information, see Edges.

Angle	GetAngle (Edges)	The angle of the edge.
Row0	GetRow (Edges,0,0)	The row coordinate of the first endpoint.
Col0	GetCol (Edges,0,0)	The column coordinate of the first endpoint.
Row1	GetRow (Edges,0,1)	The row coordinate of the second endpoint.
Col1	GetCol (Edges,0,1)	The column coordinate of the second endpoint.

图 4-4

FindLine 函数返回一个包含单边直线的边沿数据结构，在电子表格中插入 FindLine 函数后，返回值会显示在电子表格的单元格中，如图 4-5 所示。

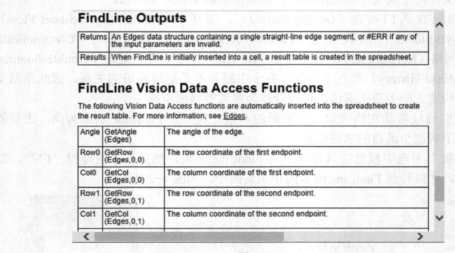

	A	B	C	D	E	F
0	Image					
1		Row0	Col0	Row1	Col1	得分
2	Edges	878.855	585.150	864.771	1010.916	71.393
3						

图 4-5

双击 FindLine 函数所在的单元格，可以打开 FindLine 函数的属性页，属性页的各个设置项目与 FindLine 的输入参数是一一对应的。FindLine 属性页的中英文显示如图 4-6 所示。

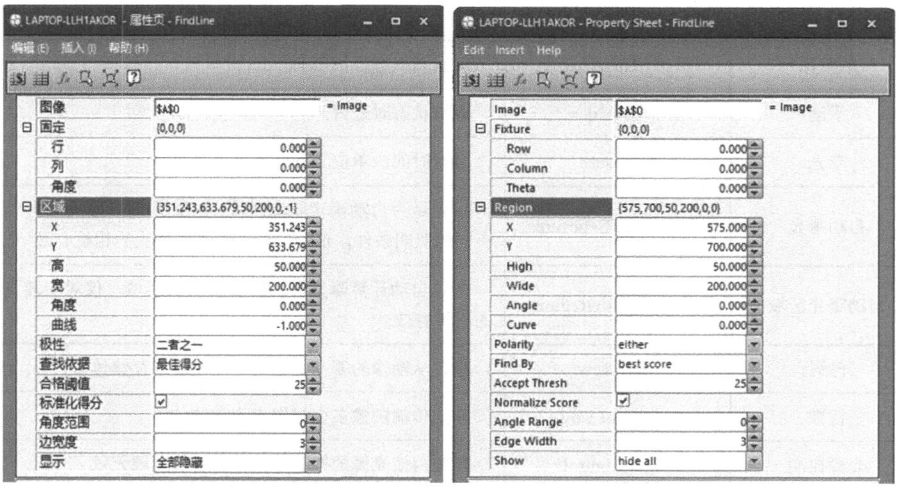

图　4-6

通过帮助文档我们了解了 FindLine 函数的用途、输入参数、输出返回值、返回值适用的视觉数据访问函数。掌握了这些信息之后，我们已经可以尝试应用 FindLine 函数。对于其他函数也是如此。纸上得来终觉浅，绝知此事要躬行，通过帮助文档了解一个函数的各项信息后，需要亲自去测试一下这个函数，一方面可以对帮助文档中描述不够清晰详尽的内容加以验证，另一方面可以加深对函数的理解，确保自己能够正确使用该函数。

4.1.3　常用函数及其参数

上一小节给大家介绍的是“捕鱼”的方法，这一小节将直接把一些常见的“鱼”捕来送给大家。本小节将向大家介绍一些常用的函数，除介绍函数的参数外还会详细讲解函数的使用场景。

1. AcquireImage 函数

在 In-Sight 视觉系统中 AcquireImage 无疑是使用频率最高的函数，在每一个 Job 中被百分百使用的函数。它的作用与它的字面意思一致：获取图像。在创建一个新的 Job 时，Job 的 A0 单元格会自动插入 AcquireImage 函数，鼠标双击 A0 单元格可以打开 AcquireImage 函数的属性页，如图 4-7 所示。

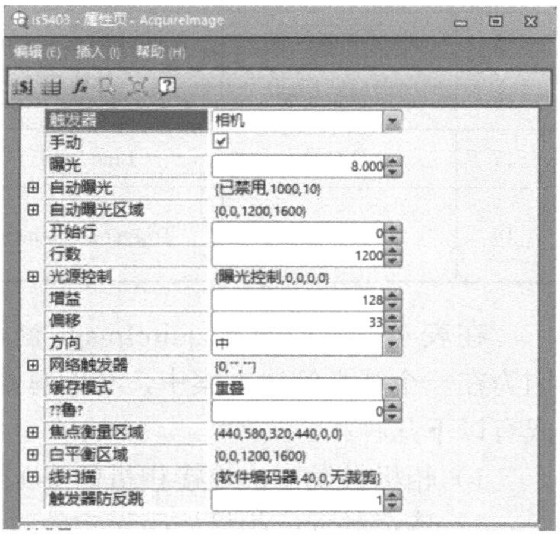

图　4-7

注：软件界面以中文显示时，个别位置的文字显示乱码，图中的“？？鲁？”为乱码显示，该处应显示为“延迟”。

函数的参数个数与相机的型号及固件版本有关系，本书以 In-Sight 5403 型号相机固件版本 4.09.00 为例进行相关内容的介绍，AcquireImage 函数属性页的参数见表 4-1。

表 4-1

序号	中文名	英文名	参数说明
1	触发器	Trigger	触发相机进行拍照的方式
2	手动	Manual	脱机状态时是否开启手动触发控制
3	曝光	Exposure	曝光时间，单位为 ms
4	自动曝光	Automatic Exposure	指定是否自动确定曝光时间，当启用时，曝光会自动调整以补偿不同的照明条件，仅对安装自动光圈镜头的相机有效
5	自动曝光区域	Auto Expose Region	指定自动计算曝光时间时要使用的区域，仅对安装自动光圈镜头的相机有效
6	开始行	Start Row	指定从图像的哪一行像素开始传输到存储体中
7	行数	Number of Rows	指定传输图像多少行像素到存储体中
8	光源控制	Light Control	指定内接光源的控制方式，对外接光源无效
9	增益	Gain	指定在模数转换器之前的放大级的增益
10	偏移	Offset	指定在模数转换之前从视觉系统的模拟信号中添加或减去的直流电平。偏移量影响图像的亮度，同时保持动态范围内的图像
11	方向	Orientation	指定图像方向：0＝正常（默认值），1＝水平镜像，2＝垂直翻转，3＝旋转 180°
12	网络触发器	Network Trigger	指定是否将当前系统设定为网络中的主视觉系统，主视觉系统可以作为网络触发器
13	缓存模式	Buffer Mode	指定用于图像采集的缓冲区数目。当传感器在线时，不能修改缓冲模式参数
14	延迟	Delay	当触发器参数设置为摄像机或网络时，它指定从接收触发器到视觉系统开始采集时间（0 到 10,000）之间的延迟，单位为 ms
15	焦点衡量区域	Focus Metric Region	指定在实时视频模式下自动计算焦点度量分数时要使用的区域
16	白平衡区域	White Balance Region	指定在计算白平衡时要使用的区域
17	线扫描	Line Scan	针对 5604 等线扫描相机的线扫描参数设定
18	触发器防反跳	Trigger Debounce	指定触发器的最低保持触发时间，低于此时间长度的触发型号判定为无效，单位为 ms

在表 4-1 所列的 AcquireImage 函数参数中，“触发器”是修改频率最高的一个参数，因为在一个视觉解决方案中，我们总是需要选择最适合的相机触发方式。可以选择的触发方式有以下几种：

1）相机触发：由连接相机的 I/O 触发线触发，属于硬件触发。

2）连续触发：相机按照设定的时间间隔，连续采集图像，运行期间不断重复。

3）外部触发：外部通信设备触发，比如串口通信触发、套接字通信触发。

4）手动触发：通过 In-Sight Explorer 软件上的触发按钮手动触发。

5）网络触发：由同一网络中被指定为“主相机”的相机发送特定口令触发。

2. TrainPatMaxPattern 函数

TrainPatMaxPattern 函数是用于训练图案特征的函数，它通常跟 FindPatMaxPatterns 函数配合使用。它们的工作流程是：由 TrainPatMaxPattern 函数在一幅参考图片上提取并记忆一个特征，再由 FindPatMaxPatterns 在待测图片上查找待测图片上是否含有与 TrainPatMaxPattern 函数所训练的相同或相似的特征。TrainPatMaxPattern 函数的属性页如图 4-8 所示。

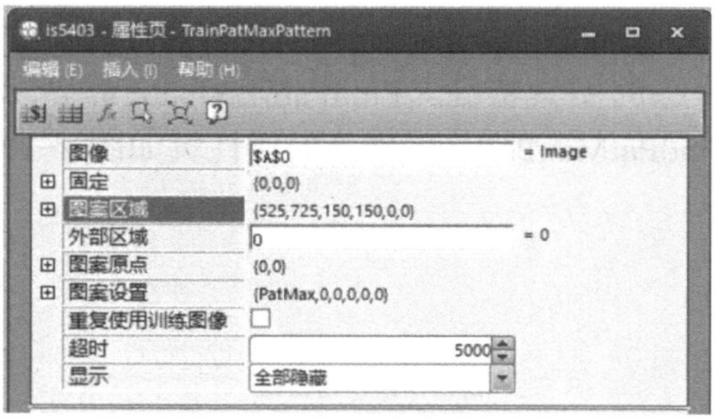

图 4-8

TrainPatMaxPattern 函数属性页的参数项目说明见表 4-2。

表 4-2

序号	中文名	英文名	参数说明
1	图像	Image	指定参考图像的来源
2	固定	Fixture	指定一个相对参考坐标系，ROI 会跟随该相对参考坐标系的移动而移动
3	图案区域	Pattern Region	亦称 ROI（感兴趣区域），特征将在该区域中提取
4	外部区域	External Region	指定一个外部区域来指定 ROI
5	图案原点	Pattern Origin	指定特征的原点
6	图案设置	Pattern Settings	指定特征训练的实现算法和精细程度
7	重复使用训练的图像	Reuse Training Image	指定是否重复使用之前使用的参考图片进行特征训练，对于仅修改“图案设置”时有效
8	超时	Timeout	函数需要在该指定时间内完成运算，否则返回 #ERR
9	显示	Show	指定电子表格区域显示哪些图形对象

在表 4-2 所列的 TrainPatMaxPattern 函数参数中，修改频率最高的参数是“图像区域”，因为默认指定的区域通常不是用户希望指定的区域。如果使用了“外部区域”，则指定的“图案区域”失效。

勾选“重复使用训练的图像”参数，可将当前训练特征的参考图像存储起来。若下一次训练图像仅修改了“图案设置”参数，则重复使用旧参考图像进行特征训练。但是若下一次训练特征修改了“固定”“图案原点”“图案区域”参数的情况，即使勾选了“重复使用训练的图像”，也会保存新的图像并训练特征。

该函数插入单元格后会自动将单元格状态变为禁用，因为特征的训练由用户手动操作完成训练，在自动运行 Job 程序时，应禁止更新该单元格的值。

TrainPatMaxPattern 函数的返回值表示是否已成功训练特征，0 表示训练特征失败，1 表示训练特征成功。在电子表格中插入 TrainPatMaxPattern 函数后，软件会自动在函数右侧插入视觉数据访问函数 GetTrained 将 TrainPatMaxPattern 函数的返回值显示出来，如图 4-9 所示。

3. FindPatMaxPatterns 函数

FindPatMaxPatterns 函数的作用是：在待检测图片上搜寻由 TrainPatMaxPattern 函数所训练的图案特征。FindPatMaxPatterns 函数的输出一般被引用为其他函数的参考坐标系。FindPatMaxPatterns 函数的属性页如图 4-10 所示。

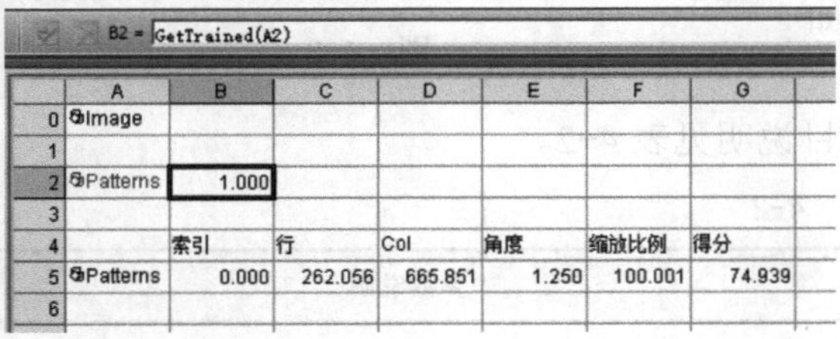

图 4-9

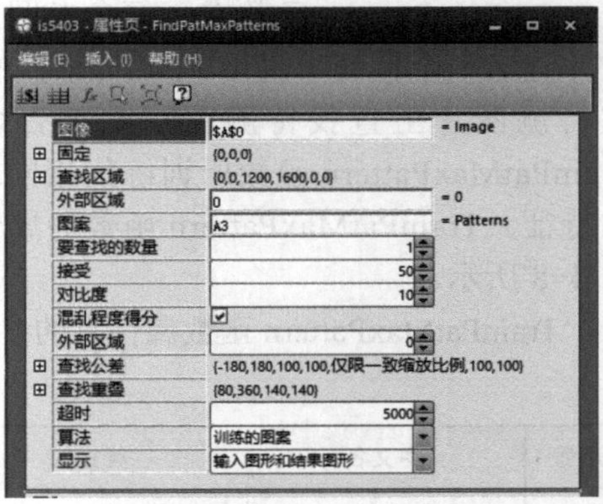

图 4-10

FindPatMaxPatterns 函数属性页的参数项目说明见表 4-3。

表 4-3

序号	中文名	英文名	参数说明
1	图像	Image	指定参考图像的来源
2	固定	Fixture	指定一个相对参考坐标系，ROI 会跟随该相对参考坐标系的移动而移动
3	查找区域	Find Region	亦称 ROI，特征将在该区域中查找图案特征
4	外部区域	External Region	指定一个外部区域为 ROI
5	图案	Pattern	指定需要搜索的特征
6	要查找的数量	Number to Find	指定需要在待检测图像上搜索出的特征的个数
7	接受	Accept	指定接受阈值，即有效实例的最低得分。潜在匹配的分数必须大于接受阈值，否则将不返回匹配（0 ～ 100，默认为 50）
8	对比度	Contrast	指定有效实例的最低对比度。潜在匹配的对比度必须大于对比阈值的值，否则不考虑该实例（0 ～ 255，默认为 10）。低对比度阈值用于低对比度图像；高对比度阈值用于高对比度图像
9	混乱程度得分	Clutter in Score	指定缺失或遮挡图案特征是否会降低响应分数。0：在分数中不包括杂乱的影响；1（默认）：在分数中包括杂乱的影响
10	外部区域	Outside Region	指定在不降低图案特征响应分数的情况下，可以在查找区域之外找到的图案特征的百分比（0 ～ 100，默认为 0）
11	查找公差	Find Tolerances	指定查找相对于训练过的特征进行旋转或缩放的特征的设置
12	查找重叠	Find Overlapping	指定用于查找相互重叠的特征的设置
13	超时	Timeout	函数需要在该指定时间内完成运算，否则返回 #ERR
14	算法	Algorithm	指定用于处理已训练模式的图像的算法： 0 = PatMax，PatMax 算法比 PatQuick 算法具有更高的精度，但需要更多的执行时间 1 = PatQuick，PatQuick 算法的准确率比 PatMax 低，但执行时间更短 2 = 训练模式（默认），FindPatMaxPatterns 函数使用模式参数中引用的 TrainPatMaxPattern 函数的算法参数中指定的算法（PatMax 或 PatQuick）
15	显示	Show	指定电子表格区域显示哪些图形对象

FindPatMaxPatterns 函数的“图案”参数通常是引用 TrainPatMaxPattern 函数的返回值，“接受”“对比度”“查找公差”是修改频率比较高的三个参数，其余参数在没有相应需求的时候通常使用默认值。

FindPatMaxPatterns 函数的返回值包含索引号、行坐标值、列坐标值、旋转角度值、缩放比例值、实例得分值等内容，选中返回值所在的单元格后，可以看到对应的视觉数据访问函数，如图 4-11 所示。

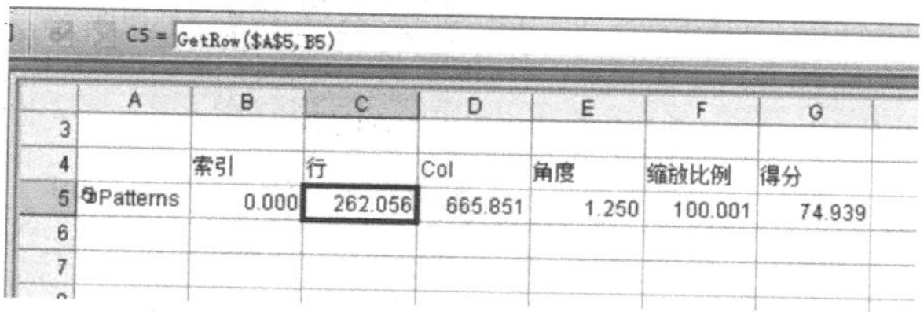

图　4-11

4. ExtractHistogram 函数

ExtractHistogram 函数的作用是从图像中提取灰度直方图数组。灰度直方图是指对图像进行灰度分析，将 0 ～ 255 灰度值的像素个数通过直方图的形式标注出来。直方图的横坐标表示的是灰度值，纵坐标表示的是像素个数，如图 4-12 所示。

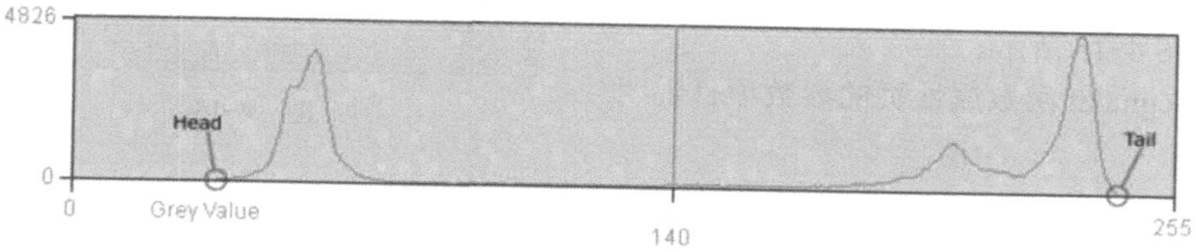

图　4-12

ExtractHistogram 函数的属性页如图 4-13 所示。

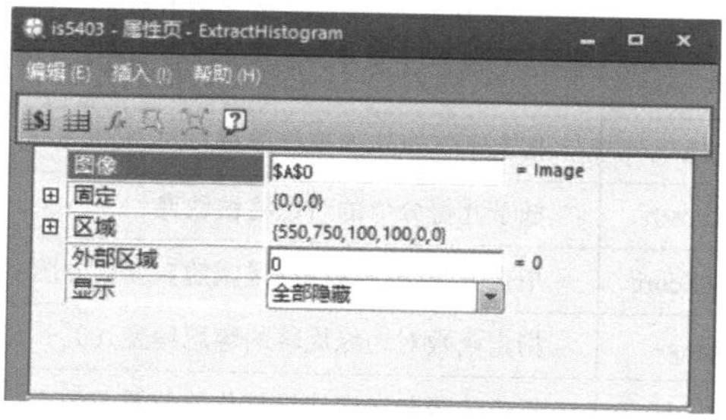

图　4-13

ExtractHistogram 函数属性页的参数项目说明见表 4-4。

表　4-4

序号	中文名	英文名	参数说明
1	图像	Image	指定参考图像的来源
2	固定	Fixture	指定一个相对参考坐标系，ROI 会跟随该相对参考坐标系的移动而移动
3	区域	Region	亦称 ROI，特征将在该区域中提取
4	显示	Show	指定电子表格区域显示哪些图形对象

ExtractHistogram 函数的“固定”参数通常引用图案匹配类函数返回值的行坐标值、列坐标值、旋转角度作为参考。因为我们通常只是对图像的局部图案进行灰度直方图分析，当分析对象在图片中位置发生变化时，我们期望灰度直方图的 ROI 也随之变化。

ExtractHistogram 函数的返回值包含阈值、对比度、暗像素个数、亮像素个数、灰度平均值等内容，选中返回值所在的单元格后，可以看到对应的视觉数据访问函数，如图 4-14 所示。

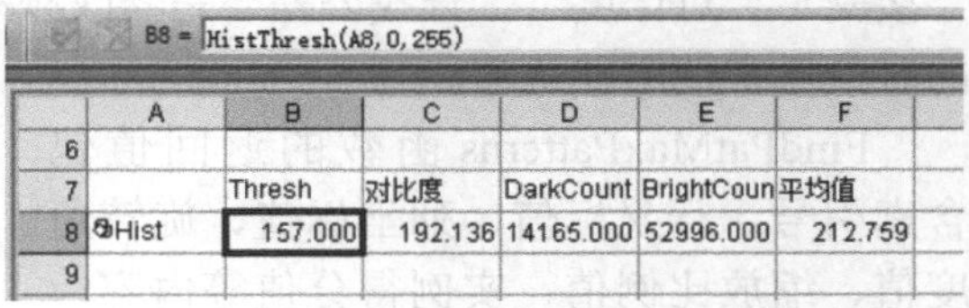

图 4-14

5. FindSegment 函数

FindSegment 函数的作用是查找图像区域内的一对平行边并计算它们之间的距离。它的属性页如图 4-15 所示。

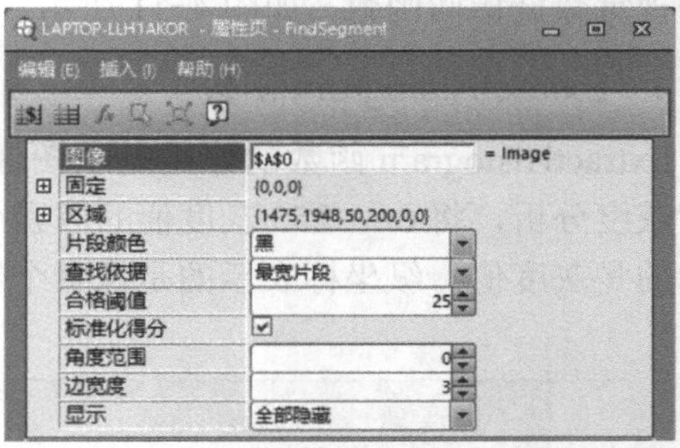

图 4-15

FindSegment 函数属性页的参数项目说明见表 4-5。

表 4-5

序号	中文名	英文名	参数说明
1	图像	Image	指定参考图像的来源
2	固定	Fixture	指定一个相对参考坐标系，ROI 会跟随该相对参考坐标系的移动而移动
3	区域	Region	亦称 ROI，特征将在该区域中提取
4	片段颜色	Segment Color	指定平行对边的颜色。黑：由白到黑的边界；白：由黑到白的边界
5	查找依据	Find By	指定平行对边的查找依据
6	合格阈值	Accept Thresh	低于此得分值的对边将被放弃
7	标准化得分	Normalize Score	指定分数是否将由该区域的灰度直方图标准化，即得分与对比度是否相关
8	角度范围	Angle Range	指定函数对边缘旋转的容忍程度（0 ～ 10，默认值为 0）
9	边宽度	Edge Width	指定边缘与发生边缘转化的位置的像素距离，单位为像素，默认值为 0 像素
10	显示	Show	指定电子表格区域显示哪些图形对象

使用 FindSegment 函数通常会修改的参数是“区域”“定位”“片段颜色”“查找依据”“合格阈值”。在练习使用 FindSegment 函数时，应当尝试对以上参数使用不同的值，观察对比函数的执行效果，从而熟练掌握 FindSegment 函数的应用技巧。

FindSegment 函数的返回值包含距离、得分两项内容，选中返回值所在的单元格后，可以看到对应的视觉数据访问函数，如图 4-16 所示。

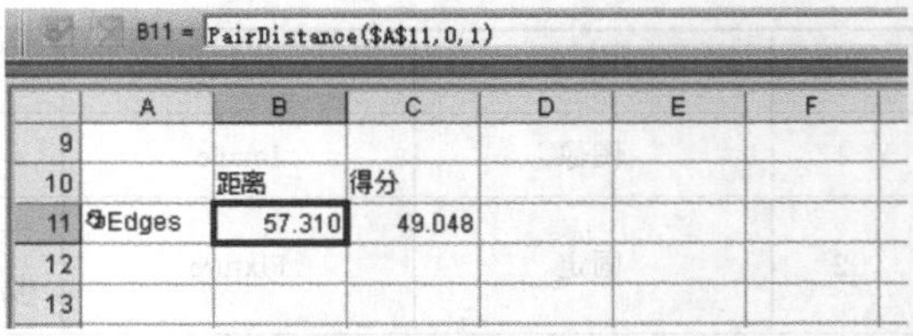

图 4-16

6. FindLine 函数

FindLine 函数的作用是在图像中查找符合指定条件的直线段。FindLine 函数提取出来的直线段，通常被其他函数的输入参数所引用。FindLine 函数的属性页如图 4-17 所示。

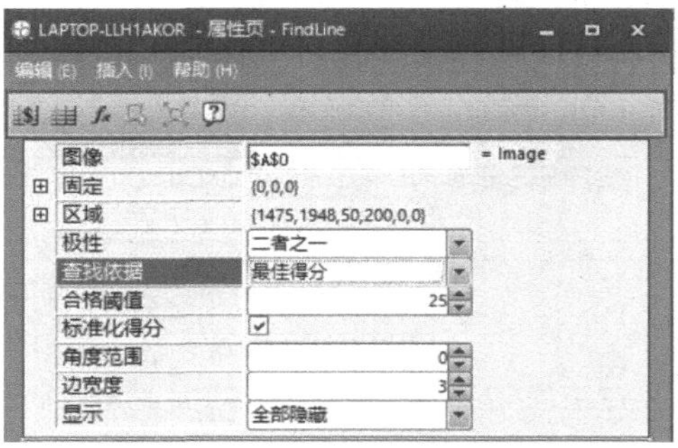

图 4-17

FindLine 函数属性页的参数项目说明见表 4-6。

表 4-6

序号	中文名	英文名	参数说明
1	图像	Image	指定参考图像的来源
2	固定	Fixture	指定一个相对参考坐标系，ROI 会跟随该相对参考坐标系的移动而移动
3	区域	Region	亦称 ROI，特征将在该区域中提取
4	极性		
5	查找依据	Find By	指定直线段的查找依据
6	合格阈值	Accept Thresh	低于此得分值的对边将被放弃
7	标准化得分	Normalize Score	指定分数是否将由该区域的灰度直方图标准化，即得分与对比度是否相关
8	角度范围	Angle Range	指定函数对边缘旋转的容忍程度（0 ～ 10，默认值为 0）
9	边宽度	Edge Width	指定边缘与发生边缘转化的位置的像素距离，单位为像素，默认值为 0 像素
10	显示	Show	指定电子表格区域显示哪些图形对象

使用 FindLine 函数常修改的参数是“固定”“区域”“极性”“阈值”“查找依据”。其中特别需要注意的是“极性”和“查找依据”参数，这两个参数设定的值会直接影响算法对于直线段的查找结果。

FindLine 函数的返回值包含查找到的直线段的两个端点的像素坐标值和得分，选中返回值所在的单元格后，可以看到对应的视觉数据访问函数，如图 4-18 所示。

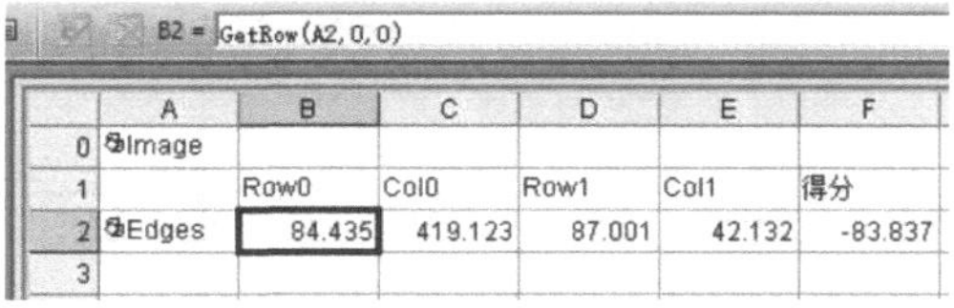

图 4-18

7. LineToLine 函数

LineToLine 函数的作用是测量两条非平行直线段间的夹角及测量两平行直线段间的距离。LineToLine 函数的属性页如图 4-19 所示。

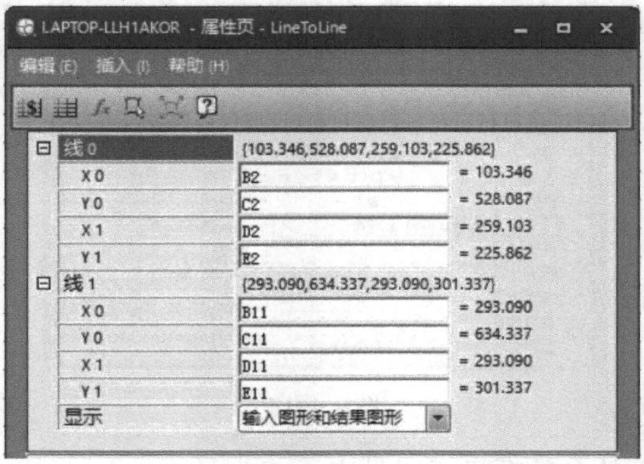

图 4-19

LineToLine 函数属性页的参数项目说明见表 4-7。

表 4-7

序号	中文名	英文名	参数说明
1	线 0.X0	Line0.X0	线段 0，端点的 X 像素坐标
2	线 0.Y0	Line0.Y0	线段 0，端点的 Y 像素坐标
3	线 0.X1	Line0.X1	线段 0，端点的 X 像素坐标
4	线 0.Y1	Line0.Y1	线段 0，端点的 Y 像素坐标
5	线 1.X0	Line1.X0	线段 1，端点的 X 像素坐标
6	线 1.Y0	Line1.Y0	线段 1，端点的 Y 像素坐标
7	线 1.X1	Line1.X1	线段 1，端点的 X 像素坐标
8	线 1.Y1	Line1.Y1	线段 1，端点的 Y 像素坐标
9	显示	Show	指定电子表格区域显示哪些图形对象

线段端点的像素坐标值，可以直接在单元格中输入，可以应用其他单元格的值，也可以在视图中通过鼠标的操作来指定一条直线段，然后自动应用该线段端点的像素坐标值。

LineToLine 函数的返回值包含两条直线段的交点坐标值（两条直线段相交时），或者两条直线段的各自第一个端点的坐标值（两条直线段不相交时），以及两条直线段间的夹角和距离，选中返回值所在的单元格后，可以看到对应的视觉数据访问函数，如图 4-20 所示。

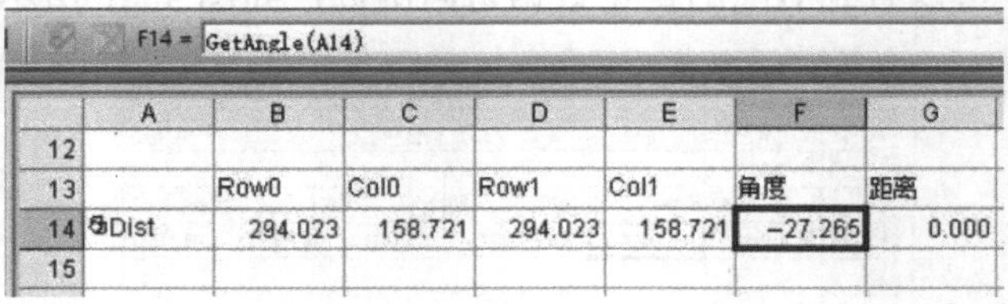

F14 = GetAngle(A14)
A B C D E F G
12
13 Row0 Col0 Row1 Col1 角度 距离
14 Dist 294.023 158.721 294.023 158.721 -27.265 0.000
15

图 4-20

8. ExtractBlobs 函数

ExtractBlobs 函数的作用是将 ROI 内的像素二值化，区分为斑点和背景两类。斑点和背景都可以定义为白色或黑色，但两者不能同时定义为相同的颜色。灰度阈值将阈值以下的所有像素划分为黑色类别，阈值以上的所有像素划分为白色类别。LineToLine 函数的属性页如图 4-21 所示。

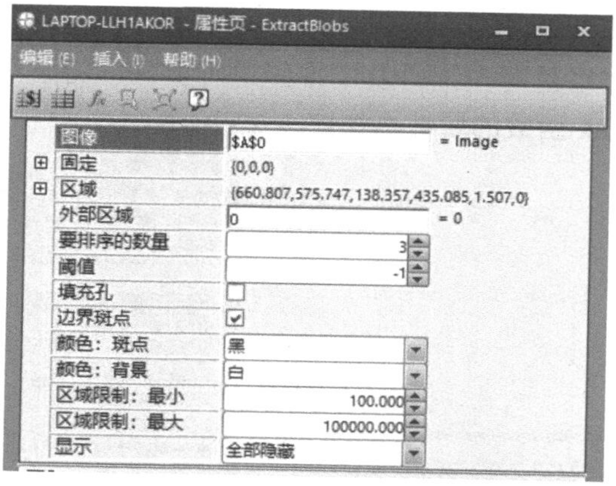

图　4-21

ExtractBlobs 函数属性页的参数项目说明见表 4-8。

表　4-8

序号	中文名	英文名	参数说明
1	图像	Image	指定参考图像的来源
2	固定	Fixture	指定一个相对参考坐标系，ROI 会跟随该相对参考坐标系的移动而移动
3	区域	Region	亦称 ROI，特征将在该区域中提取
4	外部区域	External Region	指定一个外部区域为 ROI
5	要排序的数量	Number to Sort	指定 ROI 中需要查找斑点的数量
6	阈值	Threshold	指定灰度像素黑白二值化的分界值
7	填充孔	Fill Holes	指定是否将斑点中的洞孔面积减除：值 0（默认）减除，值 1 不减除
8	边界斑点	Boundary Blobs	指定与 ROI 边界相交的斑点的处理办法：值 0 不统计与边界相交的斑点，值 1（默认）统计与边界相交的斑点
9	颜色：斑点	Color Blob	指定斑点的颜色
10	颜色：背景	Color Background	指定背景的颜色
11	区域限制：最小	Area Limit: Min	小于该值的斑点将会被滤除，不被统计，单位是像素，默认值 100
12	区域限制：最大	Area Limit: Max	大于该值的斑点将会被滤除，不被统计，单位是像素，默认值 100000
13	显示	Show	指定电子表格区域显示哪些图形对象

ExtractBlobs 函数的“定位”“区域”“要排序的数量”等参数修改频率较高，如果需要以面积为限制条件滤除面积太大或太小的斑点则通常会修改“限制区域”参数。

ExtractBlobs 函数的返回值包含斑点的中心坐标、角度、颜色、得分、区域（面积）、伸长、孔、周长等信息，使用对应的视觉数据访问函数可以单独提取这些数据，用鼠标选中 ExtractBlobs 函数返回值的某个单元格，即可看到对应的视觉数据访问函数，如图 4-22 所示。

9. ReadIDMax 函数

ReadIDMax 函数的作用是对一维码及二维码进行解码，将解码得到的内容以字符串的形式呈现出来。ReadIDMax 函数的属性页如图 4-23 所示。

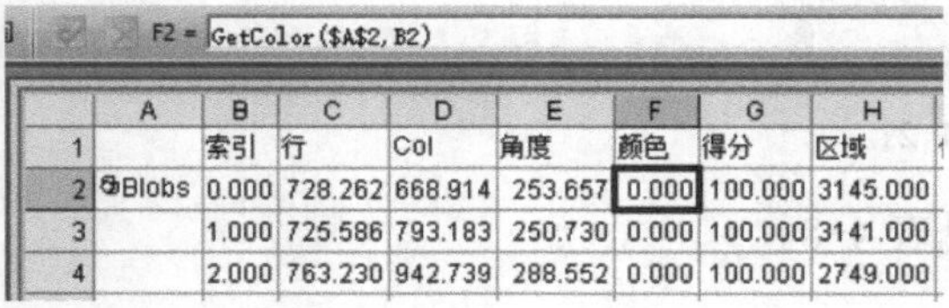

图 4-22

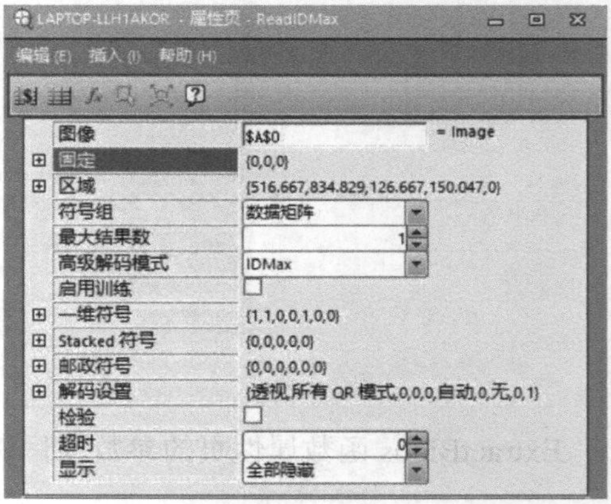

图 4-23

ReadIDMax 函数属性页的参数项目说明见表 4-9。

表 4-9

序号	中文名	英文名	参数说明
1	图像	Image	指定参考图像的来源
2	固定	Fixture	指定一个相对参考坐标系，ROI 会跟随该相对参考坐标系的移动而移动
3	区域	Region	亦称 ROI，特征将在该区域中提取
4	符号组	Symbology Group	指定解码的对象类型，支持一维条码、Data Matrix 码、QR Code 码、MaxiCode 码、Postal 码
5	最大结果数	Maximum Results	指定 ROI 中需要解码的对象个数
6	高级解码模式	Advanced Decode Mode	指定待解码对象的特点，如高对比度、翘曲等，以便进行算法优化处理，提高解码速度
7	启用训练	Enable Training	指定是否启用训练模式，训练模式可以提高函数性能，加快解码速度
8	一维符号	1D Symbologies	指定需要读取的一维条码的码制
9	堆叠式符号	Stacked Symbologies	指定需要读取的堆叠式二维码的码制
10	邮政符号	Postal Symbologies	指定待读取的邮政符号码制
11	解码设置	Decode Settings	指定一些更详细的解码规则
12	检验	Verify	指定解码时是否进行打印质量验证
13	超时	Timeout	超出该时间值，将终止函数的运行，单位为 ms，值为 0 时，表示不限定时间
14	显示	Show	指定电子表格区域显示哪些图形对象

ReadIDMax 函数的返回值包含解码索引号、字符串解码结果两项信息。用鼠标选中 ReadIDMax 函数返回值的某个单元格，即可看到对应的视觉数据访问函数，如图 4-24 所示。

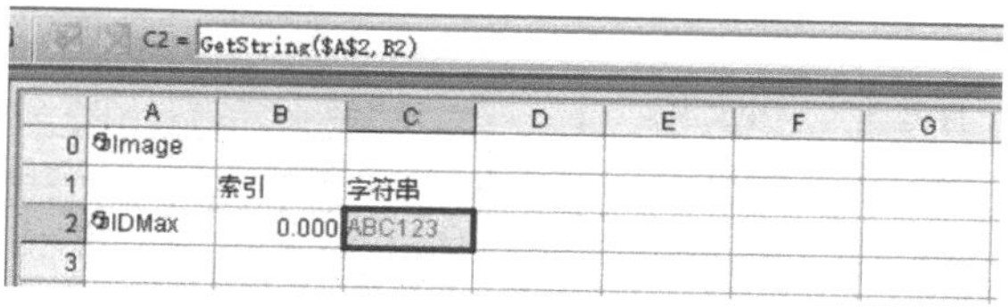

图　4-24

10. OCRMax 函数

OCRMax 函数的作用是在使用用户定义的字符字体进行训练后，读取和 / 或验证 ROI 中的文本字符串。OCRMax 函数的属性页如图 4-25 所示。

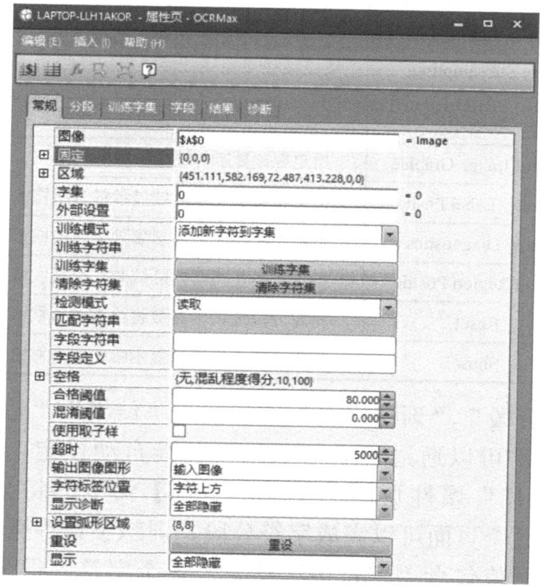

图　4-25

OCRMax 函数属性页的“常规”参数项目说明见表 4-10。

表 4-10

序号	中文名	英文名	参数说明
1	图像	Image	指定参考图像的来源
2	固定	Fixture	指定一个相对参考坐标系，ROI 会跟随该相对参考坐标系的移动而移动
3	区域	Region	亦称 ROI，特征将在该区域中提取
4	字集	Font	可选参数，指定由其他 OCRMax 函数定义的字集作为此 OCRMax 函数使用，重复应用字集
5	外部设置	External Settings	可选参数，指定引用其他单元格来设定 OCRMax 函数的“设置”参数
6	训练模式	Train Mode	指定字集训练模式
7	训练字符串	Train String	指定要训练的文本字符串
8	训练字集	Train Font	根据训练模式参数设置，指定训练字符的事件
9	清除字符集	Clear Font	指定一个事件，在该事件中字体中的所有字符将被删除

（续）

序号	中文名	英文名	参数说明
10	检测模式	Inspection Mode	指定函数在运行时的检查模式：读取或者验证
11	匹配字符串	Match String	指定在读取 / 验证检查模式下必须正确匹配的文本字符串
12	字段字符串	Field String	指定字符串中包含的字符数
13	字段定义	Field Definitions	供用户定义新的字段
14	空格	Spaces	指定字符间的空格处理方式
15	合格阈值	Accept Threshold	低于此分数，字符读取（或验证）失败
16	混淆阈值	Confusion Threshold	指定最高得分字符和次高得分字符之间的最小得分差（0～40，默认为 0）
17	使用取子样	Use Subsampling	指定是否启用图像二次采样，会降低字符分辨率，以提高函数的读取速度
18	超时	Timeout	超过此时间长度，读取（或验证）失败
19	输出图像图形	Output Image Graphic	指定应该显示的输出图像的类型
20	字符标签位置	Character Label Position	指定相对于字符区域显示每个字符的标签的位置
21	显示诊断	Show Diagnostics	指定要在图像上显示哪种类型的图形诊断数据
22	设置弧形区域	Curved Region Position	指定了当使用弯曲区域时，拉直区域在图像中的位置的 X 和 Y 坐标
23	重设	Reset	指定分段选项卡参数将被重置为默认设置
24	显示	Show	指定电子表格区域显示哪些图形对象

OCRMax 函数的“分段”“训练字符”“字段”“结果”“诊断”参数页面还有众多参数，由于这些参数通常可以通过“Auto-Tune”功能自动设定，在此就不再详细介绍。单击 OCRMax 函数“常规”属性页面的【Auto-Tune】命令，将会打开如图 4-26 所示的“Auto-Tune”页面，在这个页面可以完成字符分段、训练字集等操作。

OCRMax 函数的返回值包含“字符串”结果、各个字符的得分、字符最高得分和第 2 个得分、字符差异等内容，如图 4-27 所示。用鼠标选中 OCRMax 函数返回值的某个单元格，即可看到对应的视觉数据访问函数。

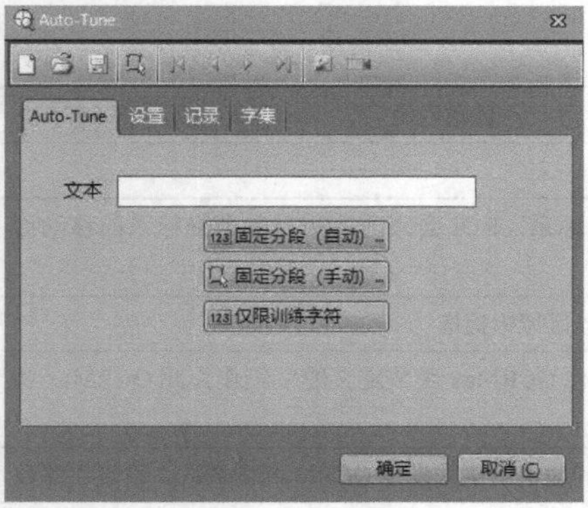

图 4-26

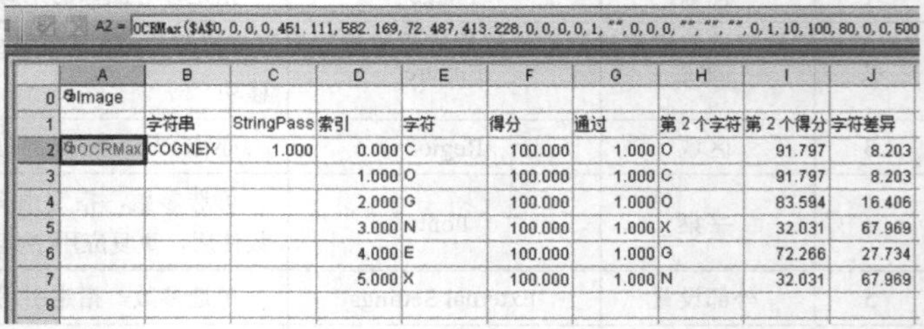

图 4-27

11. CalibrateGrid 函数

CalibrateGrid 函数的作用是利用专用网格或棋盘进行像素坐标系到实际物理坐标系的转

换，这种转换也称为校准。CalibrateGrid 函数除了进行像素坐标系向物理坐标系转换外，还可以解释线性、非线性和透镜畸变，它是各种校准函数中精度最高的校准函数。

CalibrateGrid 函数的设置窗口如图 4-28 所示，在设置窗口按按照正确步骤进行操作，可以完成 CalibrateGrid 函数的参数设置，并得到最后的校准结果。

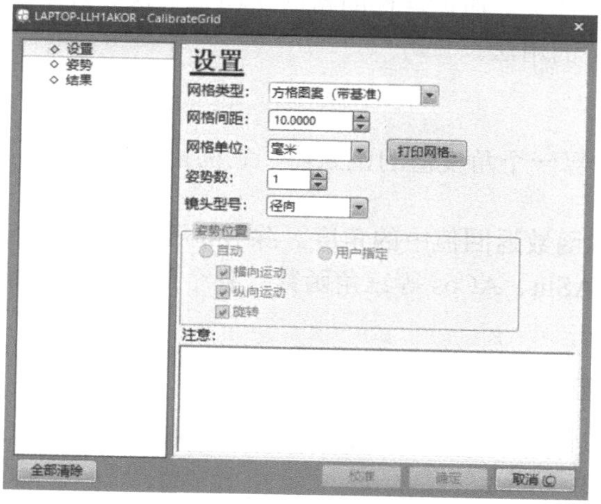

图　4-28

CalibrateGrid 函数的返回值仅包含一个校准结果，校准结果可供其他函数所引用，如果 CalibrateGrid 函数未能成功输出校准结果，其所在的单元格将显示 #ERR。

12. CalibrateImage 函数

CalibrateImage 函数的作用是将校准数据结构与图像数据结构关联起来，以创建一个新的图像数据结构。所得到的数据结构可被其他视觉工具功能引用，以便以参考校准所定义的物理坐标系显示其结果。CalibrateImage 函数的属性页如图 4-29 所示。

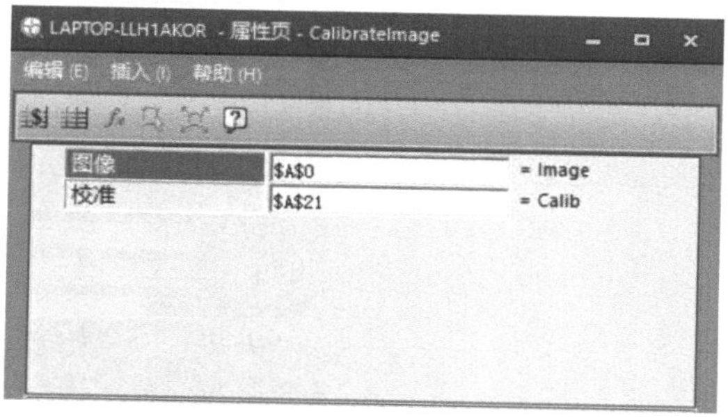

图　4-29

CalibrateImage 函数属性页的参数项目说明见表 4-11。

表　4-11

序号	中文名	英文名	参数说明
1	图像	Image	指定参考图像的来源
2	校准	Calib	指定一个有效 Calib 数据结构进行引用

CalibrateImage 函数的返回值仅包含一个图像（image）数据结构，需要引用图像数据结构的函数可以引用新的图像数据结构为参数的值，此时函数返回的坐标数据值不再是参考像素坐标系而是参考物理坐标系。

13. If 函数

If 函数的作用是根据判定条件的值来返回不同的值，它的语法格式是：

If(Cond, Value1, Value2)

Cond 表示判定条件，Value1 表示返回值 1，Value2 表示返回值 2。如果函数中 Cond 的值非零，则函数返回 Value1；如果函数中 Cond 的值为零，则函数返回 Value2。

由于 If 函数的功能比较简单，参数个数比较少，所以它没有函数属性页。大多数数学函数基本上都没有函数属性页。通过软件的帮助文档了解这些数学函数的功能和语法结构，就能够掌握这些数学函数的用法。

14. Sin 函数

Sin 函数的作用是计算一个角度值的正弦值，它的语法格式是：

Sin(Angle)

Angle 可以引用其他函数返回值中的角度。除 Sin 函数外，In-Sight Explorer 软件中还提供了 Cos、Tan、ATan、ASin、ACos 等三角函数。各个三角函数的具体用法可通过软件的帮助文档进行查询。

15. FormatString 函数

FormatString 函数的作用是将多个数据按照用户设定的格式构建字符串。FormatString 函数的设定页面如图 4-30 所示。

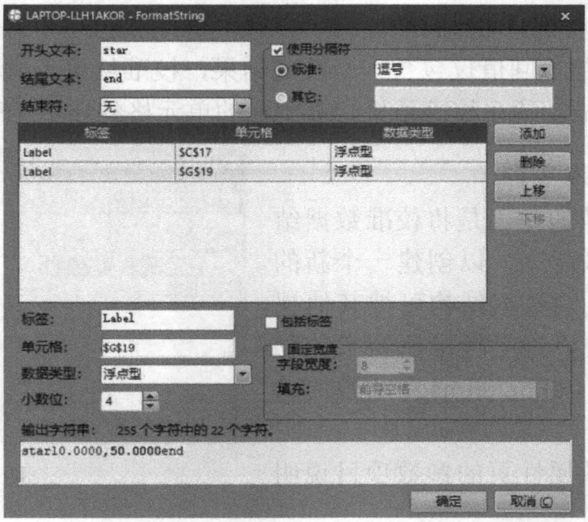

图 4-30

FormatString 函数可以指定字符串的前缀、间隔符、后缀、数据来源、数据长度等特性，最终的输出结果可以在 FormatString 函数设置页面底部预览。它通常用于构建通信时向其他设备发送的数据，数据的前缀、后缀、间隔符、数据长度等通信数据特性要通信双方共同约定达成一致。

本节介绍的 15 个函数，有视觉工具类函数、几何类函数、数学类函数、文本类函数、坐标变换类函数，在介绍这些函数的同时也涉及了视觉数据访问函数、结构函数、输入输出函数。图形类函数主要用于制作作业员 HMI 画面，在本书的后续章节会进行介绍。定时数据存储函数应用相对较少，本书将不进行介绍。本节旨在培养读者通过 In-Sight Explorer 帮助文档掌握函数的应用方法的能力。

4.1.4　片段功能

In-Sight Explorer 软件在电子表格编程模式下，支持将一片单元格区域的程序内容存储为片段文件，以便重复调用。

存储片段的操作步骤如下：

1）选中一片连续的单元格区域，区域中包含编程内容，如图 4-31 所示。

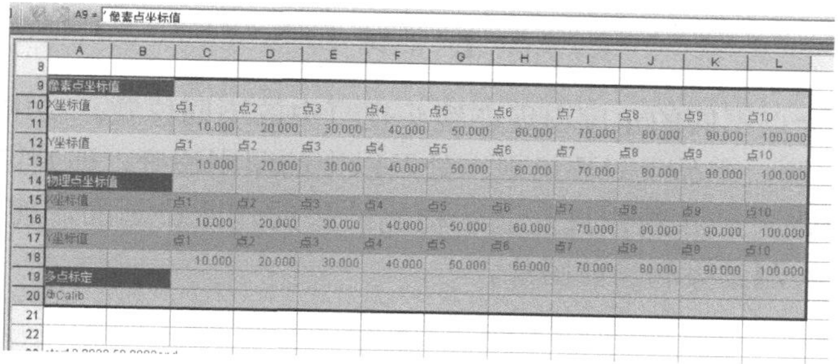

图　4-31

2）在选中的单元格区域内右击鼠标，在打开的快捷菜单中选择“片段”→“导出”，如图 4-32 所示。

3）在图 4-33 所示的界面中指定文件名称和存储路径，然后单击“保存”即可保存一个片段文件。用户自定义的程序片段文件，不能与软件自带的程序片段存储在相同的路径下。

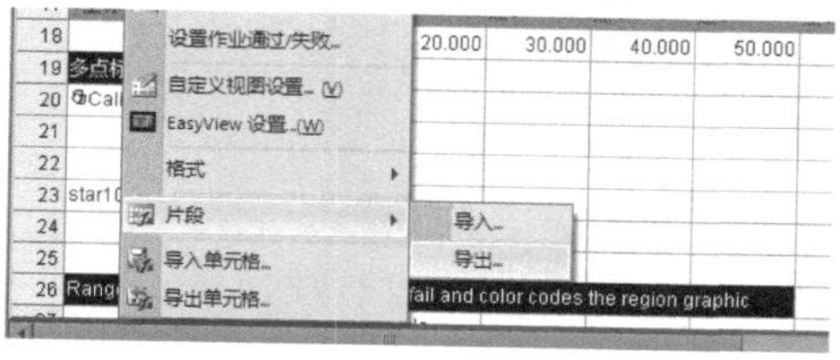

图　4-32

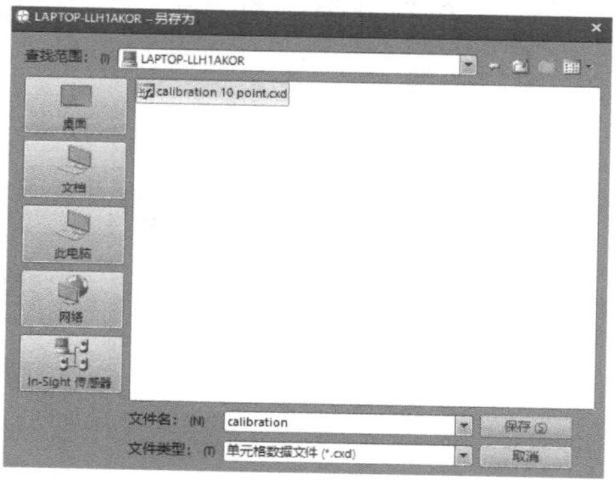

图　4-33

选中一个空白单元格，右击打开快捷菜单，依次单击“片段”→“导入”，然后选择需要导入的片段文件，即可将程序片段导入电子表格中。

软件自带许多程序片段，但是这些程序片段的注释信息很少，可读性差，且软件的帮助文档中也没有针对这些程序片段的描述。在初学阶段，不建议读者应用这些程序片段。

4.2　表面瑕疵检测案例程序

1．任务描述

1）在仿真器中创建一个 Job，用于检测产品表明的印刷内容是否有缺失、多余的印记、印刷面积差异等瑕疵。产品印刷良好和有印刷瑕疵的产品对比如图 4-34 所示。

图 4-34

2）产品将可能会以不同的角度出现在镜头视野中的不同位置，要求产品只要完全处于镜头视野内都能被检测。产品上只要出现一处及以上的印刷瑕疵，即判定为不良品。

3）设置作业员账户，并制作只能显示检测结果的作业员画面，使得作业员无法修改 Job 程序，只能观察检测结果和当前图片。

2. 任务分析

1）要求能够检测印刷面积异常、印刷边缘缺失、印刷线条多余的瑕疵，最适合使用“视觉工具”分类下的“瑕疵检测”类函数。

2）产品会在镜头视野中随机位置出现，因此需要使用“视觉工具”分类下的“图案匹配”类函数，对产品图片进行定位。

3）需要设置至少两级的用户等级，作业员等级的账户只能显示检测结果，作业员画面只用一个“图形”分类下的“显示”类函数即可。

3. 编程步骤

1）启用仿真器，并将其模型设为“标准”，图 4-35 所示。

图 4-35

2）将回放文件夹中的图片全部删除，然后将本章附件资源 case1 文件夹中的 7 张图片全部拷贝至“回放”文件夹下，如图 4-36 所示。

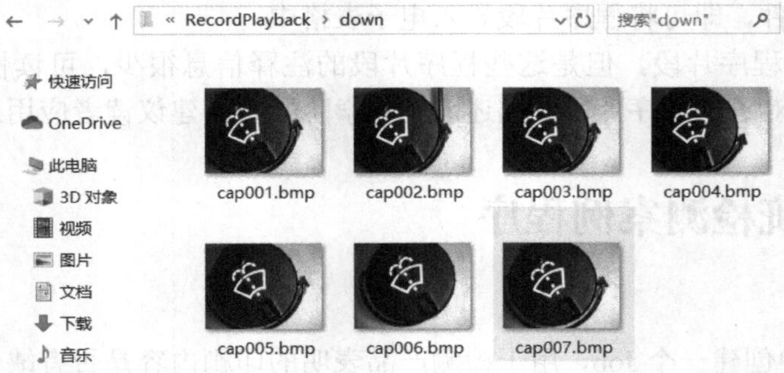

图 4-36

3）新建一个作业，将其命名为“Cap Defects Inspection”，并保存。然后将胶片来源选择为“PC”，如图 4-37 所示。

4）选中胶片栏中的第 1 张图片，以它作为图案匹配函数的模板来源，然后在 A2 单元格中插入 TrainPatMaxPattern 函数，TrainPatMaxPattern 函数的“图案区域”参数设置如图 4-38 所示，其余参数使用默认值。

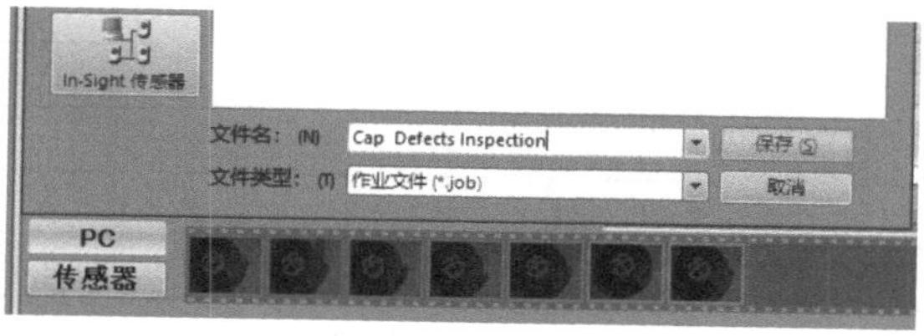

图　4-37

图　4-38

5）在表格中的 A5 单元格插入 FindPatMaxPatterns 函数，并按表 4-12 设定函数参数。

表　4-12

序号	参数名称	参数值设定
1	查找区域	最大化
2	图案	A2
3	查找公差 . 角度开始	-180
4	查找公差 . 角度结束	180
5	查找公差 . 缩放开始	95
6	查找公差 . 缩放结束	105
7	其他参数	使用默认值

6）在 A7 单元格插入 TrainFlawModel 函数，并按图 4-39 所示设定“区域”参数。

图　4-39

按表 4-13 设定其余参数。

表　4-13

序号	参数名称	参数值设定
1	固定 . 行	C5
2	固定 . 列	D5
3	固定 . 角度	E5
4	最小边缘强度	20
5	最小边缘长度	40
6	显示分辨率	中等
7	其他参数	使用默认值

7）在 A10 单元格内插入 DetectFlaw 函数，并按图 4-39 所示设定“区域”参数；按表 4-14 设定函数参数。

表 4-14

序号	参数名称	参数值设定
1	瑕疵模型引用	A7
2	检查区域 .X	-150
3	检查区域 .Y	-160
4	宽度	470
5	高度	625
6	其他参数	使用默认值

8）在 A32 单元格插入 ColorLabel 函数，按图 4-40 所示设定函数参数。

9）在 B32 单元格插入 StatusLight 函数，按图 4-41 所示设定函数参数。

图 4-40

图 4-41

10）单击命令栏中的“设置自定义视图”命令图标，按图 4-42 所示设定自定义视图。

11）单击命令栏中的“自定义视图”命令图标，可以查看自定义视图，如图 4-43 所示。

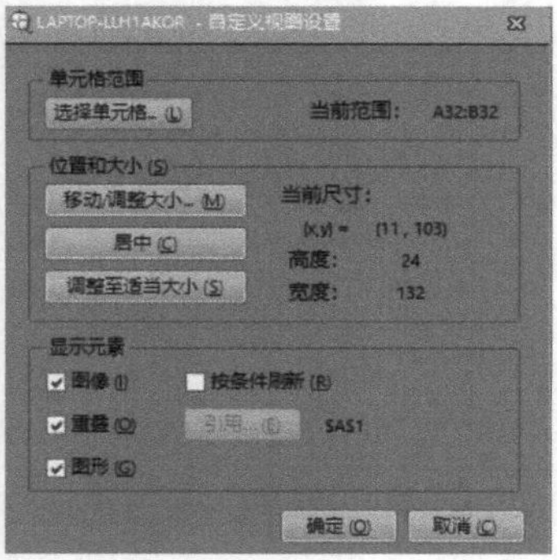

图 4-42

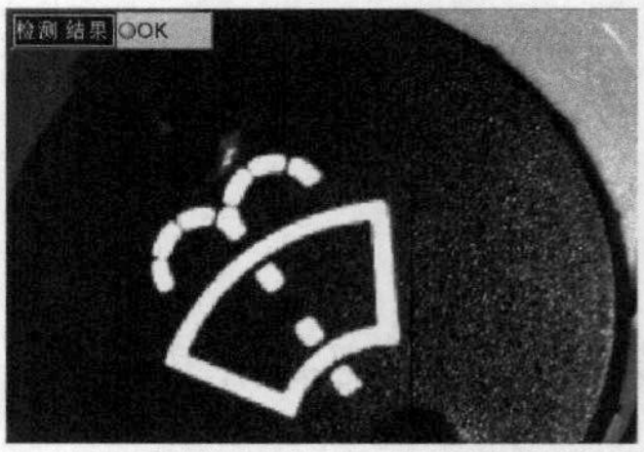

图 4-43

12）依次单击菜单栏中的“传感器”→“用户访问权限设置”命令，按表 4-15 设置 admin 和 operator 用户的访问权限。

表 4-15

名称	访问	查看	FTP-R	FTP-W	联机 / 脱机	在线作业	密码
admin	完全	普通	是	是	是	是	admin
operator	锁定	自定义	否	否	否	否	

至此已完成表面瑕疵检测任务的相机程序编写，此时单击胶片栏中的不同图片，可以观察到所选中图片的检测结果。本章附件资源文件夹中的 Cap Defects Inspection.job 为已编写完成的程序，可供读者参考。

案例总结：

1）本案例使用了图案匹配函数得到定位数据、定位函数供瑕疵检测函数引用，当图片位置发生变化时需要检测的对象依旧处于检测区域内。

2）在使用瑕疵检测函数时，将图片的显示分辨率设置为“中”，将图像的分辨率降低了 50%，加快了函数的处理速度。

3）为了避免作业员对视觉程序进行误操作，对视觉系统进行了访问权限设定，禁止了作业员对程序的编辑。为了方便作业员观察检测结果，设置了自定义视图。

4.3　角度测量案例程序

1. 任务描述

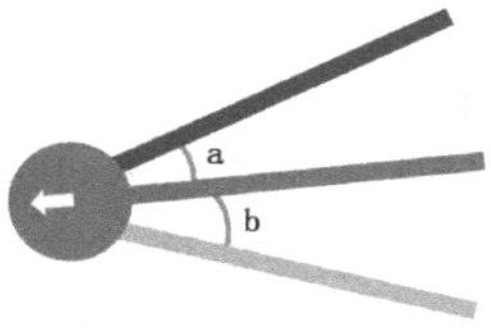

图　4-44

1）在仿真器中创建一个 Job 用于检测图 4-44 所示的产品上的角 a、角 b，并判断其中的最大角是否大于 20°，最小角是否小于 15°。

2）工件出现在镜头视野中的位置并不固定，要求只要工件完整出现在镜头视野内，而不管其位置和旋转角度如何都能对其进行测量。

3）设置作业员账户，使得作业员无法修改 Job 程序，只能观察检测结果和当前图片。自定义画面需要显示最大角度值、最小角度值、产品最终检测结果。

4）产品最终检测结果的判定规则是：角 a、角 b 中的最大角不大于 20°，且最小角不小于 15°，则产品检测结果为 OK，否则产品检测结果为 NG。

5）为了避免作业员加载错 Job 程序，要求视觉系统启动后自动加载与本产品对应的检测程序。

2. 任务分析

1）因为产品在镜头视野中的位置不固定，所以需要使用图案匹配函数，获取待检测图像的定位数据。

2）只要求测量角度值，没有要求测量物理长度，所以不需要使用校准函数。使用测量类别中的 LineToLine 函数即可实现角度的测量。使用 LineToLine 函数需要引用两条线作为输入参数，所以需要使用边类函数 FindLine、Caliper 进行找边。

3）要求根据最大值、最小值进行最终结果的判断，并且进行逻辑判断，所以编程时会需要使用数学函数中的 Max、Min、If、And 等函数。

4）需要限制作业员修改 Job 程序，因此需要设置视觉系统用户访问权限。为了实现自动加载指定的 Job 程序，因此需要设定视觉系统的“启动”设置。

3. 编程步骤

1）启用仿真器，并将其模型设为“标准”。

2）将回放文件夹中的图片全部删除，然后将本章附件资源 case2 文件夹中的 7 张图片全部拷贝至“回放”文件夹下，如图 4-45 所示。

3）新建一个作业，将其命名为“Angular Measurement”，并保存。然后将胶片来源选择为“PC”，如图 4-46 所示。

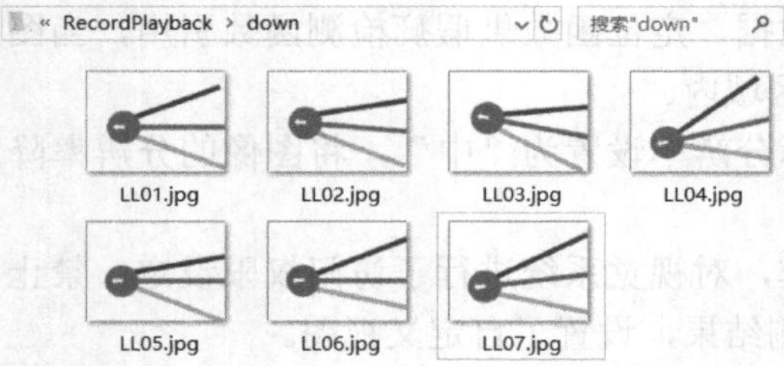

图 4-45

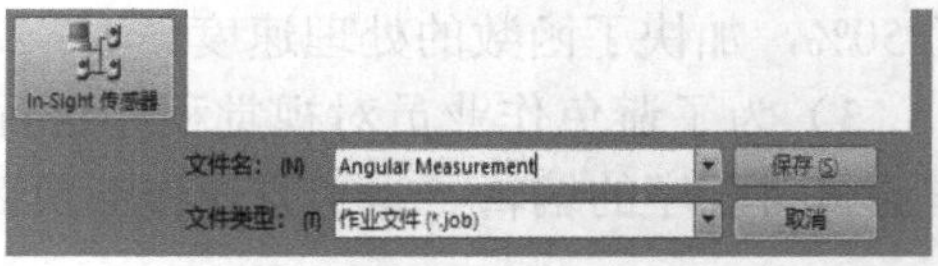

图 4-46

4）选中胶片栏中的第 1 张图片，以它作为图案匹配函数的模板来源，然后在 A2 单元格中插入 TrainPatMaxPattern 函数，TrainPatMaxPattern 函数的“图案区域”参数设置如图 4-47 所示，其余参数使用默认值。

5）在表格中的 A5 单元格插入 FindPatMaxPatterns 函数，并按表 4-16 设定函数参数。

表 4-16

序号	参数名称	参数值设定
1	查找区域	最大化
2	图案	A2
3	查找公差 . 角度开始	-180
4	查找公差 . 角度结束	180
5	查找公差 . 缩放开始	99
6	查找公差 . 缩放介绍	101
7	其他参数	使用默认值

6）在 A7 单元格插入 FindLine 函数，并按图 4-48 所示设定“区域”参数（设置区域时需要注意红色线框的箭头方向）。

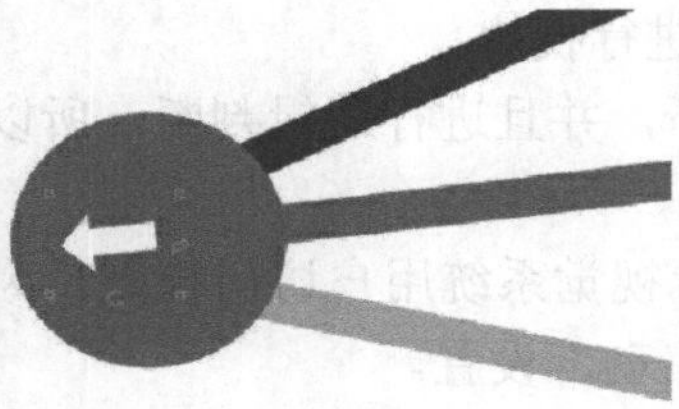

图 4-47

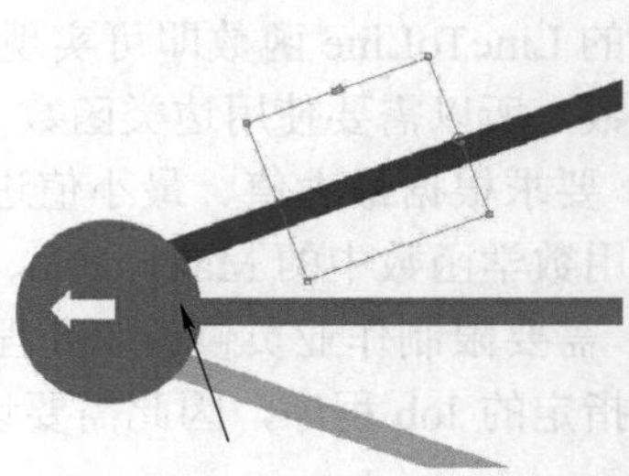

图 4-48

按表 4-17 所示设定其余参数。

表　4-17

序号	参数名称	参数值设定
1	固定 . 行	C5
2	固定 . 列	D5
3	固定 . 角度	E5
4	极性	白到黑
5	角度范围	10
6	其他参数	使用默认值

7）在 A11 单元格内再插入一个 FindLine 函数，并按图 4-49 所示设定“区域”参数（设置区域时需要注意区域线框的箭头方向）。

按表 4-18 所示设定其余参数。

表　4-18

序号	参数名称	参数值设定
1	固定 . 行	C5
2	固定 . 列	D5
3	固定 . 角度	E5
4	极性	黑到白
5	角度范围	10
6	其他参数	使用默认值

8）在 A14 单元中插入 Caliper 函数，按图 4-50 所示设置“区域”参数。

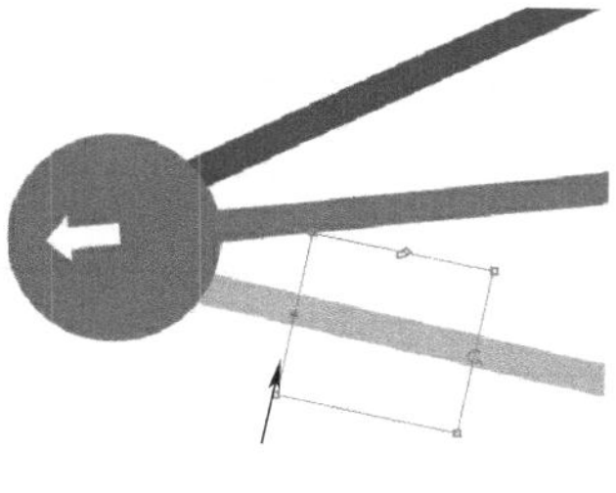

图　4-49

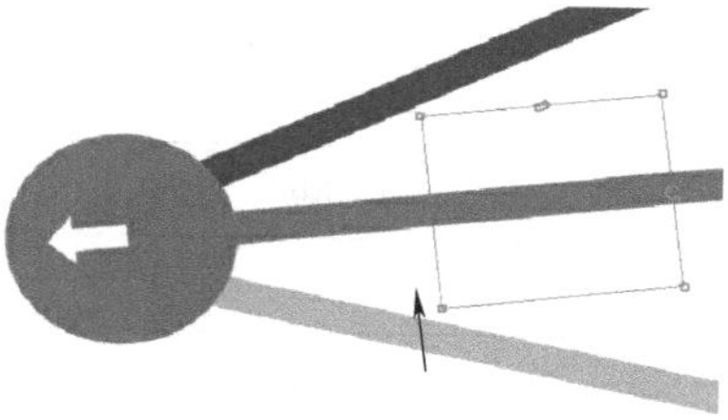

图　4-50

按表 4-19 设置其余参数。

表　4-19

序号	参数名称	参数值设定
1	固定 . 行	C5
2	固定 . 列	D5
3	固定 . 角度	E5
4	边模式	对边
5	边：第一	白到黑
6	边：第二	黑到白
7	其他参数	使用默认值

9）在 A18 单元格插入 LineToLine 函数，按表 4-20 设置参数。

表 4-20

序号	参数名称	参数值设定
1	线 0.X0	C15
2	线 0.Y0	D15
3	线 0.X1	E15
4	线 0.Y1	F15
5	线 1.X0	B8
6	线 1.Y0	C8
7	线 1.X1	D8
8	线 1.Y1	E8
9	其他参数	使用默认值

10）在 A21 单元格插入 LineToLine 函数，按表 4-21 设置参数。

表 4-21

序号	参数名称	参数值设定
1	线 0.X0	B11
2	线 0.Y0	C11
3	线 0.X1	D11
4	线 0.Y1	E11
5	线 1.X0	C14
6	线 1.Y0	D14
7	线 1.X1	E14
8	线 1.Y1	F14
9	其他参数	使用默认值

11）在 A23 单元格插入 Max 函数，输入 Max(F18,F21)，在该单元格返回角 a、角 b 中的最大角度值。

12）在 A25 单元格插入 Min 函数，输入 Min(F18,F21)，在该单元格返回角 a、角 b 中的最小角度值。

13）在 A27 单元格中插入 If 函数，输入 If(A23<=20,1,0)，判断最大角度值是否小于等于 20°。

14）在 A29 单元格中插入 If 函数，输入 If(A25>=15,1,0)，判断最小角度值是否大于等于 15°。

15）在 A31 单元格中插入 And 函数，输入 And(A27,A29)，判断产品最终检测结果。

16）在 B27 单元格中插入 ColorLable 函数，按表 4-22 设定参数。

表 4-22

序号	参数名称	参数值设定
1	名称	最大角
2	线前进颜色	黄
3	背景颜色	黑

17）将 B27 单元格的内容复制到 B29 中，Lable 名称改为“最小角”；将 B27 单元格的内容复制到 B31 中，Lable 名称改为“最终结果”。

18）在 C27 单元格插入 StatusLight 函数，按照表 4-23 设置参数。

表 4-23

序号	参数名称	参数值设定
1	状态	A27
2	标签：正	OK
3	标签：零	NG
4	标签：负	
5	颜色：正	绿
6	颜色：零	红
7	颜色：负	灰

19）将 C27 单元格的内容复制到 C29、C31 单元格。由于是相对引用，所以状态参数的引用来源会自动变化，无须再进行修改。

20）在 D27 单元格引用 A23 单元格的内容，在 D29 单元格引用 A25 单元格的内容。

21）将 B27:E31 单元格区域设置为自定义视图。

22）依次单击菜单栏中的“传感器”→“用户访问权限设置”命令，按表 4-24 设置 admin 和 operator 用户的访问权限。

表 4-24

名称	访问	查看	FTP-R	FTP-W	联机 / 脱机	在线作业	密码
admin	完全	普通	是	是	是	是	admin
operator	锁定	自定义	否	否	否	否	

23）依次单击菜单栏中的“传感器”→“启动”命令，在弹出的窗口中选择启动时加载的 Job 程序，并且勾选“以在线模式启动传感器”，如图 4-51 所示。

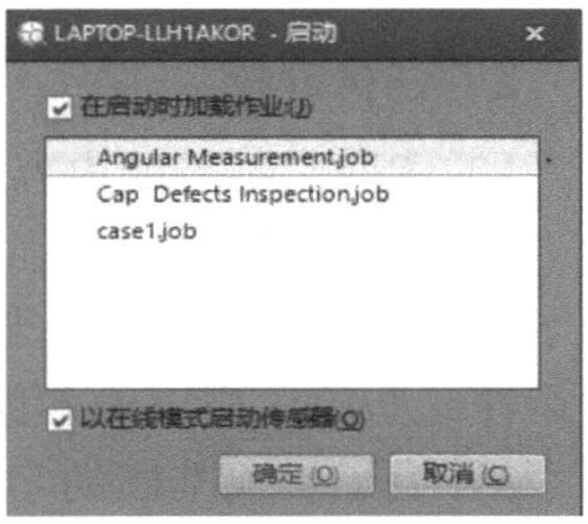

图 4-51

至此角度测量案例程序编写完成。显示自定义界面，然后切换胶片栏中选中的图片，观察各个图片的检测结果。如果自定义界面中出现了“#ERR”值，请自行检查错误来源，并调试程序直至错误消失。本章附件资源文件夹中的 Angular Measurement.job 为已编写完成的程序，可供读者参考。

4. 案例总结

1）本案例的难点之一在于 FindLine 等找边函数的区域框的方向与线的极性的关系。如图 4-52 所示，区域框的箭头指示了 Line 的起点，极性的方向也需要根据箭头的方向进行观察。

2）本案例的另一个难点是 LineaToLine 函数，输出的测量结果与所引用的两条线段的关系。假设 LineToLine 函数的输出图像如图 4-53 所示，那么这个函数的实际被测角如图 4-54 所示。

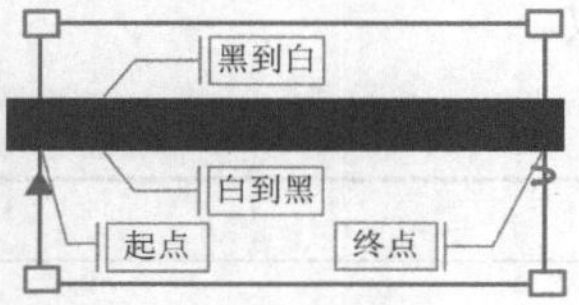

图 4-52

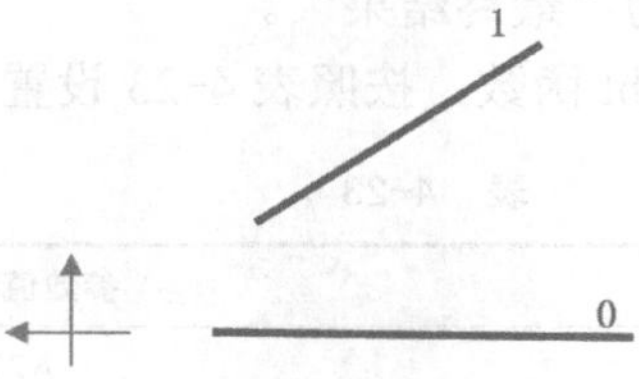

图 4-53

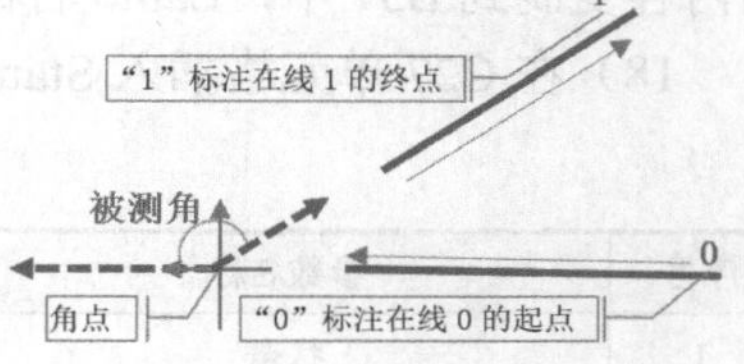

图 4-54

被测角的两条边，分别指向线 0 和线 1 的终点方向；以线 0 的方向 0° 为起点，顺时针角为负，逆时针角为正；函数输出测量值的范围是（–180°，180°）。

3）本案例的参数都是以相对引用的方式引用的，也对相对引用的单元格内容进行了复制，读者需要借此体会相对引用与绝对引用的不同之处。

4）本案例进行了视觉系统的启动项目设置，规定了系统上电后加载的 Job 程序和上电后的工作模式。

4.4 字符、条码识读案例程序

1. 任务描述

1）在仿真器上编写 Job 程序，以便视觉系统能够读取产品表面的二维码并识别产品表面的印刷字符，需要读取的对象如图 4-55 所示。

图 4-55

2）将二维码的内容及读取的印刷字符以字符串的形式显示在自定义视图中。

3）为了方便其他技术人员维护视觉系统的 Job 程序，请为程序进行详细注释。

2. 任务分析

1）读取二维码的内容需要使用 ID 类指令，印刷字符读取则需要使用 OCR 类指令。

2）在单元格中输入字符串，需要以单引号“'”开头，然后紧接着需要输入的字符串。为了增加程序的可读性，通常将一部分单元格设置为对比度高的背景颜色和前景字体颜色，然后在这些单元格中输入程序注释信息。

3）为了实现准确的字符读取，需要对同一印刷规格的产品进行字符集训练。印刷字符读取通常仅用于英文而不应用于中文，这是因为训练一个英文字符集只需要训练 26 个英文字母和 10 个阿拉伯数字，汉字成千上万，难以训练完整的字符集。

3. 编程步骤

1）启用仿真器，并将其模型设为“In-Sight 5403”。

2）将回放文件夹中的图片全部删除，然后将本章附件资源 case3 文件夹中的 8 张图片全部拷贝至“回放”文件夹下，如图 4-56 所示。

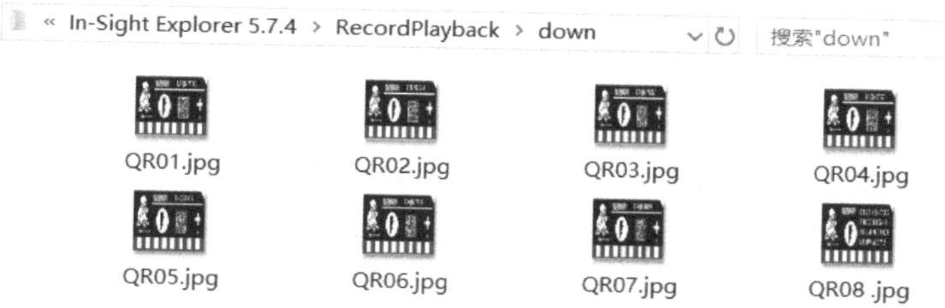

图 4-56

3）新建一个作业，将其命名为“Qr Code and Characters”，并保存。然后将胶片来源选择为“PC”，如图 4-57 所示。

4）选中胶片栏中的第 1 张图片，以它作为图案匹配函数的模板来源，然后在 A2单元格中插入 TrainPatMaxPattern 函数，TrainPatMaxPattern 函数的“图案区域”参数设置如图 4-58 所示，其余参数使用默认值。

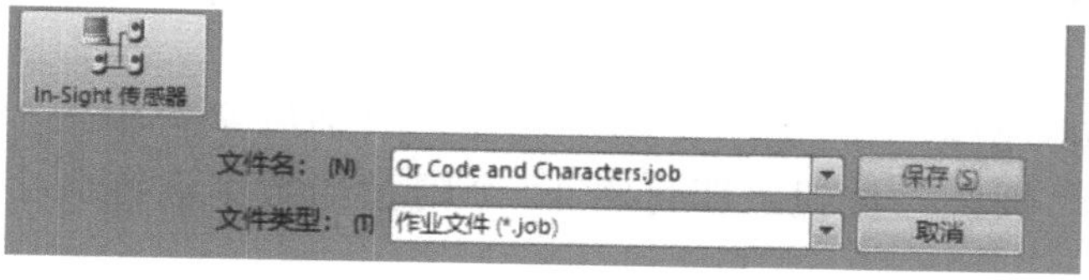

图 4-57

图 4-58

5）在表格中的 A5 单元格插入 FindPatMaxPatterns 函数，并按表 4-25 设定函数参数。

表 4-25

序号	参数名称	参数值设定
1	查找区域	最大化
2	图案	A2
3	查找公差 . 角度开始	−180
4	查找公差 . 角度结束	180
5	查找公差 . 缩放开始	99
6	查找公差 . 缩放介绍	101
7	其他参数	使用默认值

6）在 A8 单元格插入 ReadIDMax 函数，并按图 4-59 所示设定“区域”参数；按表 4-26

所示设定其余参数。

表 4-26

序号	参数名称	参数值设定
1	固定.行	C5
2	固定.列	D5
3	固定.角度	E5
4	符号组	QR 码
5	其他参数	使用默认值

7）选中胶片栏中最后一张图片，然后在 A11 单元格中插入 OCRMax 函数。

8）在打开的 OCRMax 函数的属性页中选中“训练字符集”页面，如图 4-60 所示。

图 4-59

图 4-60

9）将训练区域设置在印刷字符“0123456789”处，如图 4-61 所示，要注意训练区域线框的方向。

10）如图 4-62 所示，在 OCRMax 函数“训练字符集”页面中“训练字符串：”一栏中输入 0123456789，然后单击“训练”按钮，即可将 10 个阿拉伯数字训练到字符集中。

图 4-61

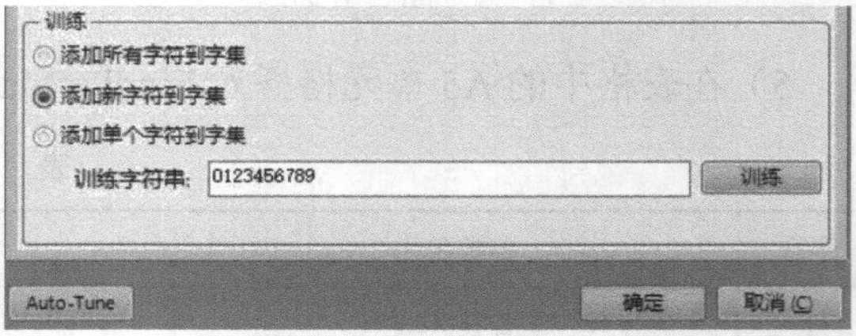

图 4-62

11）重复以上两步操作，将其余各行共 26 个大写字母依次训练到字符集中，训练完成所有的字符后，单击“确定”按钮。

12）选中胶片栏中的第 1 张图片，然后双击 A11 单元格，再次打开 OCRMax函数的属性页，按图 4-63 所示设定 OCRMax 函数的区域参数；按表 4-27 所示设定其余参数。

图 4-63

表　4-27

序号	参数名称	参数值设定
1	固定 . 行	C5
2	固定 . 列	D5
3	固定 . 角度	E5
4	其他参数	使用默认值

13）在 A20 单元格中插入 ColorLable 函数，按表 4-28 设定参数，单元格内容居中对齐。

表　4-28

序号	参数名称	参数值设定
1	名称	ID
2	线前进颜色	黄
3	背景颜色	黑

14）将 A20 单元格的内容复制到 A22，Lable 名称改为“String”。

15）B20 单元格引用 C8 单元格的数据，B22 单元格引用 B11 单元格的数据。

16）将 A20:B23 单元格区域设定为自定义视图。

17）对程序进行注释说明，至此字符、条码识读案例程序编写完成。本章附件资源文件夹中的“Qr Code and Characters.job”为已编写完成的程序，可供读者参考。

4. 案例总结

1）要正确引用 ReadIDMax 函数，需要对一维码、二维码的基础知识有一定了解。对于图像清晰无变形的二维码，通常可以不进行读取验证和印刷质量分析。

2）OCRMax 函数的使用要点是掌握训练字符集的操作方法，字符集必须包含被读取对象中的全部字符，否则将不能完全正确地读取字符串对象。另外需要注意读取区域线框的设置，线框方向设置错误，将无法正确读取字符内容，正确的读取线框设置如图 4-64 所示。

3）为了增加 Job 程序的可读性、可维护性，应当为 Job 程序进行必要的注释。

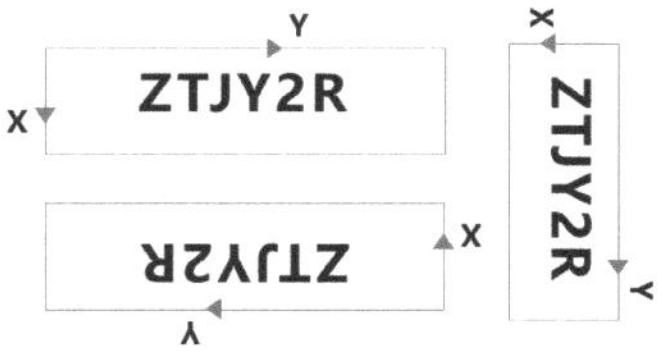

图　4-64

4.5　尺寸测量案例程序

1. 任务描述

1）在仿真器上编写 Job 程序，使得视觉系统能够对如图 4-65 所示产品的“金手指”区域进行尺寸测量。

2）将测量的结果以长度单位在自定义视图中显示，作业员可以在自定义界面选择显示单位为 mm 或 cm。

图　4-65

3）每个金手指区域的允许尺寸是 9mm ≤宽度≤ 10mm，要求在自定义视图中显示每个检测区域的检测结果。

2. 任务分析

1）测量宽度，需要使用找边类函数和测量类函数。

2）要求输出实际长度单位，所以需要进行校准。

3）要求能够切换长度单位，所以需要用到控件类函数。

4）需要测量宽度的对象个数比较多，应选用适合的函数，减小程序长度。

3. 编程步骤

1）启用仿真器，并将其模型设为“In-Sight 5403”。

2）将回放文件夹中的图片全部删除，然后将本章附件资源 case3 文件夹中的 8 张图片全部拷贝至“回放”文件夹下，如图 4-66 所示。

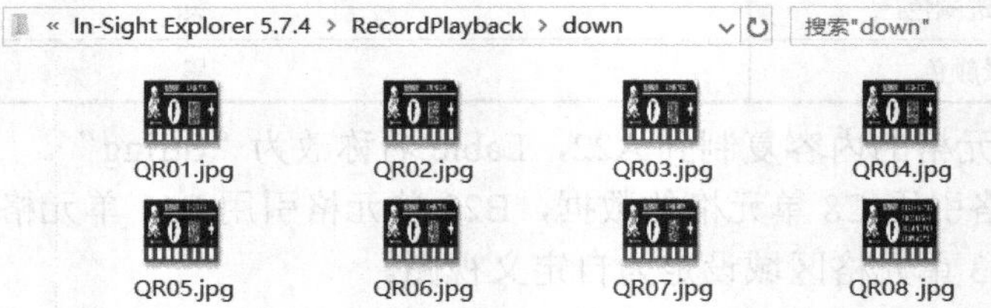

图 4-66

3）新建一个作业，将其命名为“Qr Code and Characters”，并保存。然后将胶片来源选择为“PC”，如图 4-67 所示。

4）选中胶片栏中的第 1 张图片，以它作为图案匹配函数的模板来源，然后在 A2 单元格中插入 TrainPatMaxPattern 函数，TrainPatMaxPattern 函数的“图案区域”参数设置如图 4-68 所示，其余参数使用默认值。

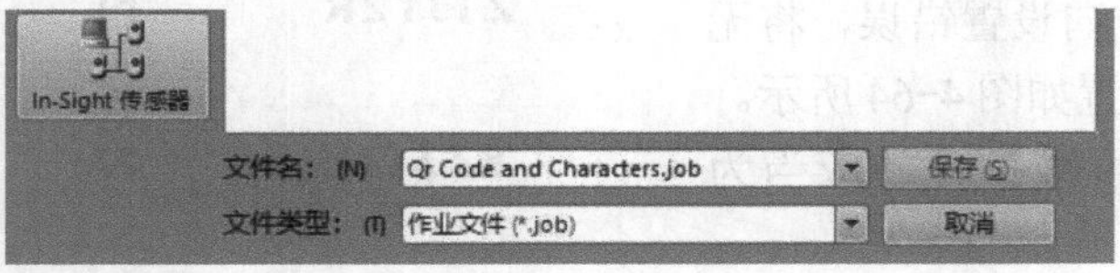

图 4-67

图 4-68

5）在表格中的 A5 单元格插入 FindPatMaxPatterns 函数，并按表 4-29 设定函数参数。

表 4-29

序号	参数名称	参数值设定
1	查找区域	最大化
2	图案	A2
3	查找公差 . 角度开始	−180
4	查找公差 . 角度结束	180
5	查找公差 . 缩放开始	99
6	查找公差 . 缩放介绍	101
7	其他参数	使用默认值

6）将胶片栏中的图片切换至第 8 张，如图 4-69 所示。

7）在表格中的 A7 单元格插入校准类函数 CalibrateGrid，按图 4-70 所示内容设定“设置”页面的参数项。

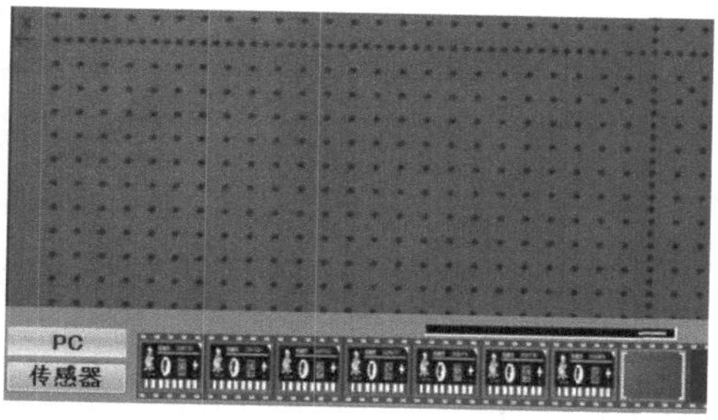

图 4-69

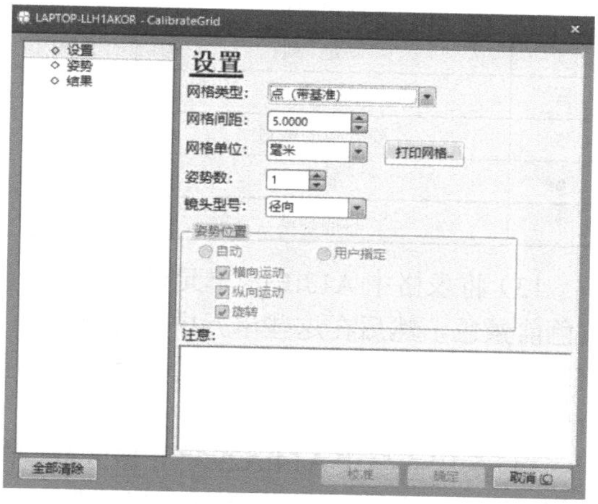

图 4-70

8）切换到如图 4-71 所示的“姿势”页面，然后单击“校准”按钮。

9）窗口画面自动切换到如图 4-72 所示的“结果”页面，校准效果需要达到合格及以上，效果分值越低表示校准效果越好，然后单击“确定”按钮，完成校准。

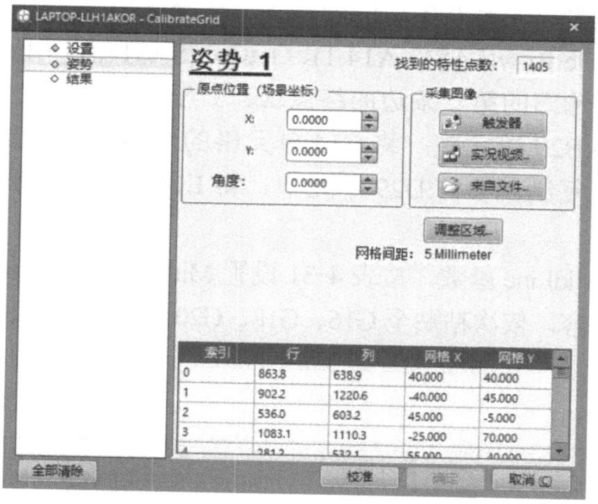

图 4-71

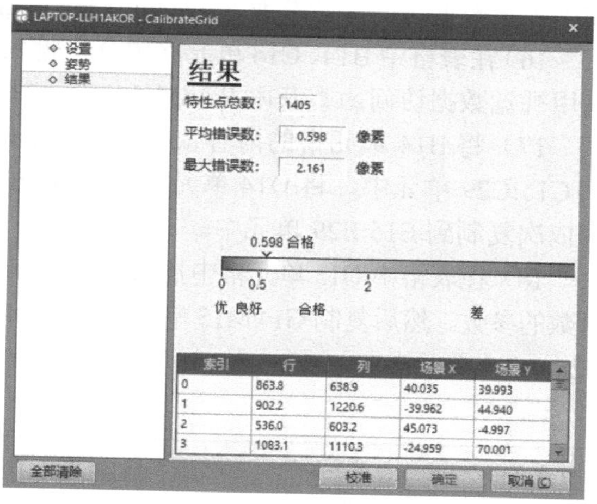

图 4-72

10）在表格中的 A9 单元格中插入校准类函数 CalibrateImage，“图像”参数引用 A0 单元格，“校准”参数引用 A7 单元格。

11）将胶片栏中的图片切换到第 1 张，然后在表格中 A11 单元格插入找边类函数 FindMultiLine。

12）按图 4-73 所示，设置 FindMultiLine 函数的“区域”参数；按照表 4-30 设置 FindMultiLine 函数的其余参数。

图 4-73

表 4-30

序号	参数名称	参数值设定
1	图像	A9
2	固定 . 行	C5
3	固定 . 列	D5
4	固定 . 角度	E5
5	要查找的数量	16
6	显示	全部显示：输入、结果
7	其他参数	使用默认值

13）将表格中 A13:E13 单元格区域设为黑色背景色，黄色前景色，然后在这些单元中从左到右分别输入：Line NO.，X0，Y0，X1，Y1。单元格背景色和前景色的设置命令图标如图 4-74 所示。

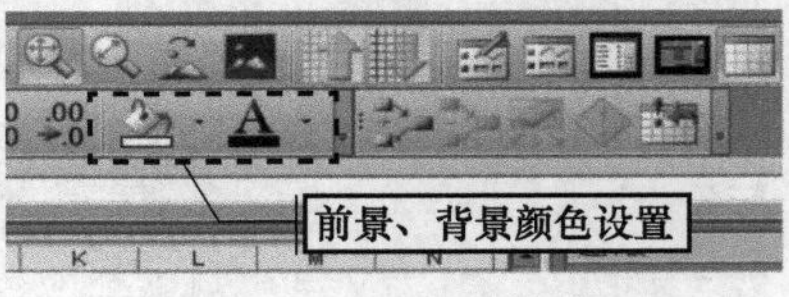

图 4-74

14）选中表格中 A14:A29 单元格区域，单击鼠标右键，在弹出的快捷菜单中依次选择“格式”→“设置单元格”，打开单元格设置窗口。在单元格设置窗口的“数字”页面，将小数位数设置为 0。在单元格设置窗口的“字集”页面，将单元格前景颜色设置为 DarkGreen。在表格中 A14:A29 单元格区域，从上到下分别输入数字 0 ～ 15。

15）在表格中 B14、C14 单元格中分别输入 GetRow(A11,A14,0)、GetCol (A11,A14,0)，使用视觉数据访问函数获取 FindMultiLine 函数输出的第 0 条边的起点 X、Y 坐标值。

16）在表格中 B14、C14 单元格中分别输入 GetRow(A11,A14,1)、GetCol (A11,A14,1)，使用视觉数据访问函数获取 FindMultiLine 函数输出的第 0 条边的终点 X、Y 坐标值。

17）将 B14 单元格的内容依次复制到 B15:B29 单元中，将 C14 单元格的内容依次复制到 C15:C29 单元中，将 D14 单元格的内容依次复制到 D15:D29 单元中，将 E14 单元格的内容依次复制到 E15:E29 单元中。

18）在表格中 G15 单元格中插入 MidLineToMidLine 函数，按表 4-31 设置 MidLineToMidLine 函数的参数。然后复制 G14:M15 单元格区域的内容，依次粘贴至 G16、G18、G20、G22、G24、G26、G28 单元格中。

表 4-31

序号	参数名称	参数值设定
1	线 0.X0	B14
2	线 0.Y0	C14
3	线 0.X1	D14
4	线 0.Y1	E14
5	线 1.X0	B15
6	线 1.Y0	C15
7	线 1.X1	D15
8	线 1.Y1	E15
9	显示	输入图形和结果图形

19）在表格中 A31 单元格输入字符串：显示单位，在 B31 单元格中插入图形类控件小类函数 ListBox，输入内容为：ListBox(" 毫米 "," 厘米 ")。

20）将表格中的 A32、A34、A36、A38、A40、A42、A44、A46 单元格设置背景色为黑色、前景色为黄色，在这些单元中由上到下分别输入：width1 ～ width8。

21）在表格 A33 单元中输入 If(B31=1,M15*0.1,M15)，实现根据长度单位（B31 单元格的值）决定数值显示变化的功能。

22）在表格 B33 单元格中插入图形类显示小类的 StatusLight 函数，按表 4-32 设置 StatusLight 函数的参数。

表　4-32

序号	参数名称	参数值设定
1	状态	If(And(9<=M15,M15<=10),1,0)
2	标签：正	OK
3	标签：零	NG
4	标签：负	
5	颜色：正	绿
6	颜色：零	红
7	颜色：负	灰

23）将 A33 单元格的内容依次复制到 A35、A37、A39、A41、A43、A45、A47 单元格中。

24）将 B33 单元格的内容依次复制到 B35、B37、B39、B41、B43、B45、B47 单元格中。

25）将 A31:B47 单元格区域设置为自定义视图，至此尺寸测量案例程序编写完成。本章附件资源文件夹中的“Size Measurement.job”为已编写完成的程序，可供读者参考。

4. 案例总结

1）有很多函数并不会将自己的全部输出结果都自动添加到表格中，需要用户自行使用视觉布局访问函数进行取用，本案例中的 FindMultiLine 函数就是这样的一个函数。

2）本案例程序中很多单元格的内容都是通过复制其他单元格而来的，被复制单元格的公式中既有数据绝对引用又有数据相对引用，粘贴到新的单元格后公式中的绝对引用不会发生地址变化，公式中的相对引用会发生地址变化。读者通过本案例程序，应可以深刻体会到数据绝对引用与数据相对引用的正确用法。

3）本案例程序中用到的 GetRow 函数、GetCol 函数都是视觉数据访问函数，它们的语法格式是相同的，下面以 GetCol(A11,A14,0) 为例进行说明。参数列表中的第 1 个参数“A11”表示的是结构数据来源，第 2 个参数“A14”表示的索引号来源，第 3 个参数“0”表示的是起点，终点的表示值是 1。

4）控件函数 ListBox 实现的是下拉列表的功能，它的第 1 个备选项的表示值为 0，第 2 个备选项的表示值为 1，后续备选项的表示值依次递增。ListBox（" 毫米 "，" 厘米 "），参数列表中的字符串需要加半角字符的双引号。In-Sight Explorer 中还有很多其他控件类函数可供用户使用，用户可以像使用 HMI 软件一样，使用这些丰富多样的控件创建满足需求的人机交互界面。

5）使用校准函数可以实现像素坐标系到物理坐标系的转换，这个转换过程也被称为校准或者标定。在 In-Sight 软件中网格标定除了完成像素坐标系到物理坐标系的转换还可以校正因镜头失真、透视畸变造成的图像失真。

相机在取像的过程中，因为镜头对图像有畸变效果，会导致所拍摄的图片存在变形，如枕形失真、桶形失真、波形失真，如图4-75所示。通过网格标定，相机可以对失真的图像进行补偿，最终形成无失真的图像，如图4-76所示。

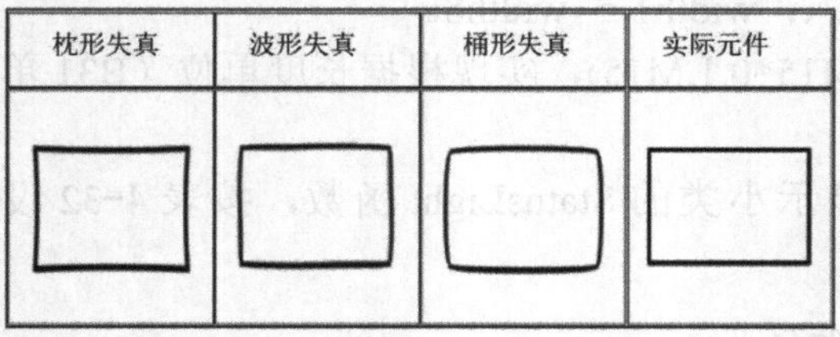

图 4-75

图 4-76

根据生产的实际环境，相机镜头可能并非垂直安装于拍摄物，则取像会存在透视变形的问题。图4-77中相机并非垂直于药片安装，而是存在一定的角度，那么相机拍摄的照片会使本来均匀分布的药片变成近疏远密，如果不进行校准，则药片位置信息将无法准确计算。

图 4-77

通过对相机进行标定，不仅可以纠正因镜头造成的图像畸变，还可以保证即使在不可能垂直安装的情况下的准确性。

用于标定的网格分有棋盘格和点阵两种形式，它们又分为带坐标系和不带坐标系两种类型，如图4-78和图4-79所示。

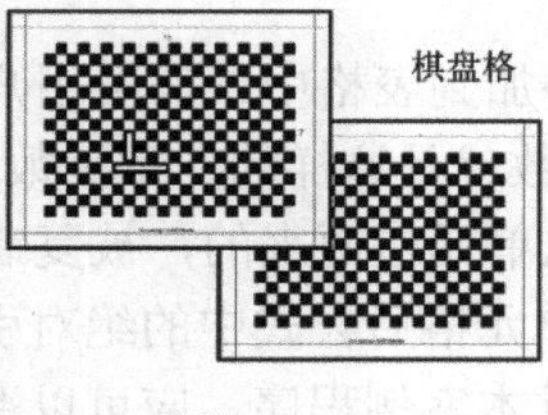

图 4-78

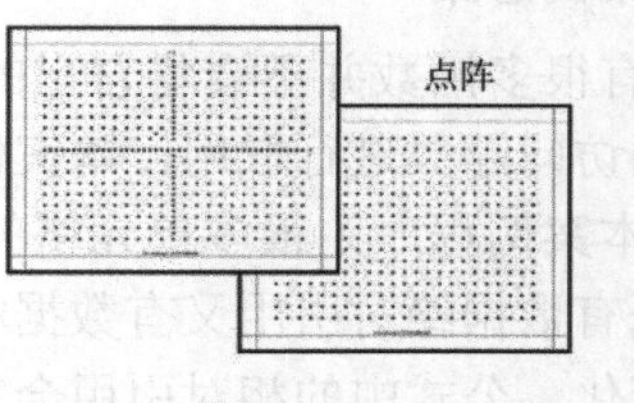

图 4-79

带坐标系的棋盘格标定板确定的原点为标识线的对角点，如图4-80所示。而带坐标系的点阵标定板确定的原点为标识线的交点，如图4-81所示。

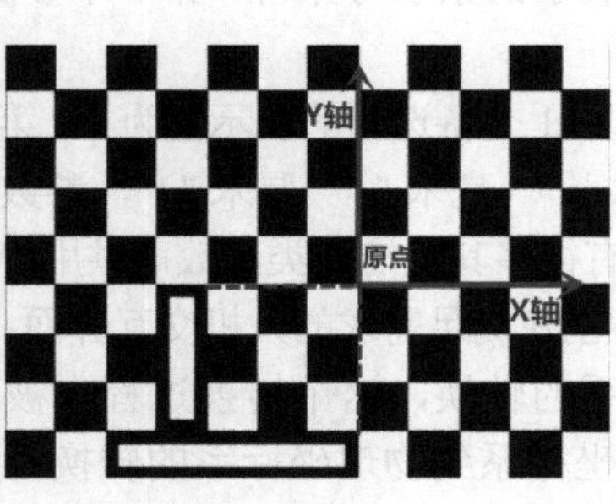

图 4-80

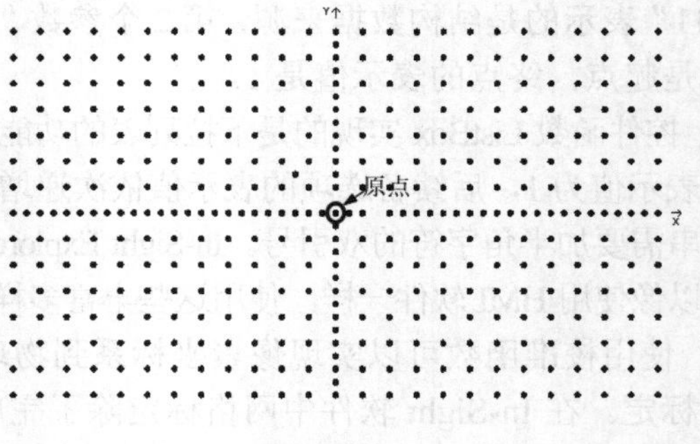

图 4-81

除了 CalibrateGrid 函数外，还有其他校准函数可以使用，这里不再对其他校准函数进行介绍，读者可以自行尝试将本案例中的 CalibrateGrid 函数换成其他校准函数。

课后练习

1. 当 In-Sight 软件界面中的“选择板”窗口被关闭时可以依次单击菜单栏的________命令组→“选择板”命令将其打开，也可以使用快捷键______将“选择板”打开。

2. 在 In-Sight 软件中视觉工具类函数是使用频率很高的一类函数，它主要是包括用于______、______、______、找边、瑕疵检测、斑点分析、直方图、图像分析的函数。

3. _______主要用于操作员用户画面制作。做一个类比，这些函数就相当于用于触摸屏画面制作的软元件。

4. _______包含定位器、校准两个子类别，该类别函数的主要作用是进行像素坐标系和物理坐标系的关联变换。

5. AcquireImage 函数的触发方式有以下五种：_______、_______、_______、_______、______。

6. FindPatMaxPatterns 函数的返回值包含索引号、______、______、______、缩放比例值、实例得分值等内容。

7. 读取二维码的内容需要使用______指令，印刷字符读取则需要使用______类指令。

8. In-Sight Explorer 软件在电子表格编程模式下，支持将______的程序内容存储为片段文件，以便重复调用。

第 5 章
工业机器人与相机的通信方式

➲ 知识要点

1. 串口通信认知及接线
2. 康耐视智能相机和 ABB 工业机器人串口通信设定与调试
3. 康耐视智能相机和 ABB 工业机器人网口通信设定与调试

➲ 技能目标

1. 掌握串口 RS-232C 两端针脚的连接方式
2. 掌握康耐视相机串口通信的设定、程序编写及调试方法
3. 掌握 ABB 工业机器人串口通信的设定、程序编写及调试方法
4. 掌握康耐视相机网口通信的设定、程序编写及调试方法
5. 掌握 ABB 工业机器人网口通信的设定、程序编写及调试方法

5.1 串口 RS-232 通信方式

RS-232C 是一种串行通信标准，全称是 EIA RS-232C。1970 年，为了制定电传打印机设备的标准接口，美国电子工业协会联合贝尔系统等多家厂商共同制定了该标准，用于在数据终端设备和数据通信设备之间进行串行二进制数据的交换。

EIA RS-232C 中 EIA 表示美国电子工业协会，RS 表示推荐标准，232 是通信技术标识号，C 表示最新修改的一次在 1970 年，之前还有 RS-232A、RS-232B。它规定了连接的电缆、特性、功能等标准。

RS-232C 标准接口的接收发送都各使用一根导线，可实现同时接收与发送。由于是单线，干扰较大。电气性能用 ±12V 标准脉冲。

由于 RS-232C 使用的是负逻辑，因此传输二进制数据时，“1”用 −15 ～ −5V 表示，“0”用 +15V ～ +5V 表示。

1. 硬件结构

RS-232C 通信标准所使用的连接器有 DB25 和 DB9 两种，DB25 为传统标准所用连接器，后来 IBM 公司将 RS-232C 标准简化成使用 DB9 连接器，如图 5-1 所示，分为公头（带针）和母头（带孔）。

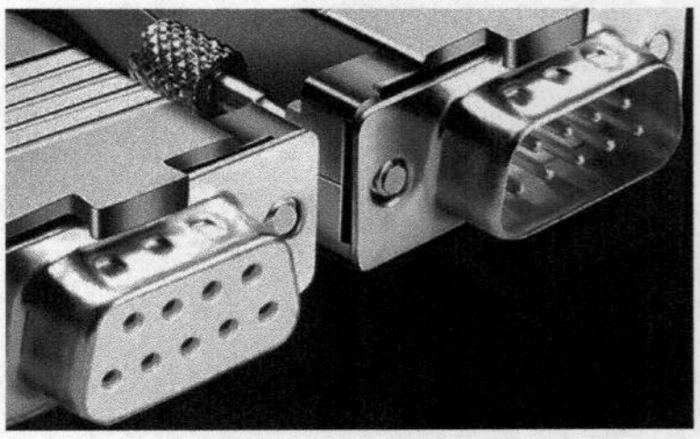

图 5-1

在串口的针脚处，都标有 1 ～ 9 的数字，每个针脚的标准定义见表 5-1。有一点要说明的是，

公母头的区别只在于 2、3 针脚。

表　5-1

针脚编号	方向	定义
1	输入	DCD：数据载波检测
2	公：输入 / 母：输出	公：RXD：接收信号 / 母：TXD
3	公：输出 / 母：输入	公：TXD：发送信号 / 母：RXD
4	输出	DTR：数据终端准备好
5		GND：信号地
6	输入	DSR：数据装置就绪
7	输出	RTS：请求发送
8	输入	CTS：清除请求
9	输入	RI：振铃指示

2. 应用方式

连接器共有 9 个针脚，但是在一般的工业应用场合，只需要连接 2、3、5 这三个针脚就可以实现正常的数据传输。

在设备的针脚都按标准定义的情况下，连接方式如图 5-2 所示。

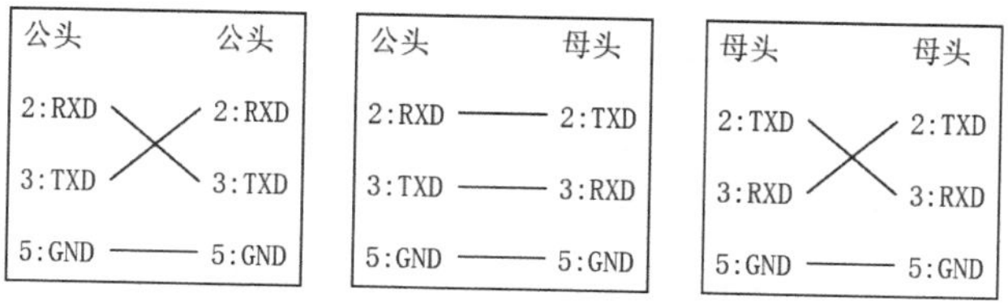

图　5-2

由图 5-2 可以发现，连接方式都是 A 设备的 TXD 对应 B 设备的 RXD，反之同理。若两边接头的 2、3 脚互换连接，叫作交叉线；若两边接头的 2、3 脚直接连接，叫作直连线。

小贴士　现在市场上的设备种类多，并不是所有的设备都是标准的接口，因此要查看设备说明书，找到接口的接收（RXD）、发送（TXD）和地线（GND）并按要求连接。

串口是通过单线进行传输，线间干扰较大。一般日常使用中，传输速率都不宜超过 20kbit/s，而且当传输速率为 19200bit/s 时，电缆长度最大只有 15m。适当降低传输速率可以延长通信距离，提高稳定性。

5.1.1 康耐视智能相机串口通信设定与调试

1. 串口通信设定

要使用 In-Sight Explorer 软件对康耐视相机进行串口通信设定，前提是需要与相机处于连接状态。电子表格编辑界面串口通信设定的具体步骤为：

1）进入“传感器”菜单列表，单击“串行端口设置”命令，如图 5-3 所示。

2）在弹出的设置窗口中，可以设置波特率、数据位、停止位、奇偶检验、模式、固定输入长度等参数。在这里，我们把模式设置为“文本”，如图 5-4 所示。单击“确定”完成串行通信设置。

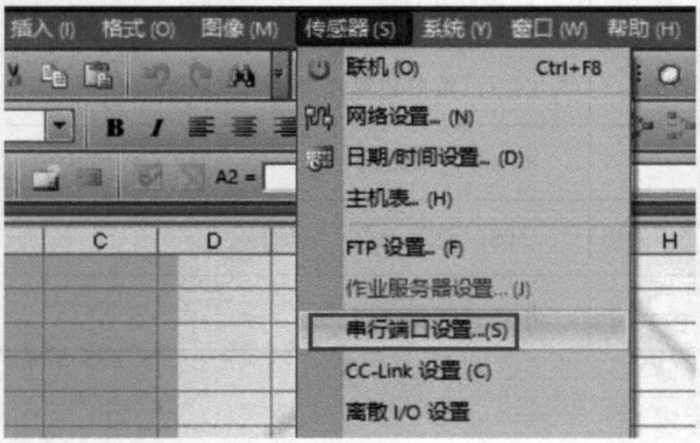

图 5-3

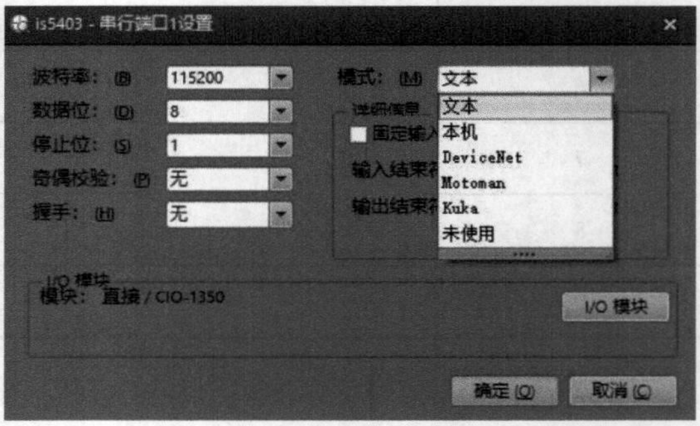

图 5-4

表 5-2 对不同的串行模式进行了说明。

表 5-2

模式	说明
文本	从 / 向电子表格单元格收 / 发文本字符串
本机	ASCII 指令通过串行接口或网线从计算机、可编程逻辑控制器等装置发送到 In-Sight 软件端
DeviceNet	用于选配的 RS-232-to-DeviceNet 网关适配器，连接到 In-Sight 串行端口
Motoman	用于与 DCI 模式下运行的 Motoman MRC、MRC-II、XRC 机器人控制器连接

注：从 KRC4 起库卡不再支持 RS-232 串口通信。

2. 串口通信调试

康耐视相机进行串口通信调试前，需要编写调试程序，下面这些函数需了解：

Event：事件函数。通过设定事件触发条件，更新所有从属单元格的状态。

FormatString：字符串构建函数。可设置字符串的格式，如前缀、后缀、分隔符、小数位等。

ReadSerial：从串行接口接收文本字符串。

WriteSerial：向串行接口发送文本字符串。

（1）串口通信接收程序

1）进入电子表格编辑界面，新建 Job。添加 Event 函数，触发器选择“串行端口 1”，如图 5-5 所示。

2）添加 ReadSerial 函数，引用第 1）步中的 Event 函数作为事件，端口号设为“1”，如图 5-6 所示。

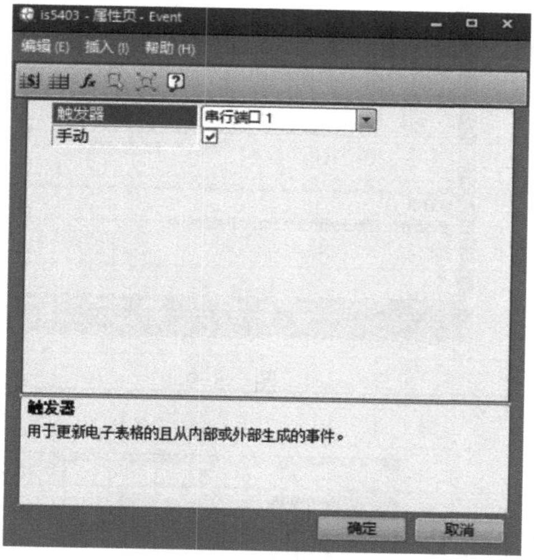

图　5-5

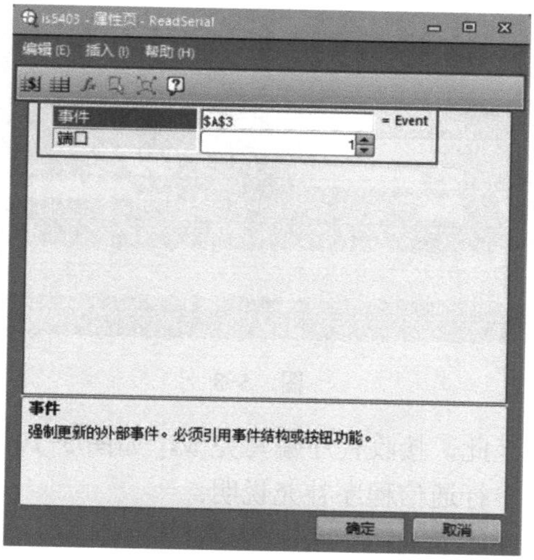

图　5-6

至此，接收程序编写完成，如图 5-7 所示。

小贴士

在英文输入法下，输入“ ’ ”+内容（文字、数字、字母等），可以生成字符串，也可以实现备注说明的作用，如图 5-7 所示的“接收程序”。

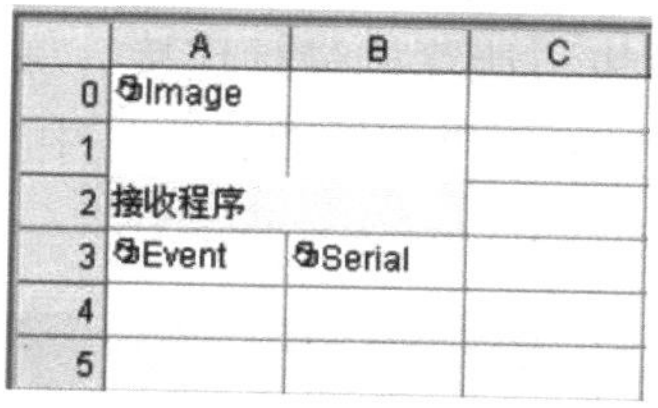

	A	B	C
0	Image		
1			
2	接收程序		
3	Event	Serial	
4			
5			

图　5-7

（2）串口通信发送程序

1）添加 FormatString 函数，构建一个字符串。如图 5-8 所示，开头文本设为“1”，分隔符使用“逗号”，分别添加 C6 和 D6 单元格构建字符串，数据类型设为“浮点型”，小数位改为“0”，固定宽度改为“2”，填充选择“前导零”。

因为 C6 和 D6 单元格内容为空白，所以构建的字符串为 100,00。

2）添加 WriteSerial 函数，同样引用 A3 单元格的 Event 函数作为事件，端口号设为“1”，字符串引用第 1）步中 FormatString 函数构建的字符串，如图 5-9 所示。

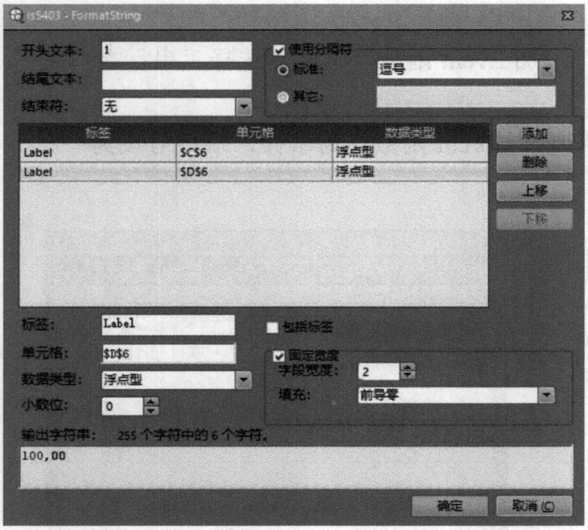

图 5-8

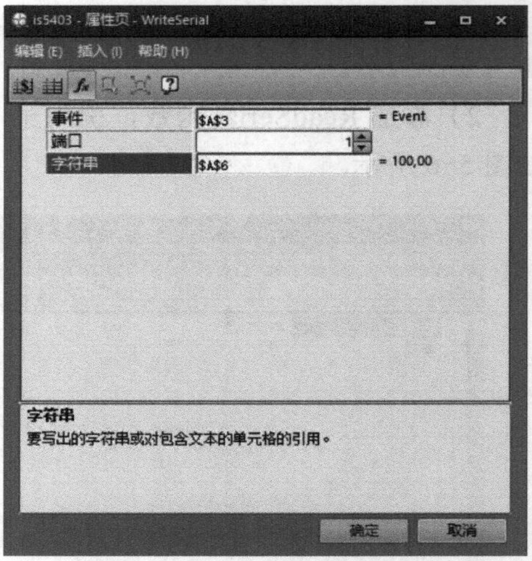

图 5-9

至此，接收程序编写完成，如图 5-10 所示。

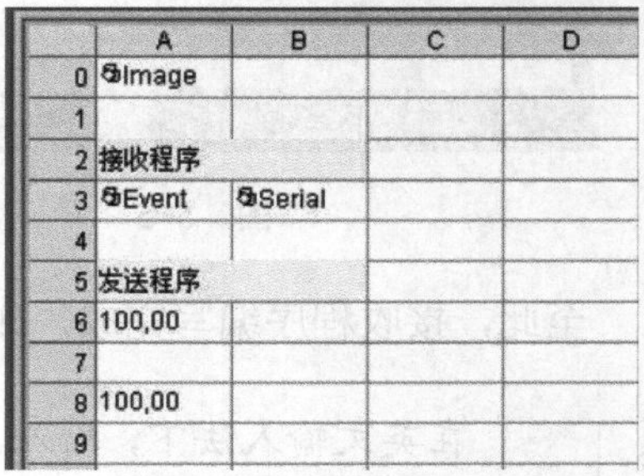

图 5-10

串行通信程序补充说明：

在本程序中，ReadSerial 和 WriteSerial 函数都是引用 A3 单元格的 Event 函数作为事件，所以只有当 Event 事件发生后，才会进行数据的收发。而 Event 函数设定中，只有串行端口收到数据才会触发事件，所有与相机进行通信的另一设备需优先向相机发送数据。

（3）串口通信调试

1）用计算机进行调试时，需使用一条 RS-232（DB9）串口转 USB 的线缆将相机 I/O 模块与计算机进行连接。保持相机以太网电缆 RJ-45 连接器与计算机连接，并核实“传感器”→“串行端口设定”中各参数设定，如图 5-11 所示，特别注意此处“固定输入长度”值为“3”。

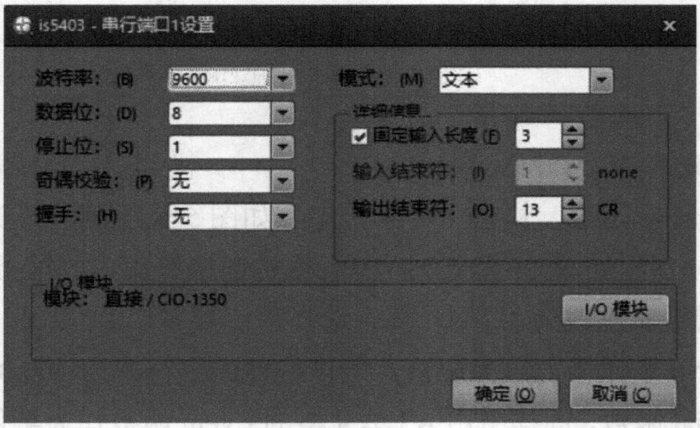

图 5-11

小贴士　固定长度设定为 3 是因为本小节中对相机进行串行通信调试过程中，我们设定向相机发送数据的为字符串“ABC”，其长度为 3。长度需与发送过来的数据一致，否则会导致无法正常接收。比如，在长度设为 3 时，如果发送“ABCEFG”6 个长度的数据，则相机读取的数据将会为“EFG”。

2）单击 使 In-Sight Explorer 软件进入联机状态，打开串口调试助手，与相机的串口端口进行连接。注意：一定要设置与相机端一致的波特率、数据位、停止位、校验位，如图 5-12 所示。

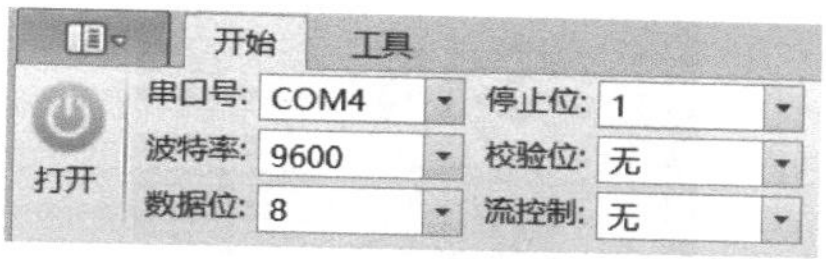

图　5-12

网络上有很多免费授权使用的串口调试助手，读者可以自行搜索下载。只要是支持“字符串”发送的都可以用于此处的调试。编者使用的是格西烽火调试助手向大家进行通信调试演示。

3）测试串口通信能否实现数据的收发。用调试助手发送一个长度为 3 的字符串“ABC”给相机，如果通信成功，相机程序界面 ReadSerial 函数会显示收到的字符串“ABC”，如图 5-13 所示。

同时，串口调试助手会收到相机发过来的“100,00”字符串，表示发送程序无误，如图 5-14 所示。本章附件资源文件夹中提供了已编写完成的“串行通信收发程序 .job”，供读者参考。

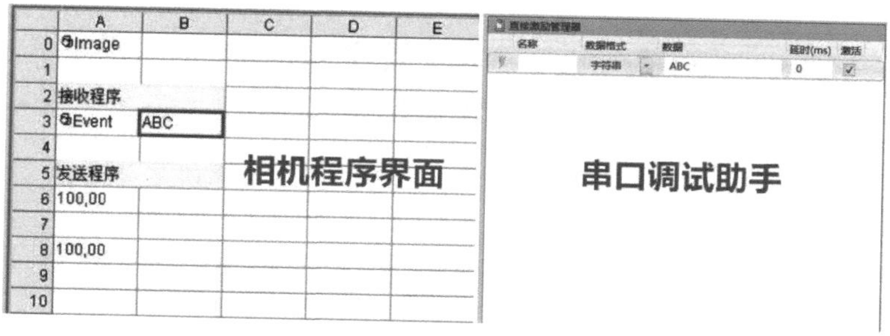

图　5-13

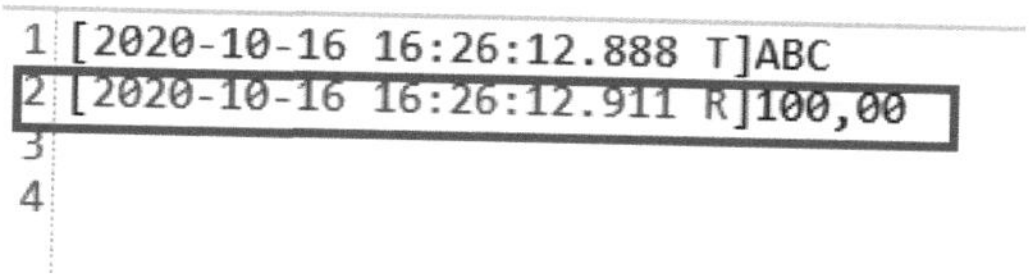

图　5-14

5.1.2　ABB 工业机器人串口通信程序编写与调试

在 5.1.1 小节中，我们通过串口调试助手和康耐视相机进行了串口通信调试。本小节我们将讲解 ABB 工业机器人与康耐视相机之间的真实串口通信调试。在调试之前，需对 ABB 工业机器人端进行串口设定和程序编写。

1. ABB 工业机器人串口设定

ABB 工业机器人不需要添加额外的选项就可以使用串口，如图 5-15 所示，控制柜 DSQC 1003 下的 COM1 就是用来作为串口通信的一个 9 针公头接口，并且 COM1 的定义符合 EIA RS-232C 标准。需要注意的是，不要带电插拔串口，否则容易损坏串口芯片。

图 5-15

ABB 工业机器人示教器配置串口参数的步骤为：“控制面板”→“配置”→“Communication”→“Serial Port”→“COM1”，如图 5-16 所示。

如果只连接 2、3、5 三个针脚，那么需要修改的参数只有波特率、奇偶校验、数据长度和停止位，其他参数都不用修改。

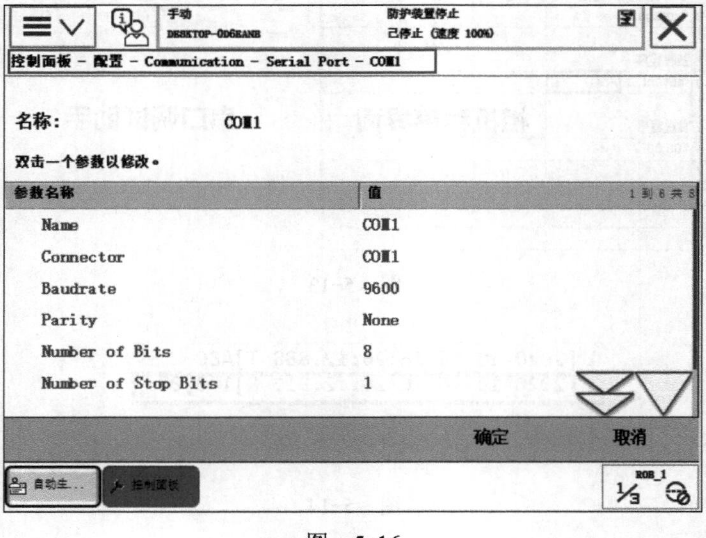

图 5-16

2. ABB 工业机器人串口通信程序编写

ABB 工业机器人在正常情况下是默认关闭串行通道的，所以进行通信之前，需要打开通道。并且在工业机器人程序复位和断电重启后，系统都会自动关闭串行通道，因此每次需要进行数据传输前，最好都进行一次打开串行通道操作，确保正常运行。

串行通信相关指令全部在 Communicate 指令集中，如图 5-17 所示。

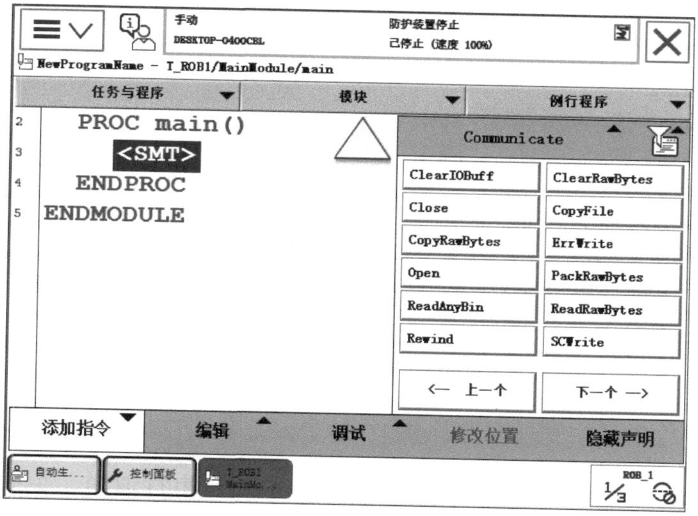

图　5-17

3. 串口打开相关指令

（1）Close　关闭串行通道。

使用示例：Close iodev1;　　关闭 iodev1。

（2）Open　用于打开串行通道进行读取或写入。

使用示例：Open "com1:",iodev1\Bin;　　以二进制模式打开串行通道 com1。

（3）ClearIOBuff　清除串行通道的输入缓存。

使用示例：ClearIOBuff iodev1;　　清除 iodev1 中的所有缓冲字符。

4. 串口数据传输相关指令

（1）ReadBin　从串行通道读取一个字节（8 位）。

使用示例：byte1 := ReadBin(iodev1);　读取 iodev1 中的一个字节存入 byte1。

（2）ReadStrBin　从串行通道读取一段字符串。

使用示例：string1 := ReadStrBin(iodev1,20); 读取 iodev1 中的 20 个字符存入 string1。

（3）ReadAnyBin　从串行通道读取任意数据。

使用示例：ReadAnyBin iodev1, p10;　读取 iodev1 中的数据存入 p10。

（4）WriteBin　将若干字节写入串行通道并进行发送。

使用示例：WriteBin iodev1,byte1,5;　　将数组 byte1 中的 5 字节数据发送到 iodev1 上。

（5）WriteStrBin　将一段字符串写入串行通道并进行发送。

使用示例：WriteStrBin iodev1, string1;　将字符串 string1 中的数据发送到 iodev1 上。

（6）WriteAnyBin　将任意数据写入串行通道并进行发送。

使用示例：WriteAnyBin iodev1, p10;　将位置数据 p10 发送到 iodev1 上。

5. 串口数据传输示例程序

下面是一个简单的通信程序，包括了如何打开串行通道、如何进行数据的接收和发送（见本章附件资源中的“串口通信程序 .rspag”）。

示例：

```
VAR iodev iodev1;
PERS string R_string:="";
PERS string S_string:="";
PROC ConnectPLC()
        Close iodev1;
        Open "COM1:", iodev1\Bin;
        ClearIOBuff iodev1;
        R_string := ReadstrBin(iodev1,6);
        S_string :="ABC";
        WritestrBin iodev1, S_string;
        TPWrite R_string;
 ENDPROC
```

以上程序中：

1）Close、Open 和 ClearIOBuff 三个指令构成了开启串行通道、关联 COM1 接口并清除数据缓存的功能，可以说是一个固定结构。要注意的一点是，数据是一直在进行传输的，若 ABB 工业机器人没有及时读取数据，则数据会一直堆积在缓冲区。因此每次接收数据前都要进行一次 ClearIOBuff 清除缓存，避免无法接收到最新的数据而导致错误判断。

2）可以看到 ReadstrBin 是读取 iodev1 上的缓冲值后再赋值到 R_string 的。ReadstrBin 是一个功能函数，其作用是从 iodev1 所参考的串行通道读取指定长度的字符串。

3）最后的发送指令 WritestrBin 用于将一段字符串写入串行通道，S_string 表示要发送的数据，也就是“ABC”。

6. ABB 工业机器人与康耐视相机串口通信调试

我们将从 ABB 工业机器人与康耐视相机串口通信的硬件连接、调试过程、调试效果展示来进行讲解。

表 5-3 提供了串口调试相关的硬件清单。

表 5-3

名称	说明
ABB 机器人（1 台）	不需要添加额外选项，DSQC 1003 下的 COM1 端口需能正常使用
康耐视相机（1 台）	相互之间的连线请参考 3.3 节内容。注意相机的供电电源为 DC 24V
支持串行通信的 I/O 模块（1 个）	
以太网 M12 连接器（1 个）	
I/O 模块电缆（1 条）	
串行通信线缆（1 条）	一端为 9 针公头，一端为 9 针母头。如果是自己制作，可以只接 2、3、5 针脚，具体接法详见图 5-2
PC（1 台）	需有以太网接口

硬件连接：

1）将相机以太网电缆的 RJ-45 连接器连接到 PC 以太网接口。

2）将串行通信线缆的 9 针母头与 ABB 机器人 DSQC 1003 下的 COM1 端口连接；9 针公头与 I/O 模块的串行接口连接。

调试过程：

1）根据 5.1.1 节内容，进行相机串口参数设定和串口通信程序编写，完成后使相机进入联机状态。

2）根据本章节内容，进行 ABB 机器人串口参数设定和串口通信程序编写，需要注意的是机器人程序是先发送数据，再接收数据。参考示例程序如下：

```
VAR iodev iodev1;
PERS string R_string:="";
PERS string S_string:="";
PROC ConnectCognex ()
        Close iodev1;
        Open "COM1:", iodev1\Bin;
        ClearIOBuff iodev1;
        S_string :="ABC";
        WritestrBin iodev1, S_string;
        R_string := ReadstrBin(iodev1,6);
        TPWrite R_string;
ENDPROC
```

3）运行 ABB 机器人通信程序，查看收发情况。

调试效果：

相机端能收到机器人发送过来的字符串“ABC”，机器人端能收到相机端发送过来的“100,00”，则表示调试成功，如图 5-18 和图 5-19 所示。

图　5-18

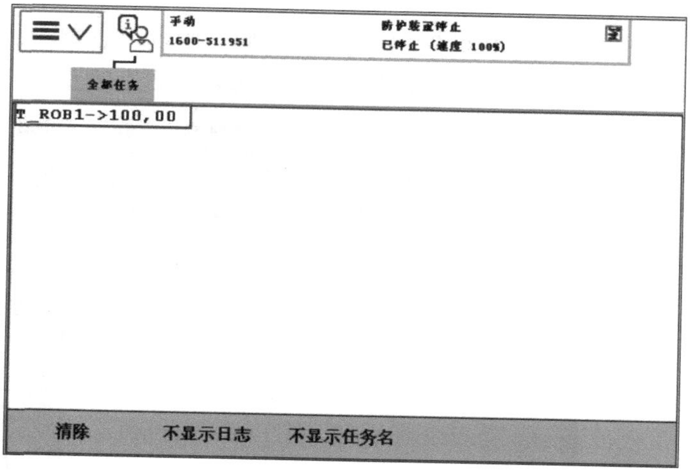

图　5-19

5.2　以太网套接字通信方式

5.2.1　康耐视智能相机网口通信设定

康耐视相机网口通信符合 TCP（Transmission Control Protocol，传输控制协议），TCP

通信通过主机的 IP 地址加上主机上的端口号作为 TCP 连接的端点，来实现与其他设备的数据交互。比如：192.168.0.10,1025，其中 1025 即为设定的端口号。

本小节以康耐视相机与 PC 端网口通信进行讲解，此时只需把相机端的网口连接至 PC 网口端。当有多台设备进行网口通信时，可使用专用的交换机或者使用无线路由器来实现通信连接。

1. 康耐视相机 IP 设定

1）展开 In-Sight Explorer 软件“系统”菜单栏，单击“将传感器 / 设备添加到网络”，如图 5-20 所示。

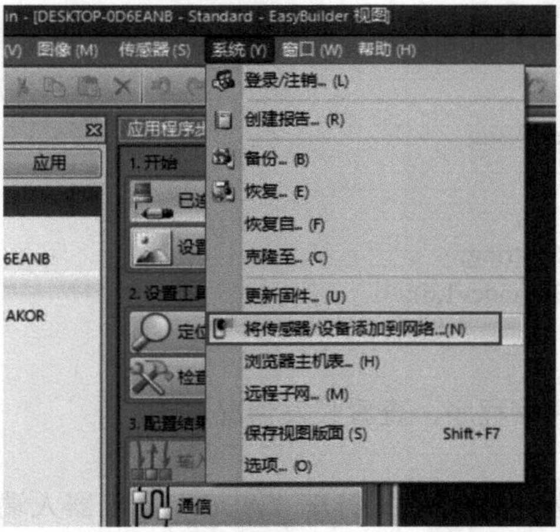

图 5-20

无论连接的相机与 PC 是否处于同一网段，都会显示在结果列表中。如果相机是第一次连接，则可以在“显示新的”列表中显示，否则需查看“全部显示”，如图 5-21 所示。

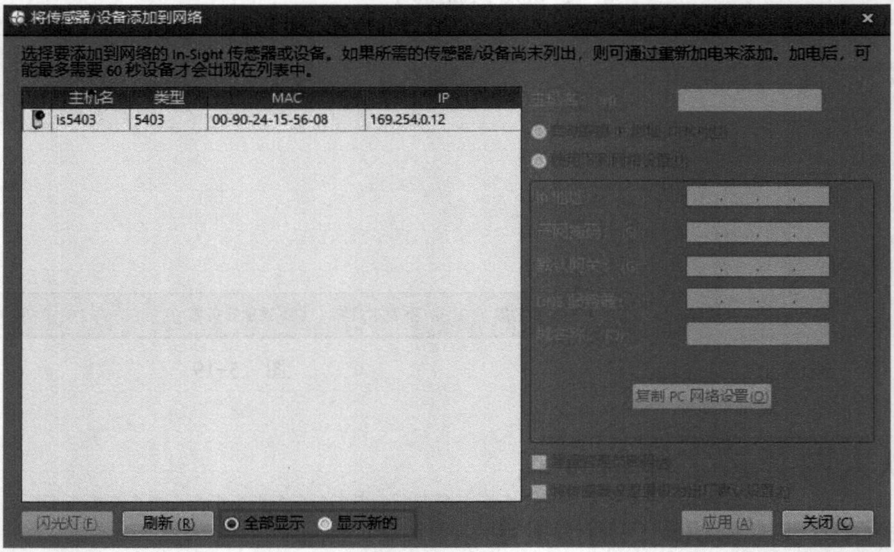

图 5-21

2）在结果列表中单击选择需要更改 IP 地址的相机设备，可在右侧重新设定 IP 地址。单击“复制 PC 网络设置”，可直接设定相机 IP 地址与 PC 端 IP 地址为同一网段，只需要更改 IP 地址的最后一段数值（0 ～ 255，不能与 PC 端 IP 地址相同），如图 5-22 所示。设置完成后，单击“应用”即完成康耐视相机 IP 设定。

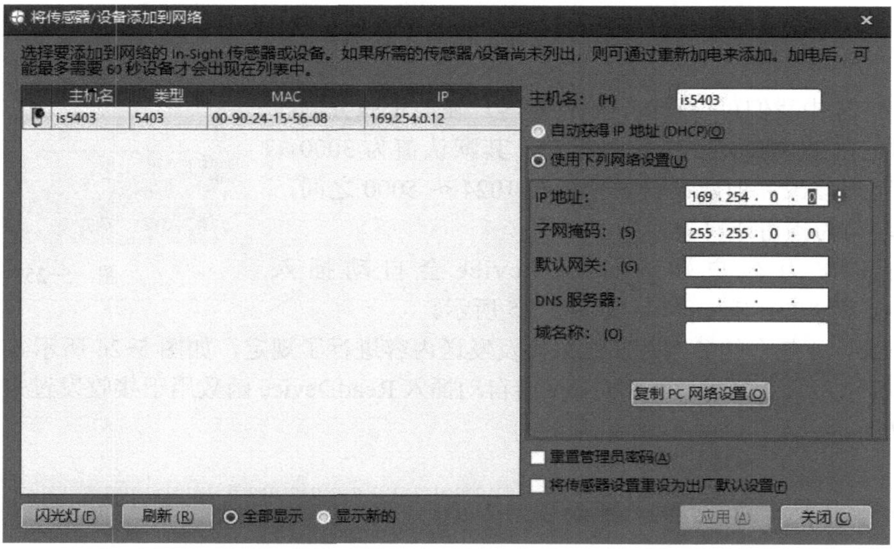

图　5-22

In-Sight 传感器网络除了显示本地仿真器外，还会显示真实的相机，如图 5-23 所示。此时可以对真实相机进行连接等操作。

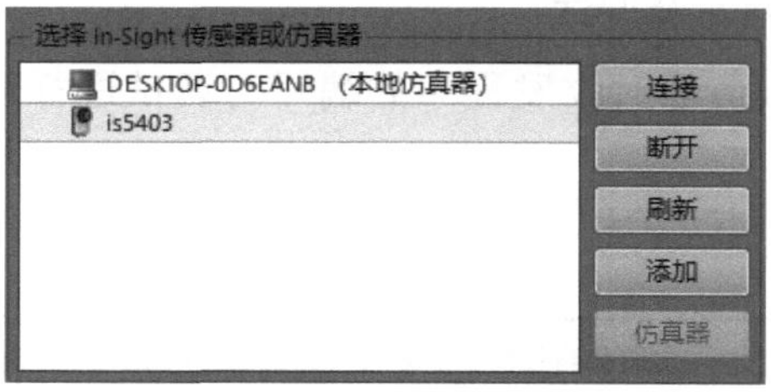

图　5-23

2. 康耐视相机客户端 / 服务器、IP 端口设定

此处仅讲解在电子表格编程界面客户端 / 服务器、IP 端口设定的步骤，在 EasyBuilder 编程界面的设定方法，可在“应用程序步骤”中的“通信”栏自行进行尝试。

关于康耐视相机网口通信，下面这些函数需了解：

TCPDevice：用于 WriteDevice 和 ReadDevice 建立 TCP/IP 连接。

WriteDevice：在使用 TCP/IP 的网络上发送一个或多个单元格值到另一个装置。

ReadDevice：从网络上的另一个设备上接收数据。

在 TCPDevice 参数中指定主机名则相机作为客户端，不指定主机名则相机作为服务器，如图 5-24 所示。

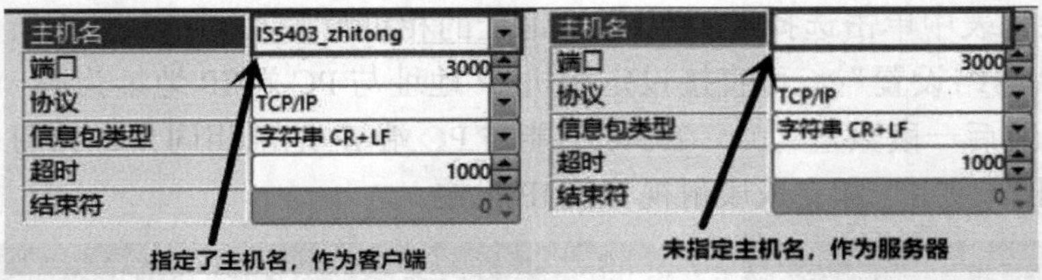

图 5-24

在图 5-24 中我们可以看到，无论是客户端还是服务器，端口号都是在 TCPDevice 参数中指定，其默认值为 3000，此端口号可以修改，但建议设定范围在 1024 ～ 5000 之间，因为其他端口为预留或已被使用。

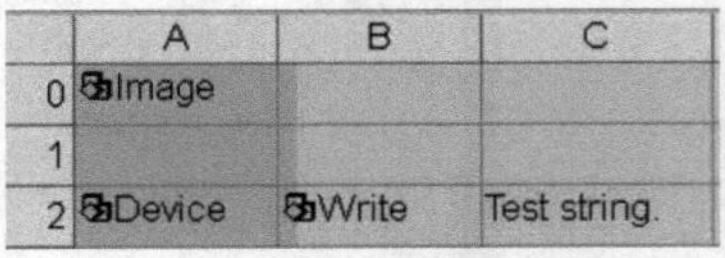

图 5-25

当相机作为客户端时，TCPDevice 会自动插入 WriteDevice 和“Test String”，如图 5-25 所示。

WriteDevice 包含的参数对发送条件及发送内容进行了规定，如图 5-26 所示。

当相机作为服务器时，TCPDevice 会自动插入 ReadDevice 函数用于接收发过来的数据，如图 5-27 所示。

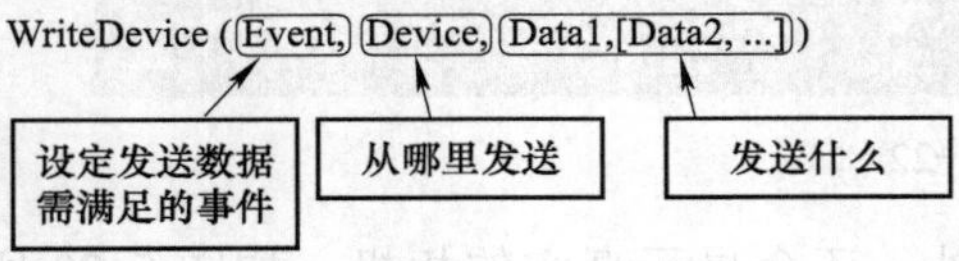

图 5-26

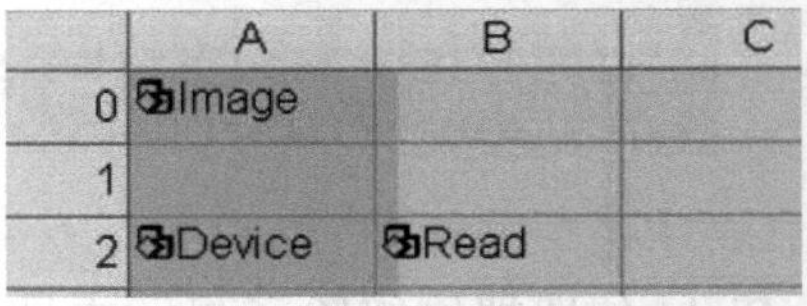

图 5-27

3. 网口通信收发程序编写及调试

此处我们以相机作为服务器时收发程序的编写与调试进行说明，并以任务形式进行讲解。任务说明见表 5-4。

表 5-4

服务器收发程序编写与调试任务说明
一、任务说明 以相机作为服务器，以 SocketTool 调试工具作为客户端。 通过程序的编写实现：当 SocketTool 发送字符串“AB1”给相机，相机则进行拍照。相机拍照后发送字符串“Hello Socket!”给 SocketTool 调试工具。 二、任务目的 1. 掌握康耐视相机作为服务器时收发程序的编写。 2. 掌握 SocketTool 调试工具的使用。 3. 能自行尝试康耐视相机作为客户端时收发程序的编写。

康耐视相机作为服务器时收发程序的编写步骤为：

（1）服务器 TCP/IP 通信设定　如图 5-28 所示添加 TCPDevice 函数，直接单击“确定”，则相机将作为服务器使用，此时主机名为空，端口号为 3000。

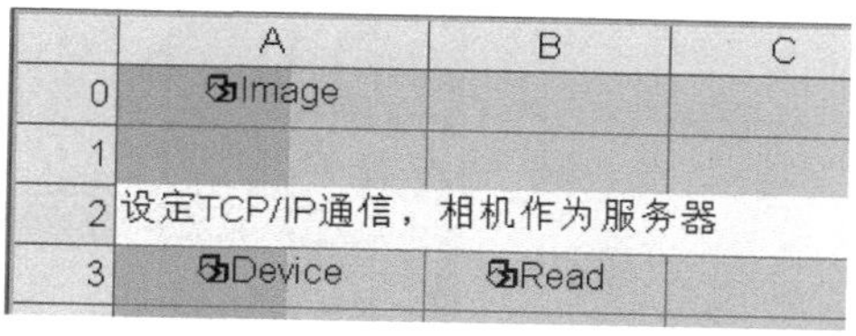

图　5-28

（2）确定触发拍照条件　分别添加 Exact、SetEvent、Event 函数，相关参数设定为：

Exact 参数设定为：Exact（B3，"AB1"），其作用是把收到的数据与“AB1”进行比较，一致则返回结果“1”，否则返回“0”。

SetEvent 和 Event 函数中触发器统一选择为“软 0”，右击 SetEvent 函数，进入“单元格状态”，如图 5-29 所示。把启用条件设定为“已有条件地启用”，并与 Exact 函数进行关联，如图 5-30 所示。通过此设定实现了，当相机收到数据为“AB1”时，事件才会启用。

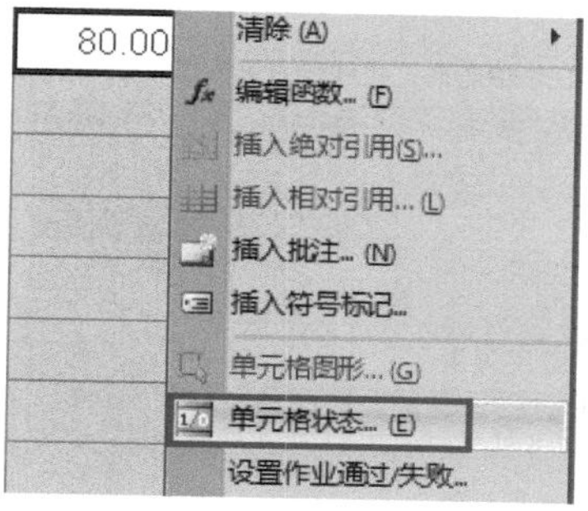

图　5-29

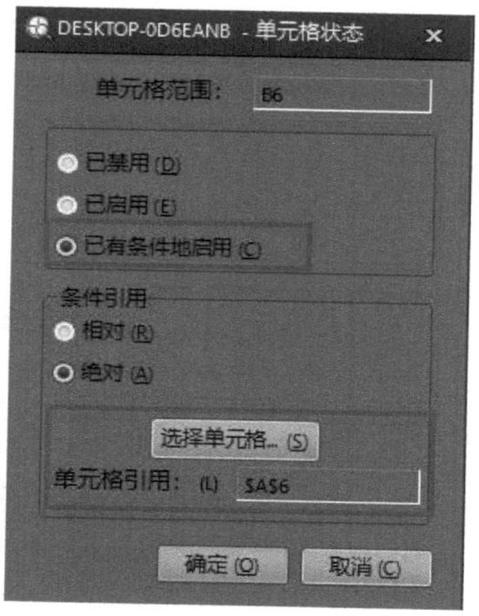

图　5-30

此时程序界面如图 5-31 所示。

（3）设定触发拍照条件为事件　双击 A0 单元格，把拍照触发方式设定为 C6 单元格 Event 函数，如图 5-32 所示。通过此设定，当相机收到数据为“AB1”时，相机进行拍照。

（4）构建字符串　在电子表格中输入“Hello Socket!”，构建需要发送的字符串，如图 5-33 所示。

（5）发送字符串　添加 WriteDevice 函数，参数设置为：WriteDevice（A0，A3，A9），其作用是，当相机拍照事件发生，则相机通过 TCP/IP 通信把“Hello Socket!”发送出去。

此时，康耐视相机作为服务器时收发程序编写完成，如图 5-34 所示。本章附件资源中提供了已编写完成的 TCP 通信程序“以太网套接字服务器程序 .job”，供读者参考。

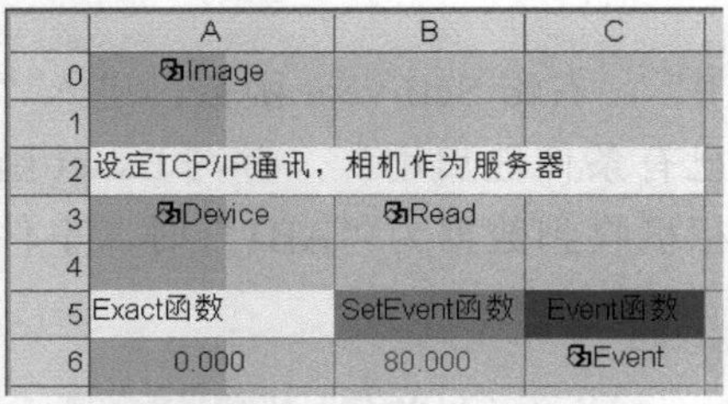

图 5-31

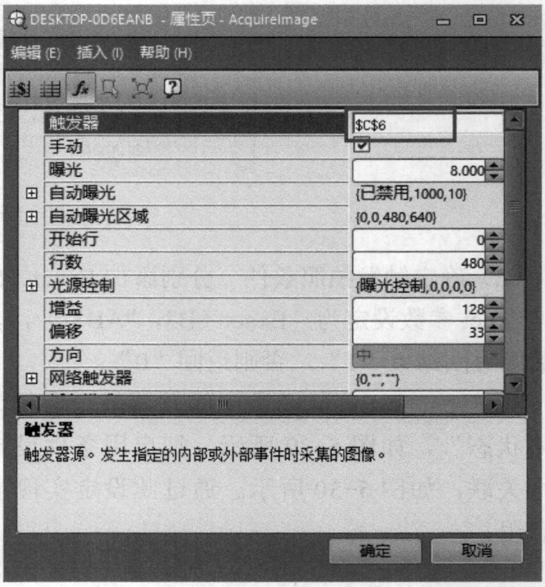

图 5-32

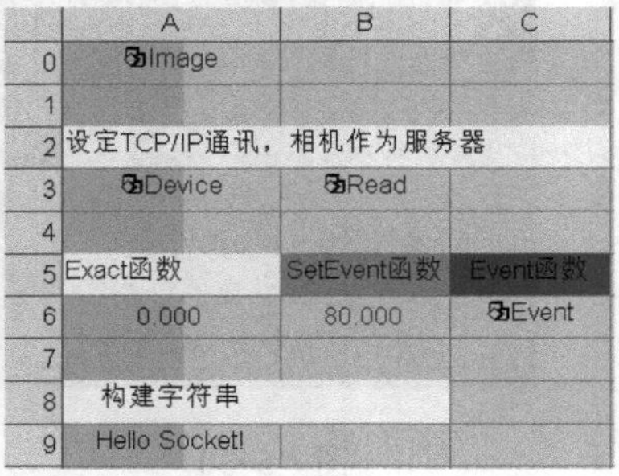

图 5-33

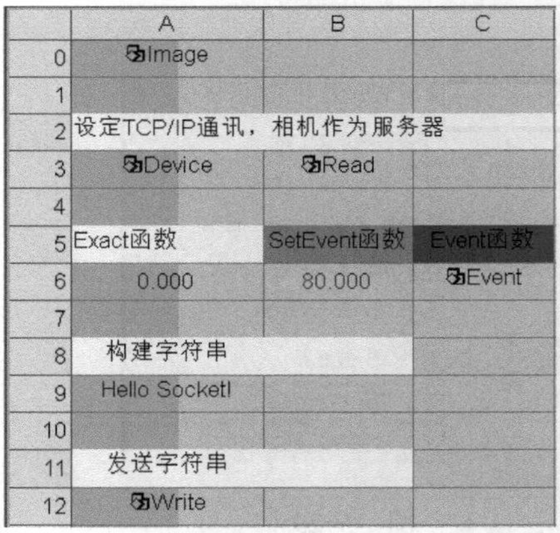

图 5-34

无论 PC 是否与真实相机相连接，都可以通过 SocketTool 工具进行康耐视相机 TCP/IP 通信程序调试，这与 5.1 节的串口通信有所不同。本章附件资源中提供了 SocketTool 这款免费授权使用的调试软件。使用 SocketTool 工具调试的具体步骤为：

（1）SocketTool 与相机进行连接　先把相机设为联机状态，打开 SocketTool 调试工具，选择“TCP Client”，创建客户端，如图 5-35 所示。

设定服务器的 IP 及端口号，如图 5-36 所示。

在这里需要注意的是，如果是连接真实相机，则 IP 地址需与相机一致，而且相机 IP 地址需与 PC 端 IP 地址处于同一网段；如果连接的是本地仿真器，则 IP 地址即为 PC 端 IP 地址。

创建完成后，单击“连接”按钮，实现 SocketTool 与相机进行连接，如图 5-37 所示。

（2）数据收发调试　通过 SocketTool 发送字符串“AB1”给相机，查看相机端是否收到字符串“AB1”，如图 5-38 所示。查看 SocketTool 数据接收窗口是否收到字符串“Hello

Socket!”，如图 5-39 所示。如果都能收到，表示收发程序无误。

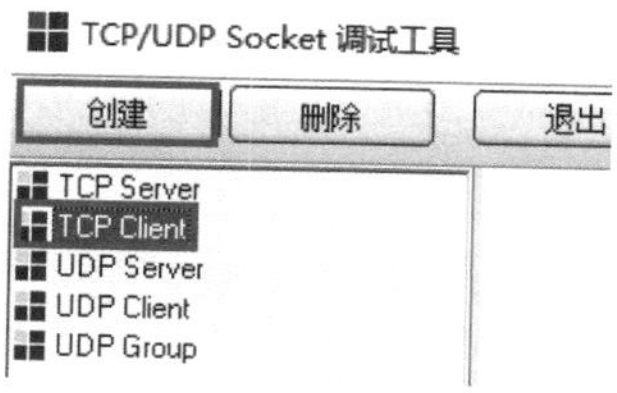

图　5-35

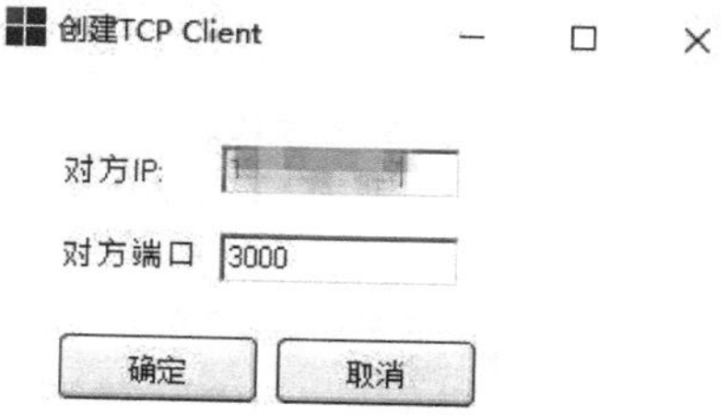

图　5-36

图　5-37

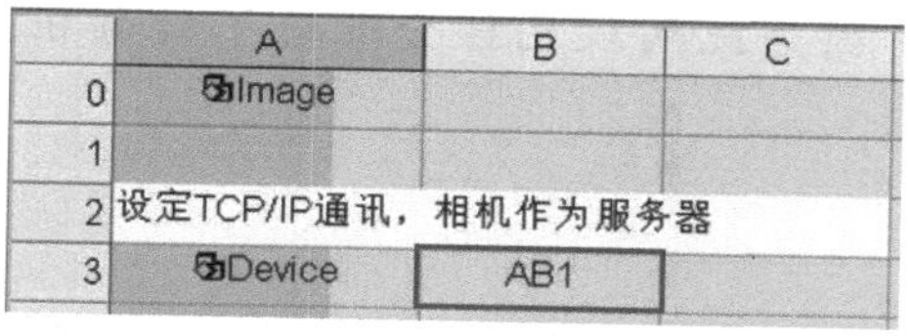

图　5-38

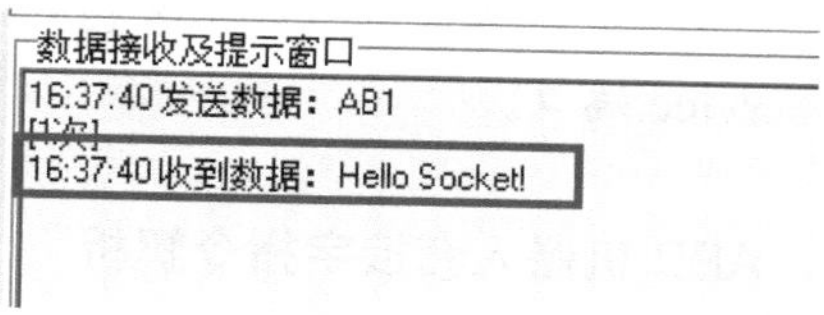

图　5-39

小贴士

使用 SocketTool 发送字符串“AB1”时，需进行换行，否则会发送不成功。

使用 SocketTool 发送字符串“AB1”时，需取消勾选 □ 十六进制格式 。

5.2.2　ABB 工业机器人套接字通信程序编写与调试

Socket 又叫套接字，它是基于以太网技术的一种通信方式，所以硬件就是通过网线进行连接的。套接字已经将以太网的 TCP/IP 协议族的各种复杂的协议包装好了，我们只需要根据套接字的要求进行程序编写，即可完成设备之间的通信连接。

对于 ABB 工业机器人，如果需要使用套接字通信功能，需添加“616-1 PC Interface”系统选项，否则将无法使用套接字通信功能。

1. 硬件连接及 IP 设定

使用套接字通信，可使用 ABB 工业机器人自带的 LAN3 接口进行连接，如图 5-40 所示。

连接 LAN 3 端口需要设定相关的 IP 地址，修改 IP 地址可通过示教器的路径“控制面板”→“配置”→“Communication”→“IP Setting”→“Socket”进行操作，如图 5-41 所示。

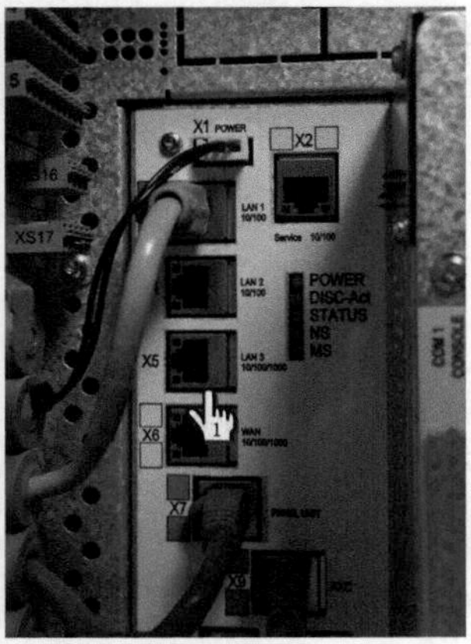

图 5-40

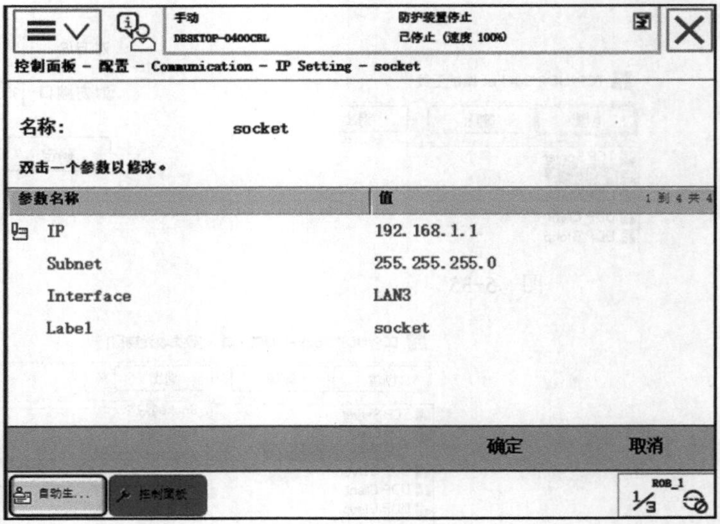

图 5-41

小贴士

IP 地址不能是 192.168.125.×× 网段，因为此网段已经分配给了控制柜上的 service 端口。

2. ABB 机器人套接字指令解析

ABB 工业机器人使用套接字，需要通过编写程序的形式来创建客户端 / 服务器。套接字相关的指令全部在指令列表的 Communicate 指令集中，如图 5-42 所示。

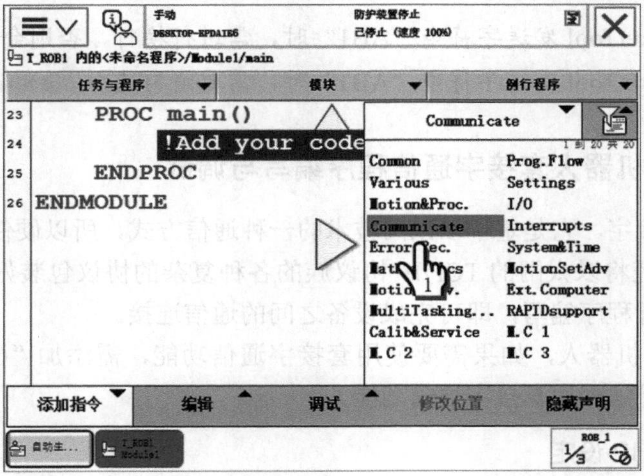

图 5-42

下面为大家讲解相关的套接字指令，本章节主要以 TCP 为主。

客户端初始化指令解析：

（1）Socketclose（关闭套接字）　套接字一经关闭后，不可对该套接字进行发送、读取、连接、监听等操作。

使用示例：SocketClose socket1；关闭套接字 socket1。

（2）Socketcreate（创建套接字）　带有交付保证的流型协议 TCP/IP 以及数据电报协议 UDP/IP 的套接字消息传送均得到支持。可开发服务器和客户端应用。针对数据电报协议 UDP/IP，支持采用广播。最多只能同时使用 32 个套接字。

ABB 工业机器人的机制是默认关闭状态的，当程序复位或断电重启时，都会自动将所有套接字关闭。

使用示例：SocketCreate socket1；　创建基于 TCP/IP 的套接字 socket1。

（3）SocketConnect（连接远程设备）　将创建的套接字与远程服务器进行连接。当试图连接指定地址和指定端口号时，程序将会在此指令等待，直到连接成功或超时。默认超时时间为 60s，超过等待时间 ABB 工业机器人会报错并停止程序运行。

使用示例：SocketConnect socket1, "192.168.1.100", 1025;　　将套接字 socket1 连接 IP 地址为 192.168.1.100、端口号为 1025 的远程设备。

服务器初始化指令解析：

（1）SocketBind（将套接字与本机 IP 地址和端口绑定）　只能应用于服务器端，并且不能重复绑定，否则会发生错误。ABB 工业机器人可自由使用的端口号为 1025 ～ 4999。

使用示例：SocketBind socket1, "192.168.1.99", 1026;　将本机 IP 地址与可用端口号进行绑定。

（2）SocketListen（监听输入连接）　只能应用于服务器端，当将本地 IP 地址与端口号绑定后，运行此指令，就开始监听绑定地址的输入连接。当运行此指令后，ABB 工业机器人就可以接收来自客户端的连接请求。

使用示例：SocketListen socket1;　监听绑定在 socket1 上的 IP 地址与端口号。

（3）SocketAccept（接受客户端的连接请求）　只能应用于服务端。当没有客户端连接时，程序会在此等待，直到有连接请求或超时，默认超时时间为 60s，超过等待时间 ABB 工业机器人会报错并停止程序运行。

使用示例：SocketAccept socket1, socket2;　等待所有输入连接，接受连接请求，并返回已建立的客户端套接字。

套接字数据传输指令：传输指令可同时应用于客户端和服务端。

（1）SocketSend（以 TCP 向远程设备发送数据）发送的数据类型可以是 [\Str]、[\RawData]、[\Data] 三种数据类型中的其中一种。在同一时间只能使用一种数据类型。发送类型应与设备通信中的类型一致。数据类型说明如下：

[\Str]：一个字符串 string 可以拥有 0 ～ 80 个字符，可包含 ISO 8859-1（Latin-1）字符集中编号为 0 ～ 255 的任意字符。

[\RawData]：将 rawbytes 用作一个通用数据容器，即可将多种不同类型的数据封装于 1 个 rawbytes 中，可以用于同 I/O 设备进行通信。rawbytes 变量可能包含 0 ～ 1024 个字节。

[\Data]：以 byte 数据类型发送数据，最多可拥有 1024 个 byte 型数据。byte 型数据用于符合字节范围的整数值（0 ～ 255）。如果一个 byte 型参数拥有一个范围 0 到 255 以外的值，

则程序执行会返回一个错误。

使用中要注意的是，在通过 SocketSend 发送数据后，若马上使用 SocketClose 关闭套接字连接，会导致发送失败。为避免有关数据丢失问题，应在 SocketClose 之前添加其他指令动作，或者延长最少 2s 的关闭时间。程序如下：

```
PROC main()
    ......
    SocketSend socket2\Str:=string1;
    WaitTime 2;
    SocketClose socket1;
    ......
ENDPROC
```

使用示例：SocketSend socket2\Str:=SD_string;　将字符串 SD_string 中的数据发送给远程设备。

（2）SocketReveice（以 TCP 接收来自远程设备的数据）　接收的数据可以是 [\Str]、[\RawData]、[\Data] 三种数据类型中的其中一种。在同一时间只能使用一种数据类型。具体说明可参考 SocketSend 指令中的讲解。

当运行到此指令时，若没有接收到数据，程序会一直等待，直到接收到数据或者超时。默认超时时间为 60s，超过规定时间 ABB 工业机器人会报错并停止程序运行。

使用示例：SocketReveive socket1\Str := RD_string;　接收远程设备的字符串，并存储在 RD_String 中。

3. ABB 通信程序编写及调试

（1）客户端程序

```
PROC ClientProgram()
    SocketClose socket1; ! 关闭套接字 socket1
    SocketCreate socket1;! 创建套接字 socket1
    SocketConnect socket1,"192.168.18.20",1025;! 尝试与 IP 地址为 192.168.18.20 和端口 1025 处的远程设备相连
    SocketSend socket1\Str:="AB1";! 向远程设备发送数据 "AB1"
    WaitTime 2;
    SocketClose socket1;
    SocketCreate socket1;
    SocketConnect socket1,"192.168.18.20",1025;
    SocketReceive socket1\Str:=received_string; ! 接收远程设备发过来的数据并存储在字符串 received_string 中
    TPWrite received_string; ! 把收到的数据进行写屏
    received_string:="";! 清空字符串
    WaitTime 10;
    SocketClose socket1;! 关闭套接字
ENDPROC
```

与相机连接时，机器人端应该先发送再接收，而且机器人发送和接收都需要重新连接一次，如果只在发送时连接一次（也就是省去示例程序中方框中的内容），那么在运行过程

中可能会出现图 5-43 所示的错误。

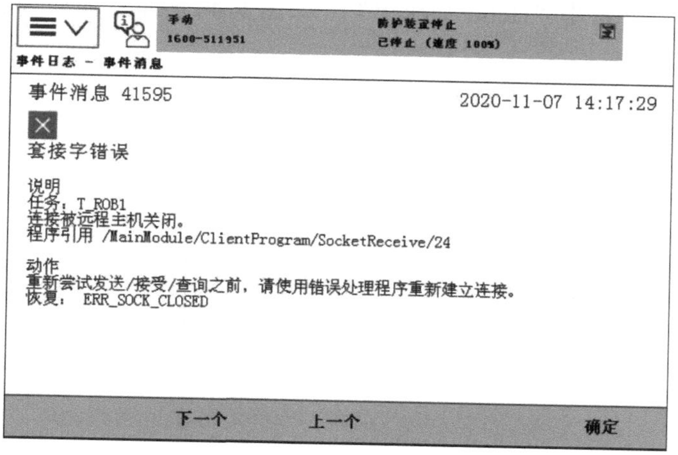

图　5-43

（2）服务器程序

```
PROC ServerProgram ()
    SocketCreate socket1;
    SocketBind socket1," 192.168.18.20",1025;! 将套接字与本机 IP 地址和端口绑定
    SocketListen socket1;! 监听绑定地址的输入连接
    SocketAccept socket1,client_socket;! 接受客户端的连接请求
    SocketReceive client_socket\Str:=received_string;
    TPWrite received_string;
    SocketSend client_socket\Str:="Hello socket ";
    WaitTime 10;
    SocketClose client_socket;
    SocketClose socket1;
ENDPROC
```

仔细观察可以发现，在 SocketSend 和 SocketReveice 这两条指令中，ABB 工业机器人作为客户端时，接收发送用的是 socket1；作为服务器时，接收发送用的是 client_socket。不少人因为没分清而导致程序错误。这是因为作为服务器时，socket1 和本机已经进行绑定并接受监听，client_socket 接受输入连接请求。

（3）程序调试　此处以客户端程序调试为例进行说明。

1）打开 SocketTool 工具，新建服务器，端口号需与客户端程序中一致，此处设定为 1025。需要注意的是，创建完成后，此端口需处于监听状态，如图 5-44 所示。

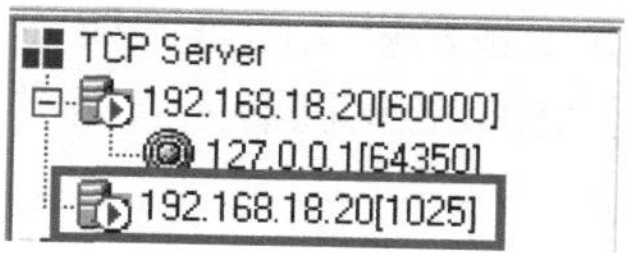

图　5-44

2）运行 ABB 机器人客户端程序，通过 SocketTool 工具发送字符串“Hello ABB!”，分

别查看 ABB 机器人示教器是否有写屏信息“Hello ABB!”，如图 5-45 所示；SocketTool 数据接收窗口是否收到字符串“Hello Socket!”，如图 5-46 所示。如果都能收到，表示收发程序无误。

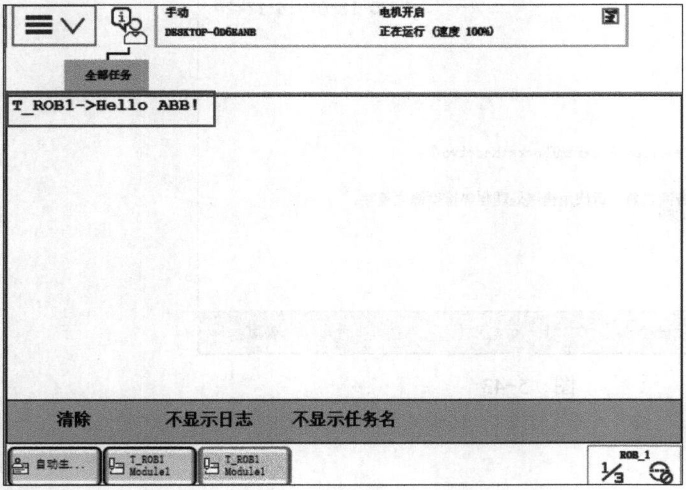

图 5-45

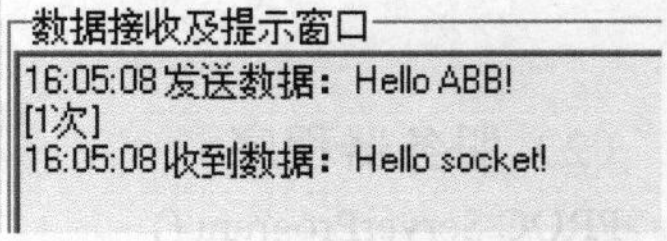

图 5-46

4. ABB 工业机器人与康耐视相机以太网套接字通信调试

我们将以相机作为服务器、机器人作为客户端，从 ABB 工业机器人与康耐视相机以太网套接字通信的硬件连接、调试过程、调试效果展示来进行讲解。

表 5-5 提供了以太网套接字通信调试相关的硬件清单：

表 5-5

名称	说明
ABB 机器人（1 台）	需有“616-1 PC Interface”系统选项
康耐视相机（1 台）	相互之间的连线请参考 3.3 节内容。注意相机的供电电源为 DC 24V
以太网 M12 连接器（1 个）	
分接电缆（1 条）	
网线（2 条）	
PC（1 台）	需有以太网接口
交换机（1 台）	调试过程中需要同时进行以太网连接的设备有相机、ABB 机器人、PC，所有需要使用交换机。这 3 个设备 IP 需处于同一网段

硬件连接：

1）将相机以太网电缆的 RJ-45 连接器以及两条网线的一端分别连接到交换机。

2）一条网线从交换机连接至 ABB 工业机器人自带的 LAN3 接口，一条网线从交换机连接到 PC 以太网接口。

调试过程：

相机、ABB 机器人、PC 这 3 个设备 IP 需处于同一网段，参考设定如下：

相机——IP 地址：192.168.18.20，端口号为 1025。

PC——IP 地址：192.168.18.21。

ABB 机器人——IP 地址：192.168.18.22。

1）相机作为服务器，根据第 5.2.1 节内容，进行相机网口通信设定及通信程序编写，完成后使相机进入联机状态。

补充说明：相机程序中，Exact 函数与字符串“AB1”进行对比，WriteDevice 函数发送的内容为“Hello ABB!”。

2）机器人作为客户端，根据本章节内容，进行 ABB 机器人套接字通信设定和通信程序编写。

补充说明：程序可以完全使用本章节示例程序，IP 地址设定为 192.168.18.22，使用 Lan3 接口。

3）运行 ABB 机器人通信程序，查看收发情况。

调试效果：

相机端能收到机器人发送过来的字符串“AB1”，机器人端能收到相机端发送过来的“Hello ABB!”，则表示调试成功，如图 5-47 和图 5-48 所示。

本章附件资源文件夹中提供了已经编写好的“以太网套接字服务器程序 .job”及“以太网套接字客户端程序 .rspag”程序，读者可以使用两个程序进行 ABB 工业机器人与康耐视智能相机的套接字通信调试。

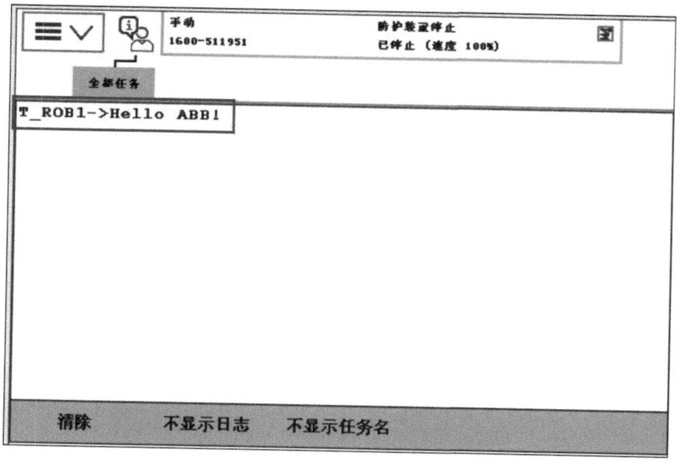

图　5-47

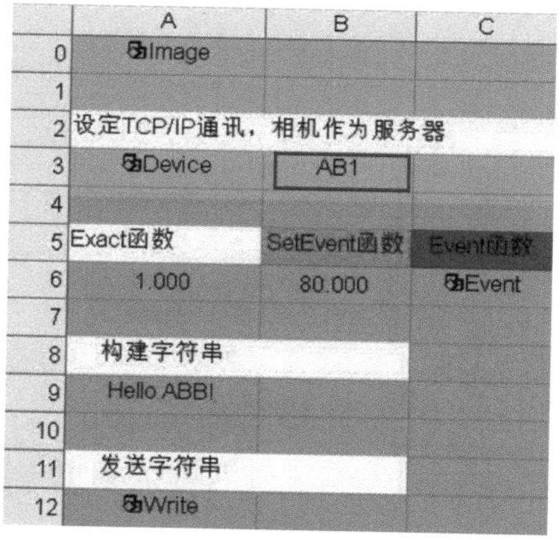

图　5-48

课 后 练 习

1. RS-232 串行通信针脚说明：TXD: ________；RXD: ________；GND: ________。

2. 对下面函数进行解释说明：

1）Event: ________

2）FormatString: ________

3）ReadSerial: ______________________________

4）WriteSerial: ______________________________

5）TCPDevice: ______________________________

6）WriteDevice: ______________________________

7）ReadDevice: ______________________________

3. 电子表格编程中，在英文输入法下，输入______________，可以生成字符串，也可以实现备注说明的作用。

4. ABB 机器人串口通信如果只连接 2、3、5 三个针脚，那么需要修改的参数只有：______________，别的参数都不用修改。

5. ABB 工业机器人使用套接字通信功能，需添加______________系统选项。

6. 串口是通过单线进行传输，线间干扰较大。一般日常使用中，传输速率都不宜超过 20kbit/s，而且当传输速率为 19200bit/s 时，电缆长度最大只有 15m。（　　）

7. ABB 工业机器人套接字通信时，客户端和服务器端所使用的指令无区别。（　　）

8. 康耐视相机以太网套接字通信中，在 TCPDevice 参数中指定主机名则相机作为客户端，不指定主机名则相机作为服务器。（　　）

9. 设备之间进行以太网套接字通信时，端口号可以不一致。（　　）

10. 写出 ABB 机器人作为客户端时的通信程序。

第 6 章

综合集成项目案例

➲ 知识要点

1. ABB 机器人字符串处理相关指令和函数
2. 康耐视智能相机套接字通信函数
3. 机器视觉集成项目主要实施过程

➲ 技能目标

1. 能够正确进行康耐视智能相机与 ABB 机器人的通信连接
2. 能够编写相机端与机器人端的套接字通信程序
3. 能够对机器人视觉集成应用进行综合调试

通过前面几个章节的学习，我们已经掌握了如何在康耐视智能相机上为各种典型视觉应用场景编写 Job 程序，也掌握了康耐视智能相机与 ABB 机器人进行通信的方法。本章将通过一个具体任务展示一个机器人视觉集成应用项目的主要实施过程，重点讲解相机端和机器人端的程序编写和联合调试。

6.1 产品分拣项目描述

基于机器视觉和工业机器人的产品分拣装备在自动化生产车间中是很常见的，对不便于进行机械定位的产品进行视觉定位引导抓取更是不二选择。本章将通过一个分拣工位的自动化改造项目案例来展示机器人与机器视觉集成应用项目的主要实施过程。

1. 工作场景描述

1）分拣设备用于巧克力分拣装盒，场景如图 6-1 所示。

2）作业员负责对传输带上的巧克力进行外观检测和分拣，外观良好的巧克力将会被放置到巧克力盒内，外观有破损的巧克力将被放置到回收传输带。

3）巧克力传输带上有一个速度调节旋钮和一个启停按钮可供作业员使用，以便作业员能够对巧克力传输带的速度进行调节或暂停该分拣工位的巧克力传输。

4）巧克力传输带末端有一个传感器，当这个传感器被触发传输带将会停止运动，以避免巧克力未经作业员检测而直接流入回收传输带。

5）巧克力盒传输带每次步进移动固定的距离，传输带每一次移动会将一个空盒子移动到相同的位置。

6）空盒子上方安装有传感器，用于检测盒子内是否已放置巧克力，当检测到巧克力后，巧克力盒传输带将进行一次步进移动。

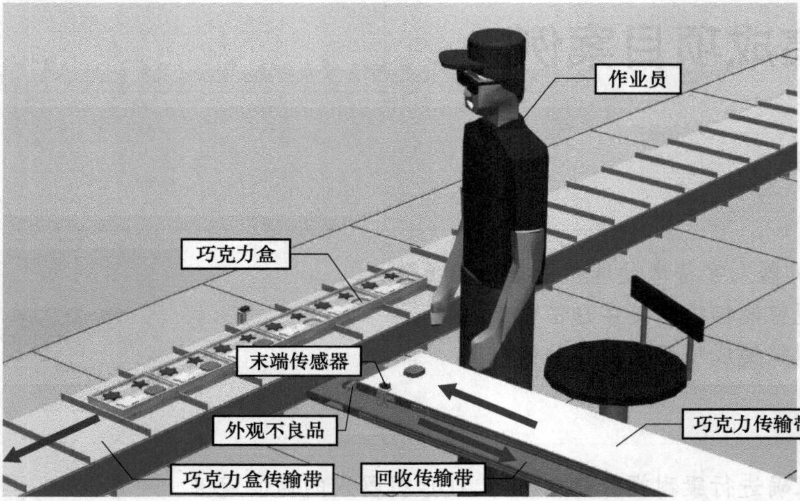

图　6-1

2. 项目要求

1）在原有生产线的基础上对分拣工位进行改造，使用机器人换人，提高生产效率。

2）改造后的分拣工位需要具备自动外观检测功能，且可由产线作业员设定外观瑕疵检测标准。

3）对现有设备的改动尽可能小，尽可能应用设备原来的信号接口进行控制，而非对现有设备进行控制系统的改造。

4）改造后的分拣工位最低生产速率不低于 20 件 /min。

3. 相关技术参数

1）巧克力传输带宽度：300mm。

2）巧克力最大重量：100g。

3）吸盘工具重量：600g。

4）巧克力传输带调速度范围：10 ～ 500mm/s，0 ～ 10V 模拟量调节。

5）要求检出巧克力的最小破损尺寸：长度大于 1.5mm 或面积大于 $2mm^2$。

6）巧克力传输带颜色：白色。

7）巧克力颜色：绿色。

8）最低分拣速度要求：20 件 /min。

6.2　项目实施流程

一个自动化设备集成项目的实施流程是复杂的，通常会涉及多个部门多个流程。图 6-2 展示了一个自动化设备集成项目的典型实施流程。

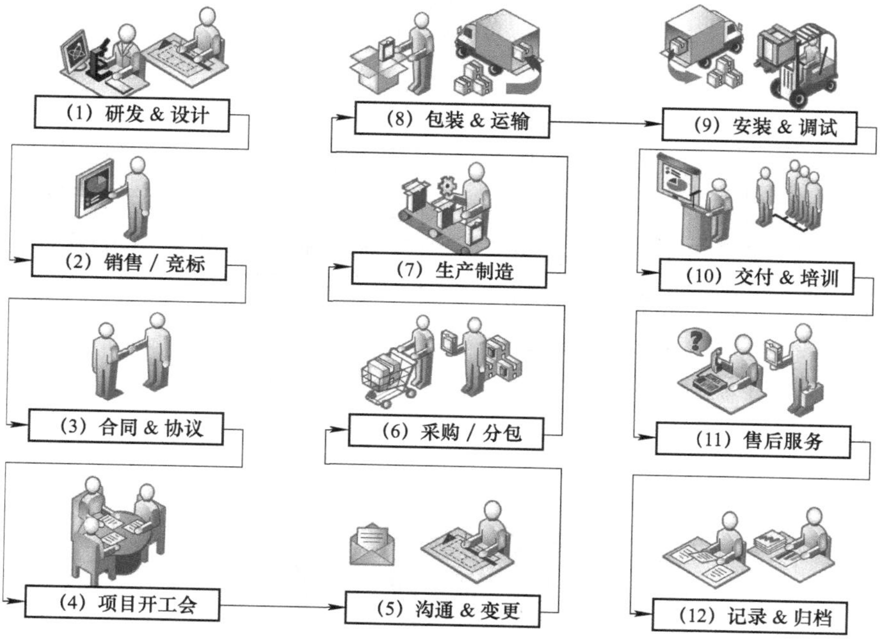

图　6-2

从专业技术角度出发，我们重点关注图 6-2 中的“研发 & 设计”和“生产制造”两个流程阶段。

1. 研发 & 设计

自动化设备公司在研发、设计阶段会针对行业的通用需求或某个特定客户的个性需求设计出一个自动化解决方案。此阶段的深入程度根据实际情况各有不同，通常是项目采购金额越大、客户购买的设备台套数越多，这个阶段就进行得越深入。如果项目比较小，又没有竞争对手，在研发设计阶段可能只需要给出一个设计方案，通过 PPT 向客户演示讲解设计方案即可；如果项目采购金额比较可观，同时又面临比较激烈的竞争，在这个阶段自动化设备公司通常会对自己的解决方案进行虚拟仿真展示。如果项目的体量巨大，达到了企业组织战略级别，自动化设备公司可能会不计成本率先进行样机的研制，以求尽可能提高签下项目的成功率。时间是影响研发设计阶段工作深入程度的另一个因素，假如项目信息是通过采购网上的招标信息获得的，从拿到标书到提交投标书的最后期限这个时间段是有限的，能够进行的研发设计工作也是有限的。

对于本章所描述的产品分拣项目，可以拆分为四个需求进行整体方案设计，如图 6-3 所示。

整个产品分拣项目通过机器人系统与机器视觉系统的正确选型就可以实现项目的总体功能要求。结合项目描述中给出的相关参数，即可对机器人和机器视觉系统进行选型。在此不再详细描述选型的详细步骤。选型没有唯一确定的标准答案，读者朋友可以对该项目的机器人和视觉系统选型展开讨论。后文将以 ABB IRB 3606-1/1130 可水洗机器人搭配康耐视 In-Sight 5403 智能相机为硬件基础，对分拣项目的实施进行讲解。分拣项目设计方案的仿真模型布局如图 6-4 所示。

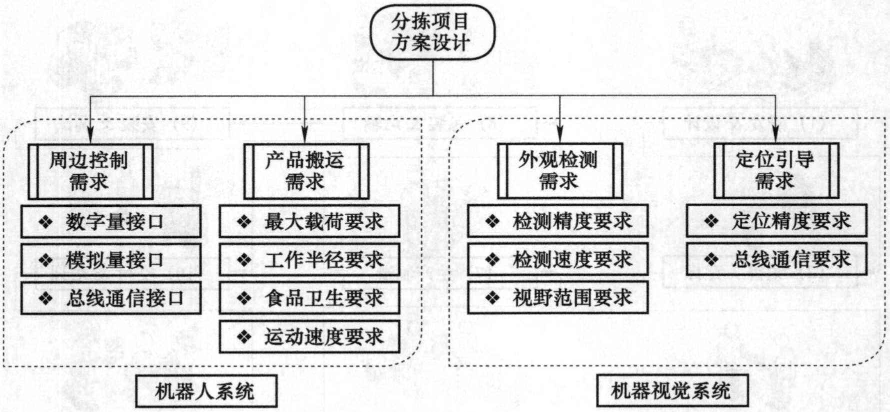

图　6-3

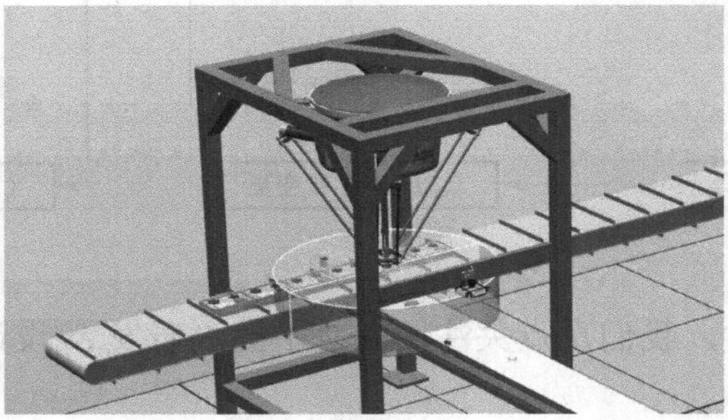

图　6-4

该项目方案的控制流程如图 6-5 所示。

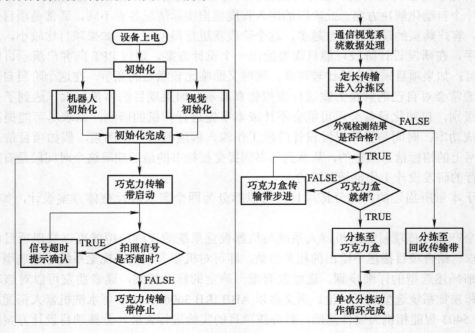

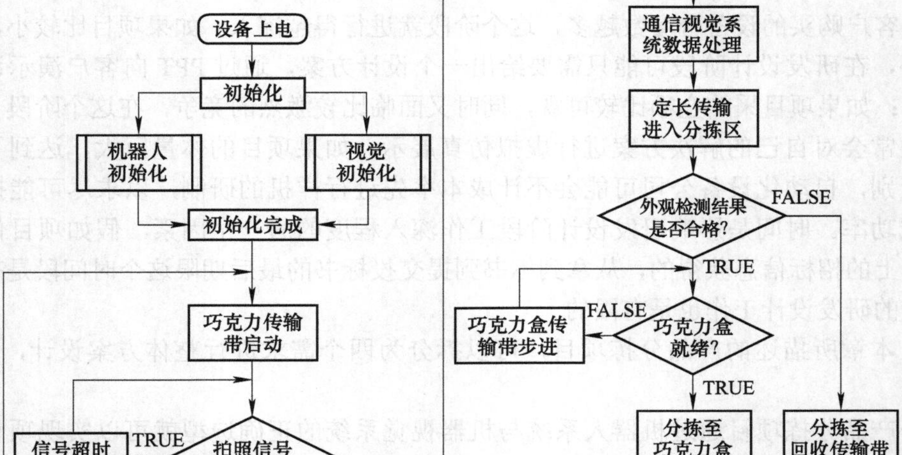

图　6-5

2. 生产制造

自动化设备制造类项目的生产制造流程阶段主要进行机械结构部件的加工制造、电气控制系统的接线装配、编程控制器件的程序编写、参数设定等工作。发货前的功能验证调试也属于生产制造流程。生产制造流程阶段的耗时长短受设计方案变更、零部件采购、生产人员的效率等多种因素影响，在项目中需要为生产制造阶段预留足够的时间，以确保能够按时交货。

产品分拣项目的生产制造过程不再进行描述，此处给出项目中的设备连接框图，如图 6-6 所示。

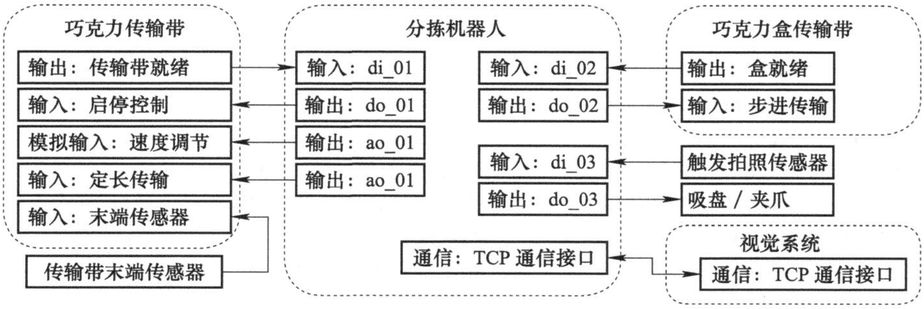

图　6-6

6.3　工业机器人端程序

产品分拣项目机器人 I/O 信号见表 6-1。

表　6-1

序号	信号名称	信号类型	所属单元	信号作用
1	di_01_cnv_ok	数字输入	DSQC651	产品传输带就绪信号
2	di_02_boxcnv_ok	数字输入	DSQC651	盒子传输带就绪信号
3	di_03_camera	数字输入	DSQC651	相机触发拍照信号
4	do_01_cnv_run	数字输出	DSQC651	产品传输带控制信号
5	do_02_boxcnv_run	数字输出	DSQC651	盒子传输带控制信号
6	do_03_gripper	数字输出	DSQC651	吸盘开关控制信号
7	do_04_fixed_length	数字输出	DSQC651	定长停止脉冲输出
8	ao_01_cnv_speed	模拟输出	DSQC651	设置产品传输带的速度

工业机器人端与相机端约定以下事项：

1）相互间使用套接字进行通信，相机作为服务端，机器人作为客户端。

2）相机 IP 地址设定为 192.168.1.80, 使用 3000 端口。

3）机器人使用 LAN3 网口与相机通信，IP 地址设定为 192.168.1.81，使用 1025 端口。

4）相机使用外部触发，触发指令为：cam1。

5）相机与机器人通信的数据格式为：“外观检测结果，X 坐标值，Y 坐标值，Rz 角

度值 ”。外观检测结果值：OK 或者 NG。X 坐标值、Y 坐标值、Rz 角度的数据长度均为 7 位字符：整数部分占用 4 位字符，小数点占用 1 位字符，小数部分占用 2 位字符，例如："OK,9999.99,–888.00,0045.01"。相机与机器人通信收发的数据格式为字符串。

以下为工业机器人的程序及注释：

```
MODULE Module1
    PERS tooldata Gripper:=[......];                  ! 机器人吸盘工具数据
    PERS wobjdata wobj1:=[.......];                   ! 编程坐标系数据
    PERS pos offset_trans:=[ .......];                ! 实际拾取点坐标数据
    PERS orient offset_rot:=[ .......];               ! 实际拾取点姿态数据
    PERS robtarget p_bad_place:=[ .......];           ! 不良品放置点
    PERS robtarget p_pick:=[ .......];                ! 实际拾取点
    PERS robtarget p_pick_base:=[ .......];           ! 基准拾取点
    PERS robtarget p_home:=[ .......];                ! 工作原点
    PERS robtarget p_place:= .......];                ! 良品放置点
    VAR socketdev camera_1;                           ! 套接字通信设备，相机
    VAR bool timeout_flage:=FALSE;                    ! 产品传输超时未达标值
    PERS string take_photo:="cam1";                   ! 相机触发拍照字符串指令（需相互约定）
    VAR string camera_data:=" ";                      ! 相机通信数据存储变量
    VAR string string_X:=" ";                         ! 存放 X 坐标值的字符串变量
    VAR string string_Y:=" ";                         ! 存放 Y 坐标值的字符串变量
    VAR string string_Rz:=" ";                        ! 存放 Rz 坐标值的字符串变量
    VAR string string_state:=" ";                     ! 存放产品外观检测结果的字符串变量
    VAR num num_X:=0;                                 ! 存放 X 坐标值的数值变量
    VAR num num_Y:=0;                                 ! 存放 Y 坐标值的数值变量
    VAR num num_Rz:=0;                                ! 存放 Rz 坐标值的数值变量
    VAR bool state_flage:=FALSE;                      ! 存放产品外观检测结果的布尔变量
    VAR bool change_done:=FALSE;                      ! 数据类型转换完成标志的布尔变量

PROC main()
! 主程序
    initialize;
    ! 调用初始化子程序
    WHILE TRUE DO
    ! 初始化子程序隔离，while 结构内为主循环体
        PulseDO\PLength:=0.2,do_01_cnv_run;
        ! 产品传输带启动脉冲
    again2:
        WaitDI di_03_camera,1\MaxTime:=10\TimeFlag:=timeout_flage;
        ! 等待相机触发信号，最大等待时间 10s

        IF timeout_flage THEN
        ! 如果触发信号超时，需要作业员进行确认
            TPErase;
            TPReadFK reg1,"Please make chocolate_CNV in right state !",stEmpty,stEmpty,stEmpty,stEmpty,
"Done";
        ENDIF
```

```
    IF reg1=5 THEN
        reg1:=0;
        GOTO again2;
    ENDIF
    ！作业员处理异常后，按下 "Done" 按键，机器人重新等待触发信号
    camera_comunication;
    ！触发信号到达后，调用相机通信程序
    PulseDO do_04_fixed_length;
    ！产品传输带定长传输脉冲
    WaitTime 0.2;
    p_pick.trans:=offset_trans;
    ！将产品实际位置的坐标值赋给 p_pick
    p_pick.rot:=offset_rot;
    ！将产品的实际姿态赋值给 p_pick
    MoveJ Offs(p_pick,0,0,50),v1000,fine,Gripper\WObj:=wobj1;
    ！机器人移动至实际拾取点正上方
    MoveL p_pick,v400,fine,Gripper\WObj:=wobj1;
    ！机器人移动至实际拾取点
    Set do_03_gripper;
    ！开启真空吸盘
    MoveL Offs(p_pick,0,0,50),v1000,fine,Gripper\WObj:=wobj1;
    ！机器人移动至实际拾取点正上方
    IF string_state="OK" THEN
    ！如果产品外观检测结果为 OK，执行以下指令语句
    again3:
        WaitDI di_02_boxcnv_ok,1\MaxTime:=10\TimeFlag:=timeout_flage;
        ！等待巧克力盒传输带就绪信号，最大等待时间 10s
        IF timeout_flage THEN
        ！如果等待信号超时，需要作业员进行确认
            TPErase;
            TPReadFK reg1,"Please make BOX_CNV in right state!",stEmpty,stEmpty,stEmpty,stEmpty,
"Done";
        ENDIF
        IF reg1=5 THEN
            reg1:=0;
            GOTO again3;
        ENDIF
        ！作业员确认盒传输带状态后，按下 "Done" 按键，机器人重新等待信号
        MoveL Offs(p_place,0,0,50),v1000,fine,Gripper\WObj:=wobj1;
        MoveL p_place,v400,fine,Gripper\WObj:=wobj1;
        Reset do_03_gripper;
        MoveJ Offs(p_place,0,0,50),v1000,fine,Gripper\WObj:=wobj1;
        ！盒就绪后，将产品放置到巧克力盒内
        PulseDO\PLength:=1,do_02_boxcnv_run;
        ！向盒传输带发送步进传输脉冲信号
ELSE
```

```
        ! 否则产品外观检测结果为 NG，执行以下指令语句
            MoveL Offs(p_bad_place,0,0,120),v1000,fine,Gripper\WObj:=wobj1;
            MoveL p_bad_place,v400,fine,Gripper\WObj:=wobj1;
            Reset do_03_gripper;
            MoveJ Offs(p_bad_place,0,0,120),v1000,fine,Gripper\WObj:=wobj1;
        ! 将 NG 的巧克力放置到回收传输带上
        ENDIF
    ENDWHILE
    ! 主循环体结构结束
ENDPROC
! 主程序结束

PROC initialize()
! 初始化子程序
    Reset do_01_cnv_run;
    ! 复位产品传输带启动信号
    waitdi di_01_cnv_ok,1;
    ! 等待产品传输带就绪信号
    again1:
    PulseDO\plength:=1,do_02_boxcnv_run;
    ! 启动盒传输带
    WaitDI di_02_boxcnv_ok,1\MaxTime:=10\TimeFlag:=timeout_flage;
    ! 等待盒传输带就绪信号，最大等待时间 10s
    IF timeout_flage THEN
    ! 如果等待信号超时，需要作业员进行确认
        TPErase;
        TPReadFK reg1,"Please make BOX_CNV in right state!",stEmpty,stEmpty,stEmpty,stEmpty,"Done";
    ENDIF
    IF reg1=5 THEN
        reg1:=0;
        GOTO again1;
    ENDIF
    ! 作业员确认盒传输带状态后，按下 "Done" 按键，机器人重新等待信号
    Reset do_03_gripper;
    ! 关闭真空吸盘
    SetAO ao_01_cnv_speed,400;
    ! 设定产品传输带速度
    SocketClose camera_1;
    ! 关闭套接字通信
    WaitTime 0.5;
    MoveJ p_home,v1000,fine,Gripper\WObj:=wobj1;
    ! 移动机器人到工作原点
ENDPROC

PROC camera_comunication()
```

```
    ! 相机通信程序
        SocketCreate camera_1;
        ! 创建套接字通信
        SocketConnect camera_1,"192.168.17.81",1025;
        ! 使用指定 IP 和端口连接至通信服务端
        SocketSend camera_1\Str:=take_photo;
        ! 向相机发送拍照指令，指令字符存放在 take_photo 中
        SocketClose camera_1;
        ! 关闭套接字通信连接
        SocketCreate camera_1;
        ! 重新创建通信连接
        SocketConnect camera_1,"192.168.17.81",1025;
        ! 使用指定 IP 和端口连接至通信服务端
        SocketReceive camera_1\Str:=camera_data;
        ! 接收来自相机的数据，并存放在变量 camera_data 中
        TPWrite camera_data;
        ! 将接收到的相机数据写屏至示教器
        !*** 约定的格式为 OK,9999.99,9999.99,9999.99 *** !
        string_state:=StrPart(camera_data,1,2);
        ! 提取产品测试结果，数据的前两位
        string_X:=StrPart(camera_data,4,7);
        ! 提取产品实际位置的 X 坐标值，数据的 4 ～ 10 位
        string_Y:=StrPart(camera_data,12,7);
        ! 提取产品实际位置的 Y 坐标值，数据的 12 ～ 18 位
        string_Rz:=StrPart(camera_data,20,7);
        ! 提取产品实际位置的 Rz 坐标值，数据的 20 ～ 26 位
        change_done:=StrToVal(string_X,num_X);
        ! 将 X 坐标值由字符转换为数值
        change_done:=StrToVal(string_Y,num_Y);
        ! 将 Y 坐标值由字符转换为数值
        change_done:=StrToVal(string_Rz,num_Rz);
        ! 将 Rz 坐标值由字符转换为数值
        offset_trans:=p_pick_base.trans;
        ! 将基准拾取点的坐标赋值给传递变量
        offset_rot:=p_pick_base.rot;
        ! 将基准拾取点的姿态赋值给传递变量
        offset_trans.x:=num_x;
        ! 将实际产品的 X 坐标值赋值给传递变量
        offset_trans.y:=num_y;
        ! 将实际产品的 Y 坐标值赋值给传递变量
        offset_rot:=OrientZYX(num_Rz,0,0);
        ! 将实际产品的 Rz 坐标值赋值给传递变量
    ENDPROC
    ! 相机通信程序结束
ENDMODULE
! 程序模块结束
```

6.4 视觉端程序

智能相机的程序可遵循以下步骤完成：

1）将本章附件资源文件夹中的图片拷贝至 In-Sight 软件图像回放文件夹内，并清除回放文件夹内的其他图片文件。

2）打开 In-Sight 软件，在电子表格编程模式下创建一个名为“分拣项目”的 Job 程序，并保存。

3）在 Job 程序的电子表格 A2 单元格中插入 TCPDevice 函数，使用默认输入参数。

4）此时在 B2 单元格中自动插入了 ReadDevice 函数，对于此函数不需要做任何修改。

5）在 C2 单元中插入 Exact 函数，判断相机接收到的数据是不是字符串 cam1，完整的输入信息为 Exact (B2, "cam1")。

6）在 D2 单元格中插入 SetEvent 函数，并按图 6-7 所示内容配置其参数，然后单击“确定”。

7）选中 D2 单元格，单击鼠标右键，在弹出的快捷菜单中选择“单元格状态”，勾选“已有条件地启用”，勾选“绝对”引用，单击“选择单元格”，选择 C2 单元格，操作完成后窗口如图 6-8 所示，然后单击“确定”。

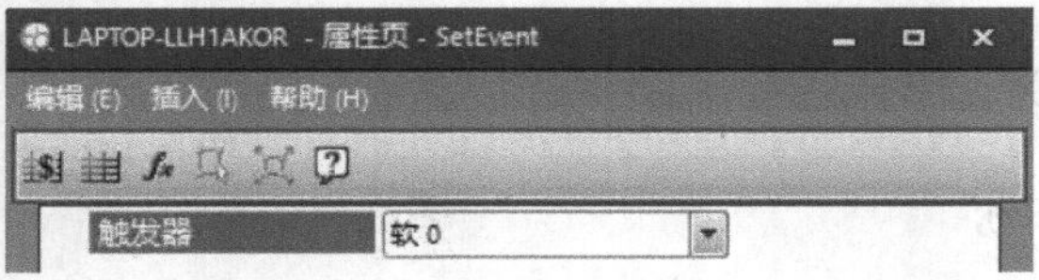

图 6-7

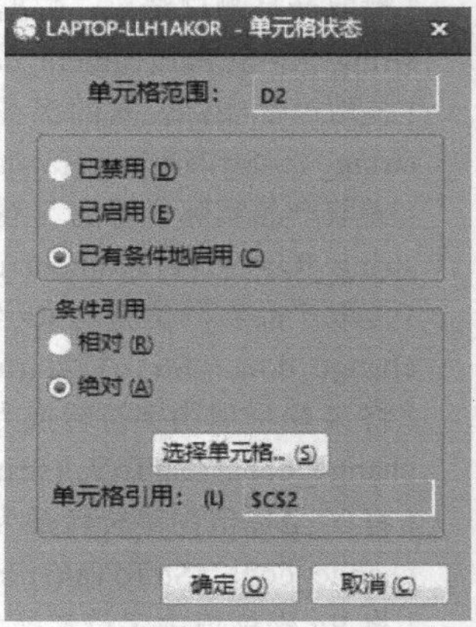

图 6-8

8）在 E2 单元格中插入 Event 函数，按图 6-9 所示内容设定其参数，然后单击“确定”。

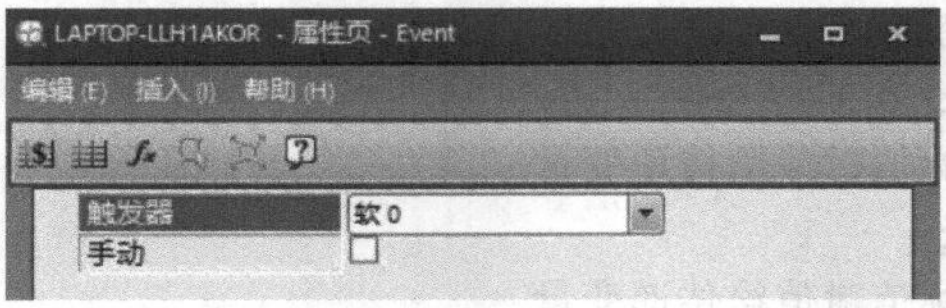

图 6-9

9）双击 A0 单元格，在弹出的窗口中选中“触发器”参数项，然后单击绝对引用命令图标，选择引用 E2 单元格，操作完成后 AcquireImage 函数属性页如图 6-10 所示，然后单击“确定”。此时通过第二行的函数已经可以实现 TCP 通信通道发来字符串 cam1 触发相机拍照，发来其他数据内容相机不做响应的功能。

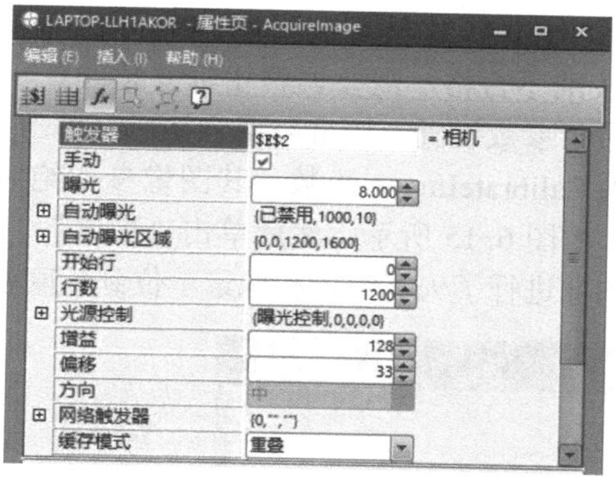

图　6-10

10）将图像来源选为“PC”，并选中胶片栏最后一张图片，如图 6-11 所示。

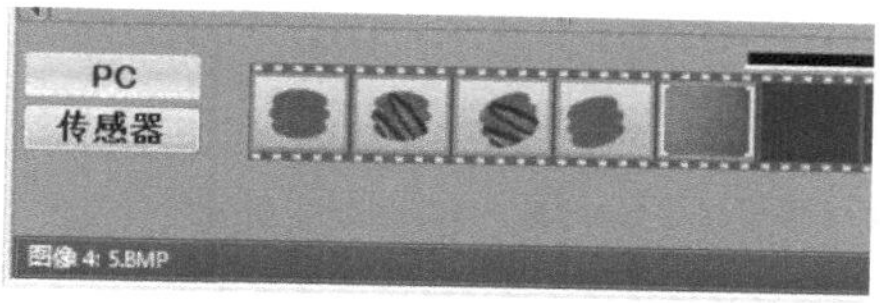

图　6-11

11）在 A4 单元格中插入 CalibrateGrid 函数，其属性页面分别按图 6-12、图 6-13 所示进行设定。

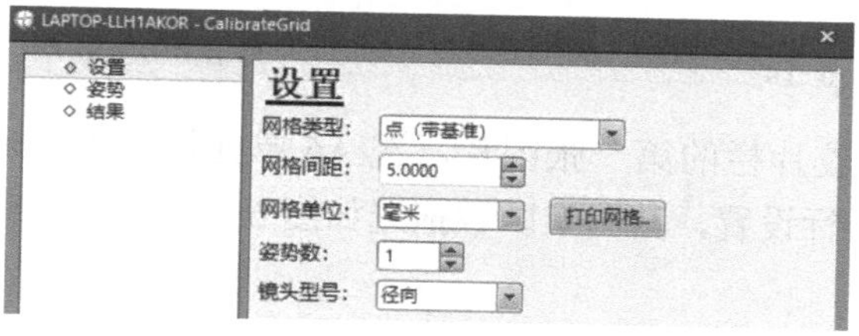

图　6-12

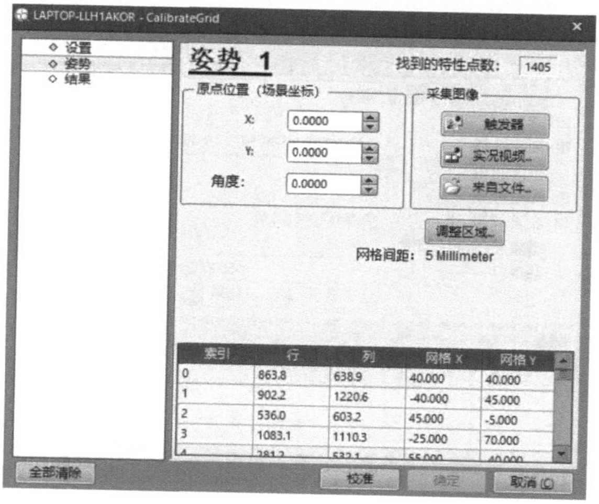

图　6-13

设定好参数项后，单击“校准”，然后在图 6-14 所示的结果窗口中检查校准结果是否合格。如果在实际应用中校准不合格，需要调整相机安装位置、曝光、重新对焦等，然后重新拍照获取图像，重新进行参数设置。校准结果合格后，单击“确定”。

12）在 B4 单元格插入 CalibrateImage 函数，其图像参数绝对引用 A0 单元格，其校准参数绝对引用 A4 单元格，如图 6-15 所示，然后单击“确定”。第 4 行的程序，完成了对图像进行校准的功能，对图像进行了失真纠正和像素单位到长度单位的变换。

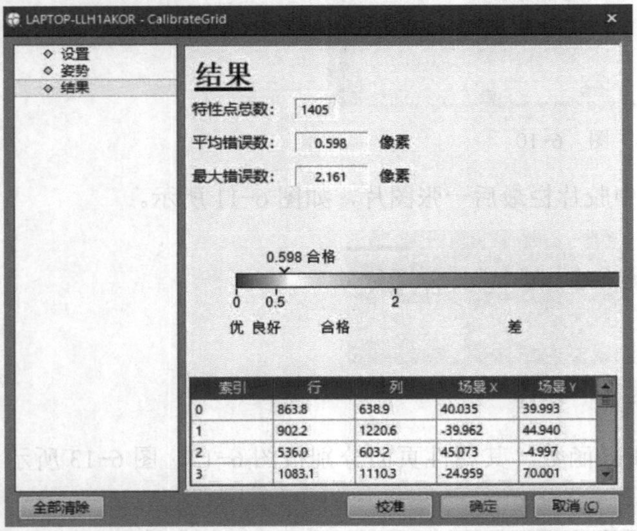

图 6-14

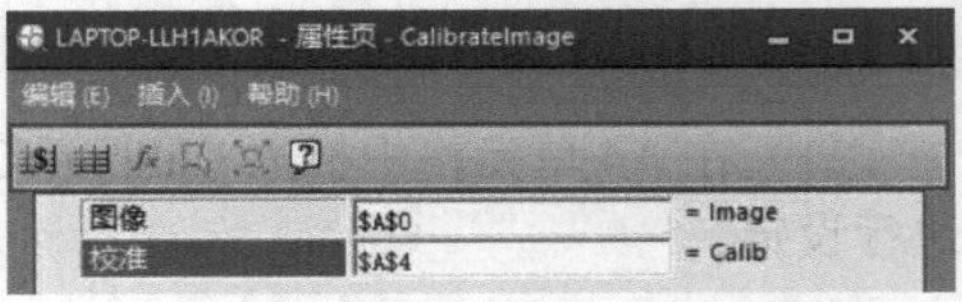

图 6-15

13）将图像切换到胶片栏的第一张图片，在 A6 单元格插入 TrainPatMaxPattern 函数，其参数按图 6-16 所示进行设置，其图案区域拖选如图 6-17 所示区域，设置完参数项之后单击“确定”。

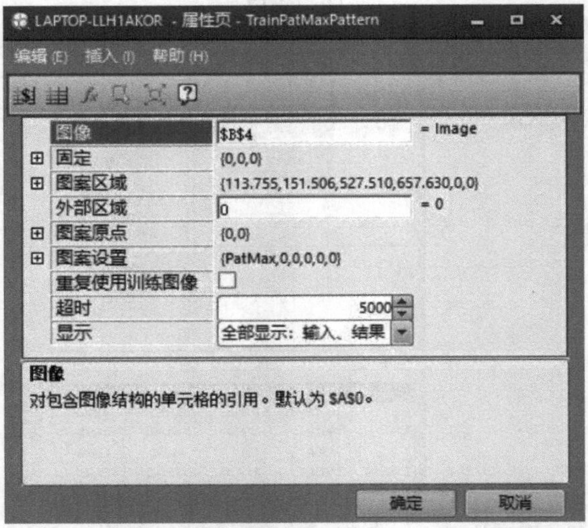

图 6-16

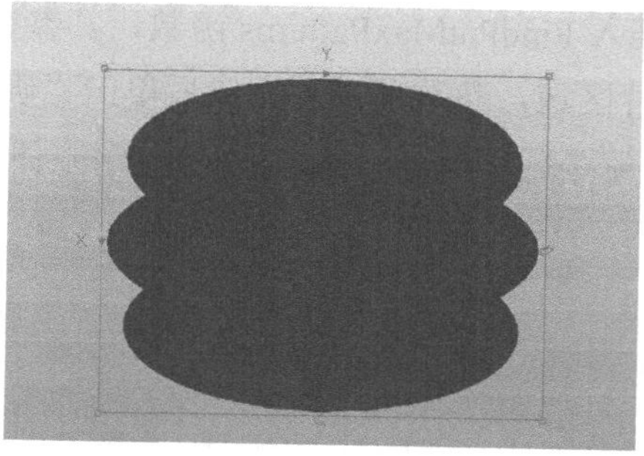

图 6-17

14）在 C6 单元格插入 FindPatMaxPatterns 函数，其参数按图 6-18 所示进行设置，其中查找区域设定为整个图片区域，参数项设置完成后单击“确定”。

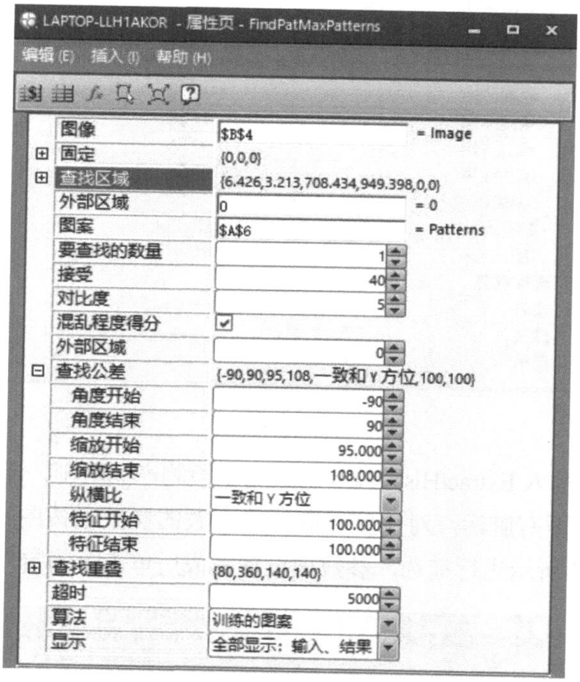

图 6-18

15）FindPatMaxPatterns 函数的运输结果会自动添加到电子表格中，如图 6-19 所示，行表示 X 轴坐标，Col 表示 Y 轴坐标。第 6 行的程序实现了获取产品实际坐标位置的功能。

	A	B	C	D	E	F	G	H	I
0	Image								
1									
2	Device	Read	0.000	80.000	Event				
3									
4	Calib	Image							
5				索引	行	Col	角度	缩放比例	得分
6	Patterns	1.000	Patterns	0.000	62.112	-26.733	90.361	100.001	99.99

图 6-19

16）在 A9 单元格再次插入 FindPatMaxPatterns 函数，其参数按图 6-20 所示进行设置，其中查找区域设定为整个图片区域，参数项设置完成后单击“确定”。

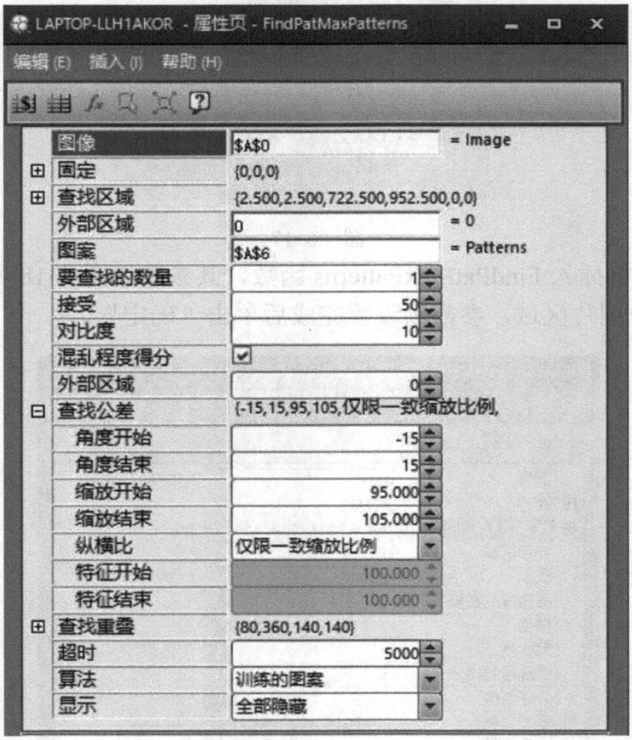

图 6-20

17）在 A12 单元格插入 ExtractHistogram 函数用于检测产品瑕疵，合格产品表面颜色单一，对比度很低，不良品表面有脏污，对比度较高。该函数的参数项按图 6-21 所示进行设定，其中区域参数项按图 6-22 所示进行拖选，参数项设置完成后单击“确定”。

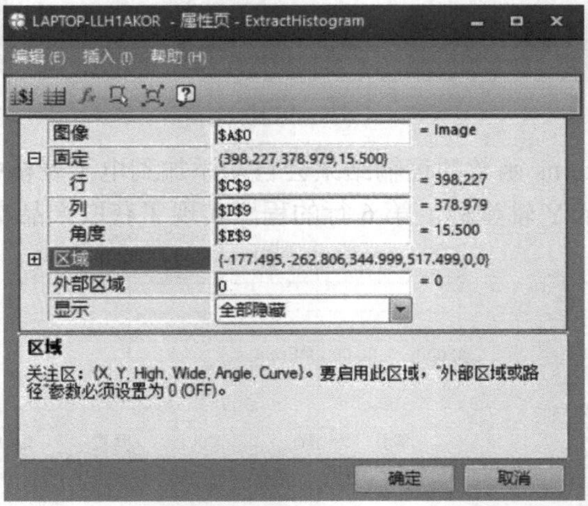

图 6-21

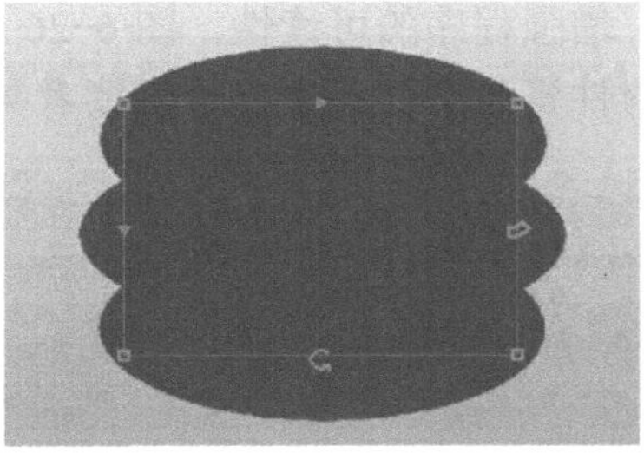

图 6-22

18）ExtractHistogram 函数的运算结果会自动添加到电子表格中，将显示图片切换到胶片栏第 1 张图片（良品）时函数的运行结果如图 6-23 所示；将显示图片切换到胶片栏第 2 张图片（不良品）时函数的运行结果如图 6-24 所示，计算出良品与不良品的对比度值的中间值。

图 6-23

图 6-24

19）在 G12 单元格插入 If 函数，完整的输入参数信息为 If(C12<26,"OK","NG")。其中 26 是上一步计算得到的良品与不良品对比度中间值。

20）在 A14 单元格中插入 FormatString 函数，用于构建通信数据，其输入参数设置如图 6-25 所示，其中 G12 数据类型：字符串；E6、F6、G6 数据类型；浮点型；固定字段宽度：8；填充：前导空格。

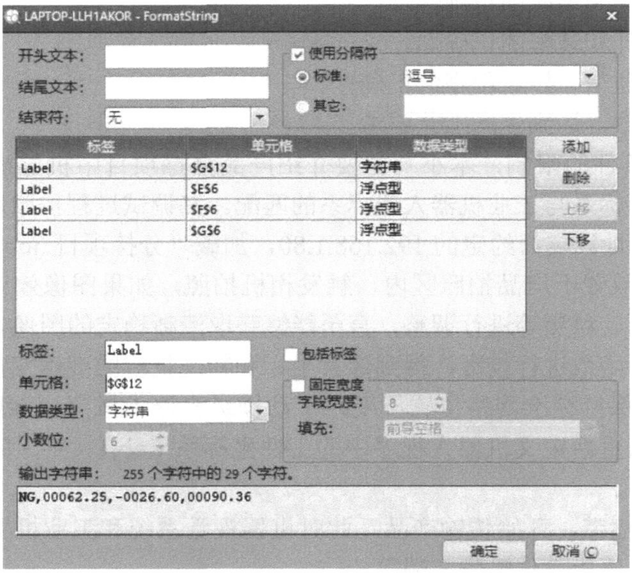

图 6-25

21）在 A16 单元格插入 WriteDevice 函数，用于将通信数据发送给机器人，该函数的完整参数输入为 WriteDevice(A0,A2,A14)。

22）为程序增加注释内容，增强程序的可读性，图 6-26 所示为增加注释后的程序全貌。本程序及相关图片都附在本章附件资源文件夹中，可供读者参考。

	A	B	C	D	E	F	G	H	I
0	Image								
1	图像获取函数，其触发条件设定为通信通道读取到特定字符cam1								
2	Device	Read	0.000	80.000	Event				
3	定义通信通道，读取数据，判断是否触发拍照								
4	Calib	Image							
5	图像校准			索引	行	Col	角度	缩放比例	得分
6	Patterns	1.000	Patterns	0.000	62.248	-26.595	90.359	99.990	98.877
7	训练轮廓特征，并通过轮廓特征匹配输出产品的实际坐标位置								
8		索引	行	Col	角度	缩放比例	得分		
9	Patterns	0.000	378.495	479.311	-0.002	99.990	98.756		
10	以原始图片进行轮廓匹配，为其他函数提供固定参数								
11		Thresh	对比度	DarkCount	BrightCoun	平均值			
12	Hist	69.000	52.293	63807.000	13353.000	74.352	NG		
13	进行灰度直方图分析，获取产品表面的灰度分布和对比度；以对比度为依据判定产品好坏								
14	NG,00062.25,-0026.60,00090.36								
15	按照约定的格式，将需要发送给机器人的数据组合成一个字符串								
16	Write								
17	将通信数据发送给机器人								
18									

图 6-26

6.5 联机综合调试

在完成设备机械结构安装和电气连接后就需要进行综合调试了，综合调试主要包括以下内容：

1）验证机械设计和装配的正确性。

2）验证电气设计和装配的正确性。

3）验证设备的通信、控制程序的正确性。

4）调整设备参数，达到生产工艺要求。

由于受到硬件条件的限制，本小节主要介绍产品分拣项目中机器视觉系统的通信调试以及机器视觉系统坐标系与工业机器人坐标系的匹配。其调试过程按照以下步骤进行：

1）将相机 IP 地址设定为约定的 192.168.1.80，加载“分拣项目 .job”程序。

2）将校准网格放置于产品拍照区内，触发相机拍照，如果图像效果不理想，需要对视觉系统的光源、曝光、对焦等进行调整，直至能够获取清晰稳定的图像。然后重新对视觉程序中的 CalibrateGrid 函数进行校准，得到像素坐标和物理坐标的准确变换关系。

3）校准完成后保持校准网格位置不变，手动操纵机器人按照校准网格指示的原点、X 轴方向、Y 轴方向来重新定义机器人程序中的工件坐标系 wobj1。定义完成工件坐标系后，再将校准网格纸移开。

4）开启产品传输带，开始传输产品。此时机器视觉系统和工业机器人还未进入自动运行模式，所以产品会停止在传输带末端等待。

5）手动触发相机对产品进行拍照， 然后对视觉程序中的 TrainPatMaxPattern 函数重新进行特征训练。

6）重新设定视觉程序中 ExtractHistogram 函数的“区域”参数项，并手动触发相机拍照，检查视觉程序是否能够正常运行。如视觉程序未能正常运行，则进行异常排查，直至视觉程序正常运行。视觉程序正常运行后将相机切换到联机运行模式。

7）将机器人 LAN3 端口的 IP 地址设定为约定的 192.168.1.81, 调用机器人程序中的相机通信子程序：

```
PROC camera_comunication()
！相机通信程序
    SocketCreate camera_1;
    ！创建套接字通信
    SocketConnect camera_1,"192.168.17.81",1025;
    ！使用指定 IP 和端口连接至通信服务端
    SocketSend camera_1\Str:=take_photo;
    ！向相机发送拍照指令，指令字符存放在 take_photo 中
    SocketClose camera_1;
    ！关闭套接字通信连接
    SocketCreate camera_1;
    ！重新创建通信连接
    SocketConnect camera_1,"192.168.17.81",1025;
    ！使用指定 IP 和端口连接至通信服务端
    SocketReceive camera_1\Str:=camera_data;
    ！接收来自相机的数据，并存放在变量 camera_data 中
    TPWrite camera_data;
    ！将接收到的相机数据写屏至示教器
    !*** 约定的格式为 OK,9999.99,9999.99,9999.99 *** ！
    string_state:=StrPart(camera_data,1,2);
    ！提取产品测试结果，数据的前两位
    string_X:=StrPart(camera_data,4,7);
    ！提取产品实际位置的 X 坐标值，数据的 4 ～ 10 位
    string_Y:=StrPart(camera_data,12,7);
    ！提取产品实际位置的 Y 坐标值，数据的 12 ～ 18 位
    string_Rz:=StrPart(camera_data,20,7);
    ！提取产品实际位置的 Rz 坐标值，数据的 20 ～ 26 位
    change_done:=StrToVal(string_X,num_X);
    ！将 X 坐标值由字符转换为数值
    change_done:=StrToVal(string_Y,num_Y);
    ！将 Y 坐标值由字符转换为数值
    change_done:=StrToVal(string_Rz,num_Rz);
    ！将 Rz 坐标值由字符转换为数值
    offset_trans:=p_pick_base.trans;
    ！将基准拾取点的坐标赋值给传递变量
    offset_rot:=p_pick_base.rot;
    ！将基准拾取点的姿态赋值给传递变量
    offset_trans.x:=num_x;
    ！将实际产品的 X 坐标值赋值给传递变量
    offset_trans.y:=num_y;
    ！将实际产品的 Y 坐标值赋值给传递变量
    offset_rot:=OrientZYX(num_Rz,0,0);
```

```
!将实际产品的 Rz 坐标值赋值给传递变量
ENDPROC
!相机通信程序结束
```

8）观察该子程序是否能够顺利运行，并检查相机是否触发拍照并向机器人发送了产品的检测数据。如果机器人的相机通信程序不能顺利运行，指针停留在某行语句长时间等待，这说明机器人未能与视觉系统正常通信，需要排查异常原因，直至机器人能够接收到视觉系统发送来的检查数据。

9）用手动连续运行模式运行机器人程序，检查机器人是否能够在正确位置抓取产品。如果机器人的抓取位置不正确，说明机器人工件坐标系 wobj1 未能与视觉系统坐标系正确匹配。需要重复前面第 2）步、第 3）步的操作，直至机器人能够根据视觉系统发来的位置数据正确抓取产品。

10）将产品拍照区的产品换成不良品，检查视觉系统是否能准确检查出产品缺陷，如不能准确检出产品缺陷，需要对视觉程序中 ExtractHistogram 函数的参数进行调整，以及对视觉程序中 If 函数中设定的对比度判定标准值进行调整，直至视觉系统能正确检出产品缺陷。

以上为视觉系统与机器人的通信以及坐标系匹配的联机调试过程。读者如果具备相应的硬件条件，可以搭建硬件环境模拟产品分拣项目的应用场景，然后对本章附件资源文件中的机器人程序略做修改，即可进行本小节描述的视觉系统和机器人联机调试。

课后练习

1. 使用 TCP 通信的两台设备，其中作为__________的一方必须先于作为__________的一方启动，才能确保通信成功。

2. 在 In-Sight 软件中以电子表格模型进行编程时，为了增强程序的可读性可以对程序进行注释，注释性文本是以__________与编程函数进行区分的。

3. TCPDevice 函数的功能是__________。

4. 在使用 TCP 通信时，康耐视智能相机负责接收数据的函数是__________，负责发送数据的函数是__________；ABB 机器人负责接收数据的指令是__________，负责发送数据的指令是__________。

5. 在 ABB 机器人 RAPID 编程语言中，StrToVal 功能函数的作用是__________，它的返回值数据类型是__________。

6. 在 In-Sight 的 Job 程序中，一个单元格内的函数是否执行，可以通过__________进行设定。

7. 在 In-Sight 的 Job 程序中，如果 FindPatMaxPatterns 函数应用的图像来源是经过校准的图像，那么它以__________输出特征的位置数据，如果应用的图像来源是未经过校准的图像，那么它以__________输出特征的位置数据。

8. 如果在 ABB 机器人的 TC 通信程序中使用了 SocketConnect 指令，那么 ABB 机器人在是作为通信的__________。

第 7 章

Intergrated Vision 插件

➲ 知识要点

1. Intergrated Vision 插件功能介绍
2. Intergrated Vision 插件应用解析
3. ABB 工业机器人相关指令应用解析

➲ 技能目标

1. 掌握 Intergrated Vision 插件的使用
2. 掌握 ABB 工业机器人相关指令的使用

7.1 Intergrated Vision 插件功能

Intergrated Vision 插件指的是在 RobotStudio 仿真软件中自带的视觉系统插件，在 ABB 工业机器人配备“1341-1/1520-1 Intergrated Vision Interface”选项时可调用。添加该插件后，就可以通过 RobotStudio 进行图形环境的编辑调试，编辑环境具备了部件识别检查等丰富的功能，同时 RAPID 编程语言也添加了摄像头操作界面与专用指令。

若要在仿真软件 RobotStudio 中虚拟运行 Intergrated Vision 插件，可按图 7-1 进行选择。RobotStudio 2019 以下版本只能使用 32 位软件模式运行，否则 Intergrated Vision 插件无法正常工作。

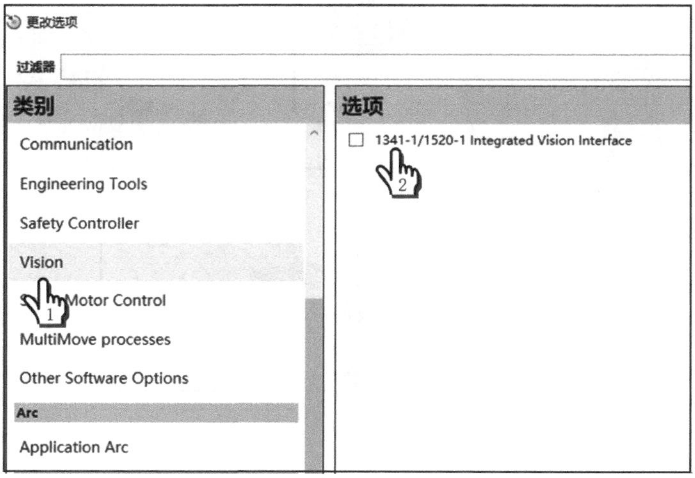

图 7-1

7.2 Intergrated Vision 插件应用流程

7.2.1 硬件连接

ABB 工业机器人使用集成视觉功能连接摄像头，可使用 ABB 工业机器人自带的以太网接口，在控制柜中选择 X2 端口，如图 7-2 所示。

用户无法通过 ABB 机器人的示教器进行视觉系统的程序编写，需要 RobotStudio 软件在线连接机器人。RobotStudio 软件与机器人在线连接也需要使用 X2 端口，为了使得控制器能够通过 X2 端口同时连接视觉系统和 RobotStudio 软件，需要使用一个交换机或者具备交换机功能的路由器。图 7-3 所示为其中一款交换机。

图 7-2

图 7-3

如图 7-4 所示，连线表示网线，分别将各自的接口通过以太网连入交换机即可。

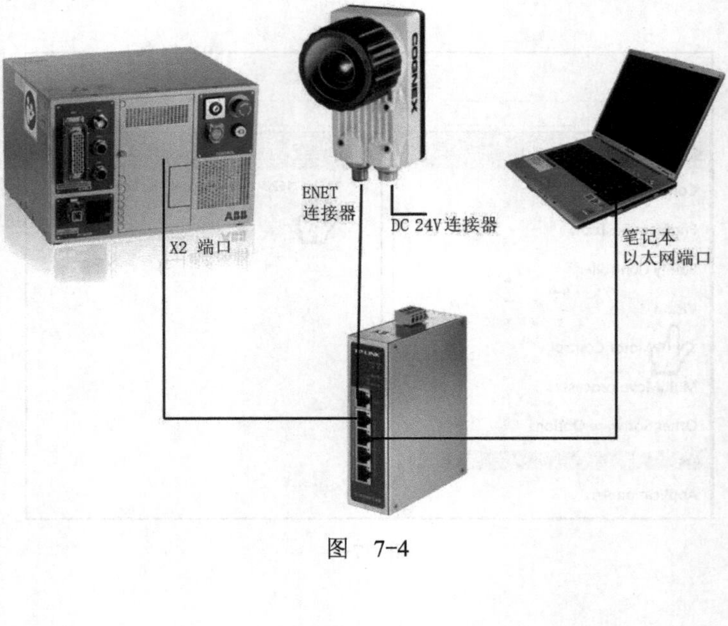

图 7-4

7.2.2　软件连接

硬件连接完成后，打开 RobotStudio 在线连接 ABB 工业机器人，拥有“1341-1/1520-1 Intergrated Vision Interface”系统选项的可在控制器界面看到有“Vision System”菜单，通过此菜单进行视觉系统配置，如图 7-5 所示。

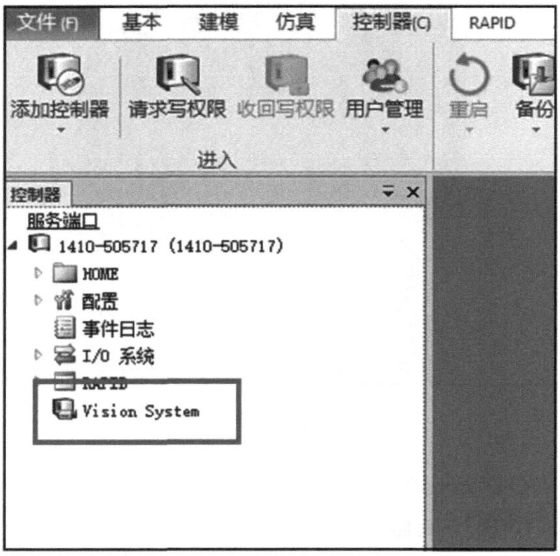

图　7-5

如图 7-6 所示，鼠标移到“Vision System”单击右键，选择“集成视觉”，打开视觉调试界面。

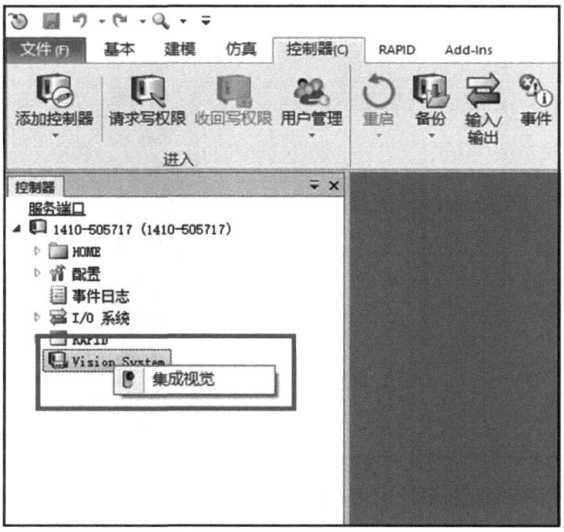

图　7-6

如图 7-7 所示，选择“集成视觉”后，会弹出新的菜单“Vision”，通过此界面进行视觉系统的连接调试。

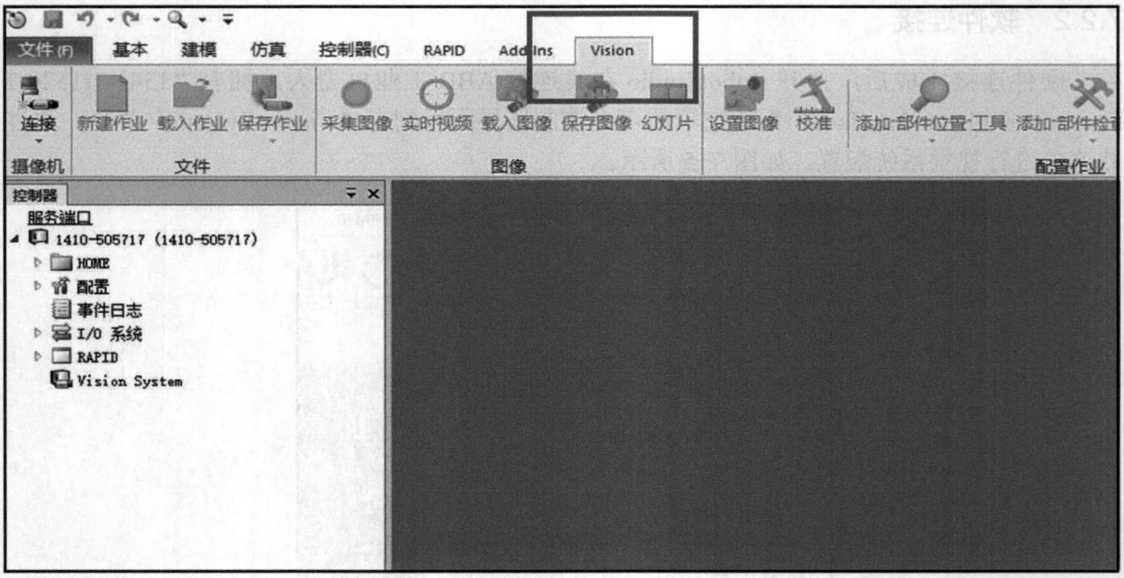

图 7-7

首次连接相机，通常需要修改相机的 IP 地址，使其与计算机的 IP 地址处于同一网段，才能连接成功。修改相机 IP 地址的操作步骤如下：

1）展开工具栏中的“连接”命令组，单击其中的“添加传感器”命令，如图 7-8 所示。

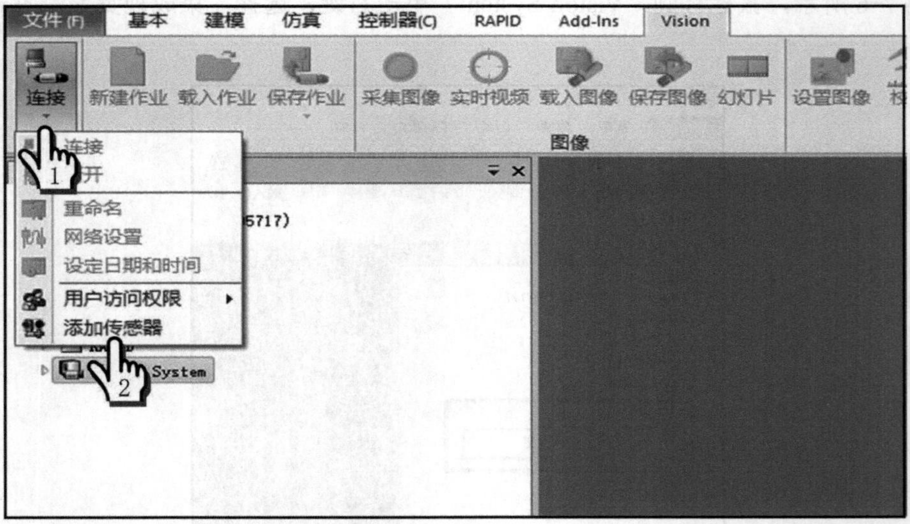

图 7-8

2）在图 7-9 所示的新窗口中可以看到当前所搜索到的摄像头。若没有找到摄像头可单击下方的“刷新”按钮；若有多个摄像头则可以单击“闪光灯”按钮，通过灯光闪烁找到所要连接的摄像头。

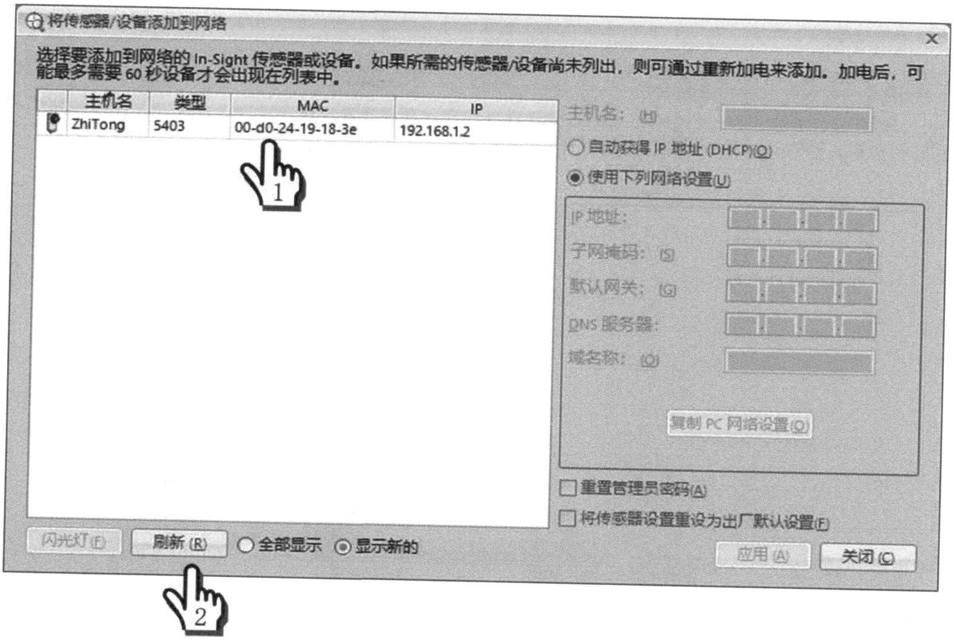

图 7-9

3）单击主机名为“ZhiTong”的摄像头，在右侧会显示其当前信息，在 IP 地址的右侧有红色感叹号，如图 7-10 所示，表示当前摄像头的 IP 地址与计算机中的网络地址不匹配。

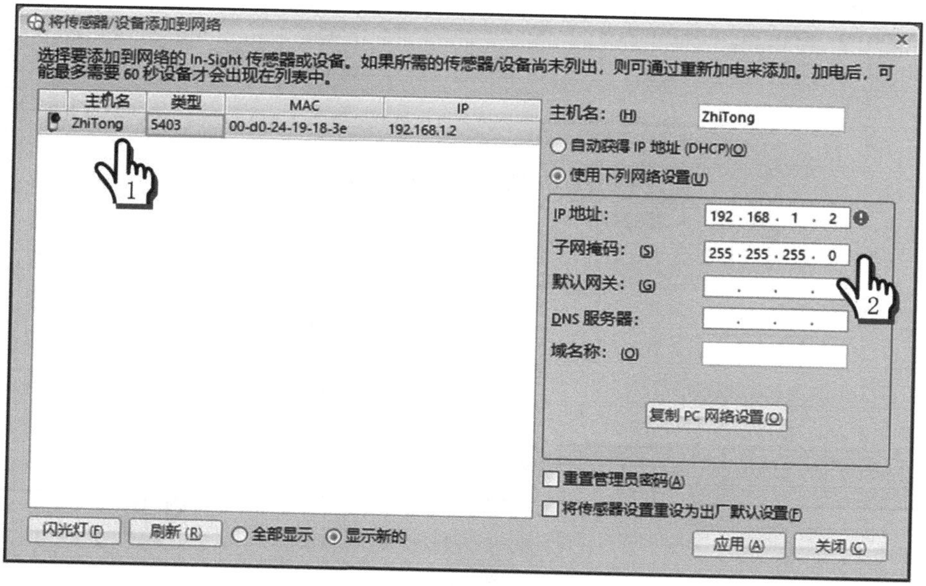

图 7-10

4）如图 7-11 所示，如果不知道当前网络的网段，可以单击“复制 PC 网络设置”，直接修改 IP 地址最后一位，填写与机器人 IP 地址不相同的值。

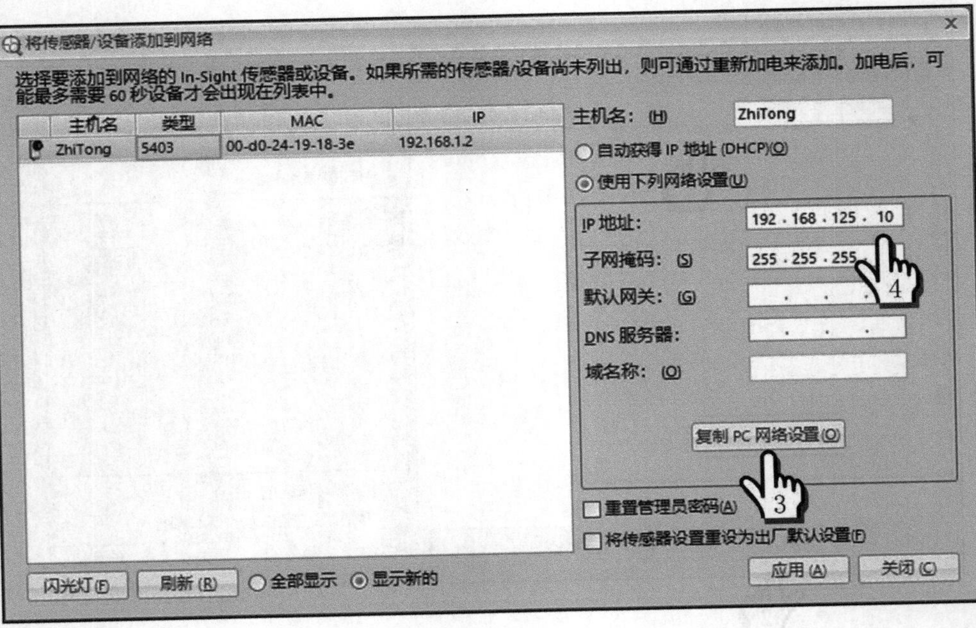

图 7-11

5）如图 7-12 所示，确认无误后，单击“应用”，在弹出的对话框中单击“确定”。

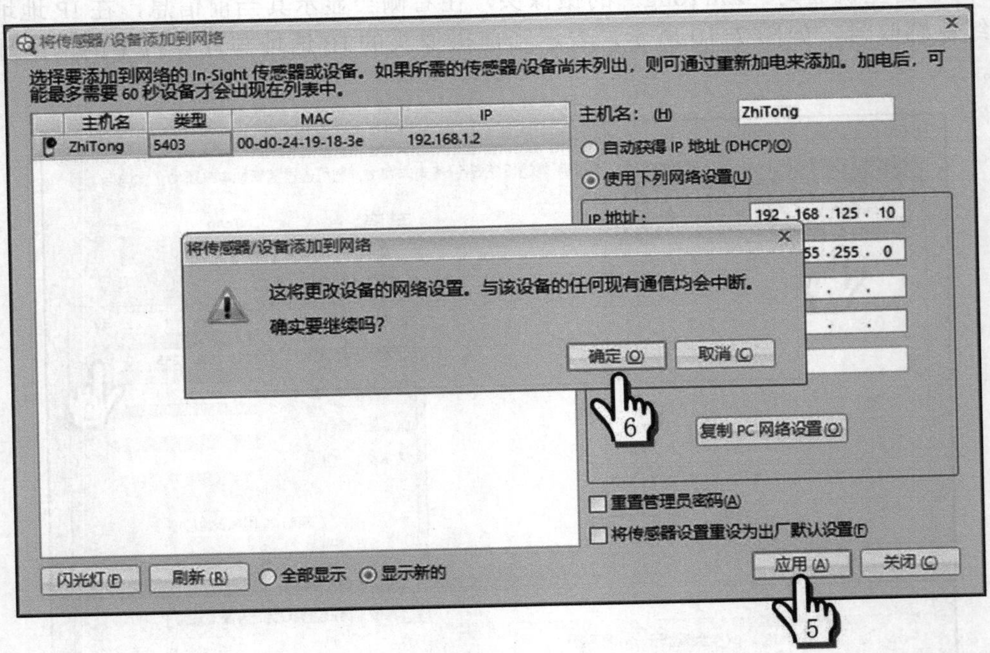

图 7-12

6）如果相机与 RobotStudio 软件连接正常，将会弹出如图 7-13 所示的登录界面，此时需要正确输入相机的用户名和密码才能进行登录，相机默认的用户名为：admin，默认密码为空。

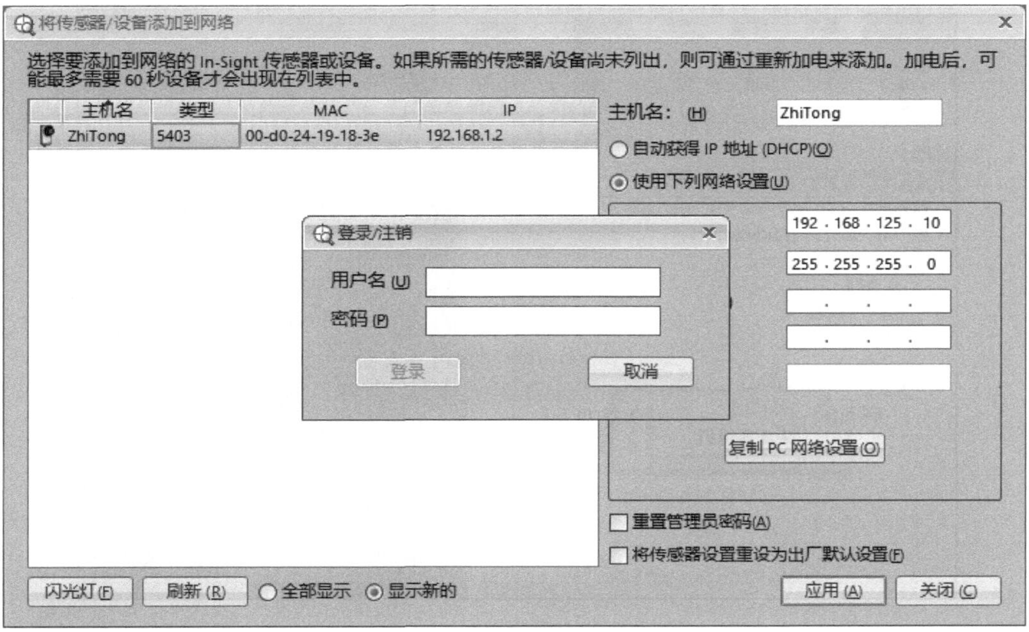

图　7-13

7）登录完成后弹出网络设置完成更改的对话框，表示修改成功，如图 7-14 所示。关闭此界面，进行下一步连接。

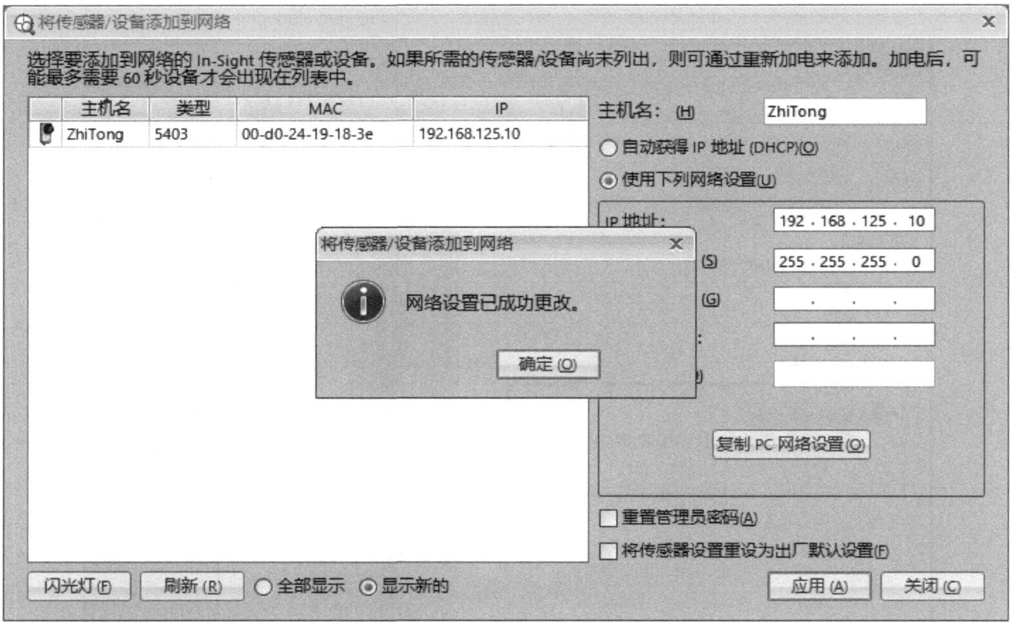

图　7-14

8）将摄像头的 IP 地址修改后若仍未显示相机，可在图 7-15 所示的界面中选择“Vision System”单击鼠标右键，选择“刷新摄像机”。

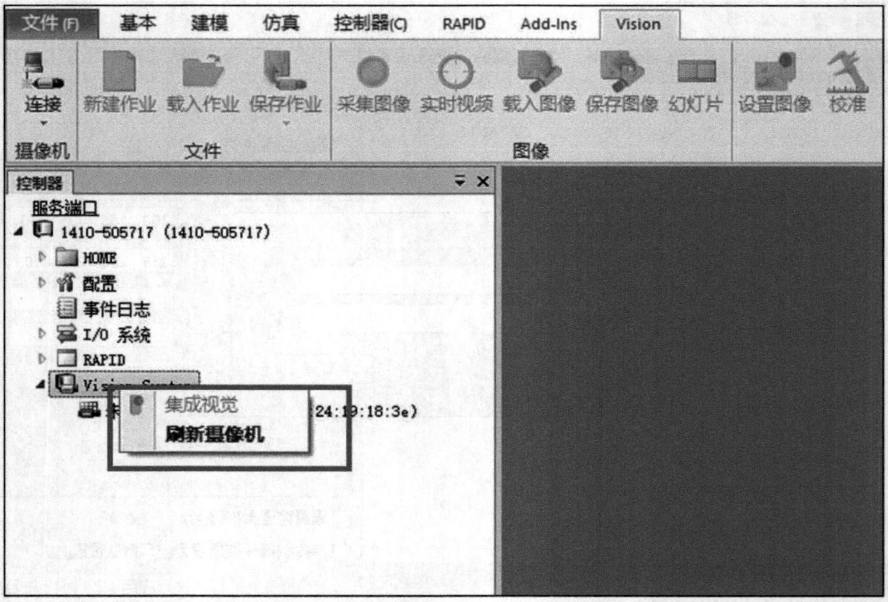

图 7-15

将摄像头的 IP 地址修改完成后，就可以进行 ABB 工业机器人与摄像头的连接与设定。操作步骤如下：

1）如图 7-16 所示，在“Vision System”下显示未配置选项时才可进行操作。

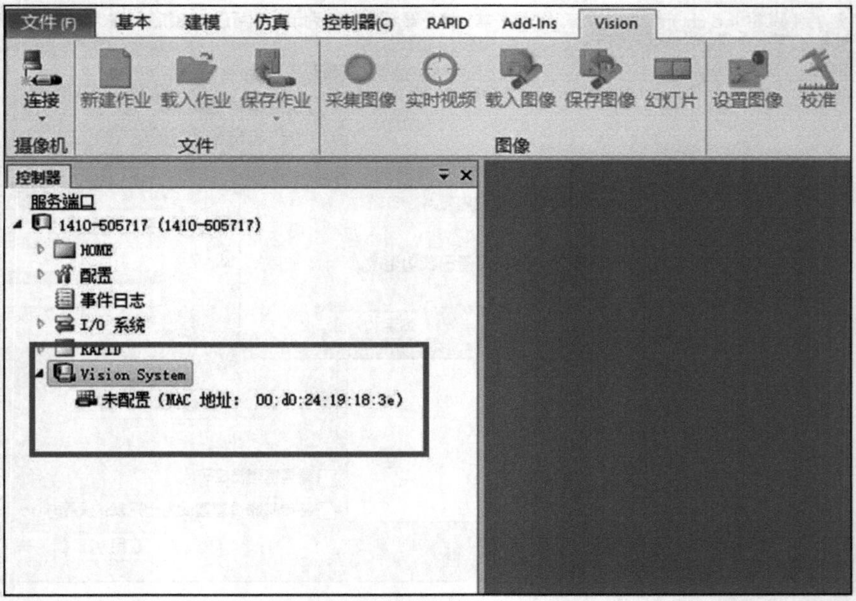

图 7-16

2）如图 7-17 所示，在“未配置（MAC 地址……）”上单击鼠标右键选择“连接……”。

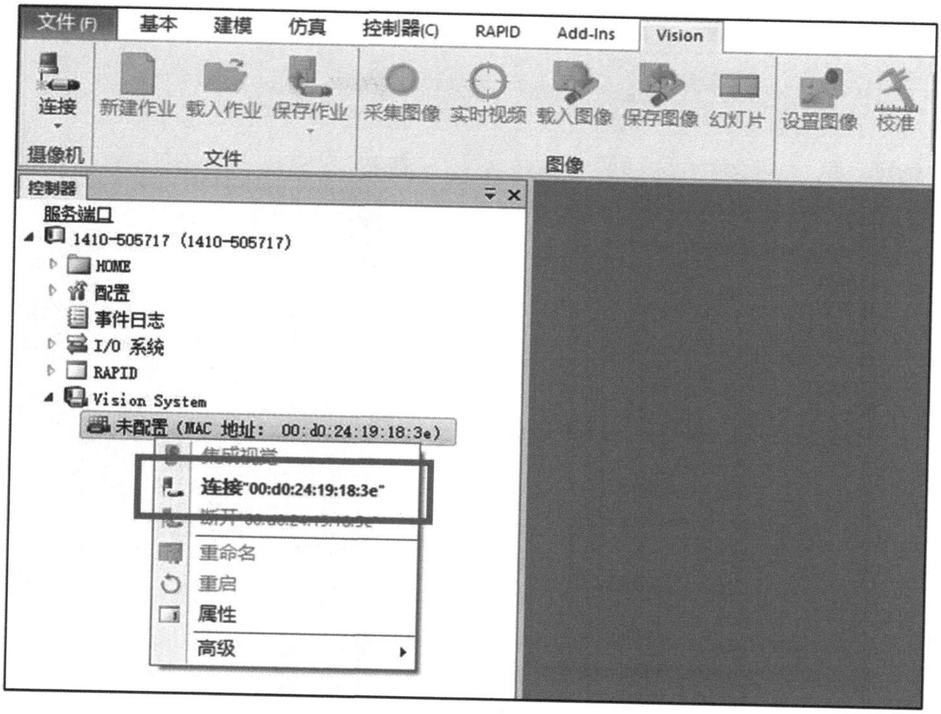

图　7-17

3）当连接摄像头后，就会出现图 7-18 所示的界面，在软件界面中间可以看到当前摄像头所显示的静态图像。

图　7-18

4）连接成功后，若需要修改名字，则可以在图 7-19 所示的界面中单击“重命名”。

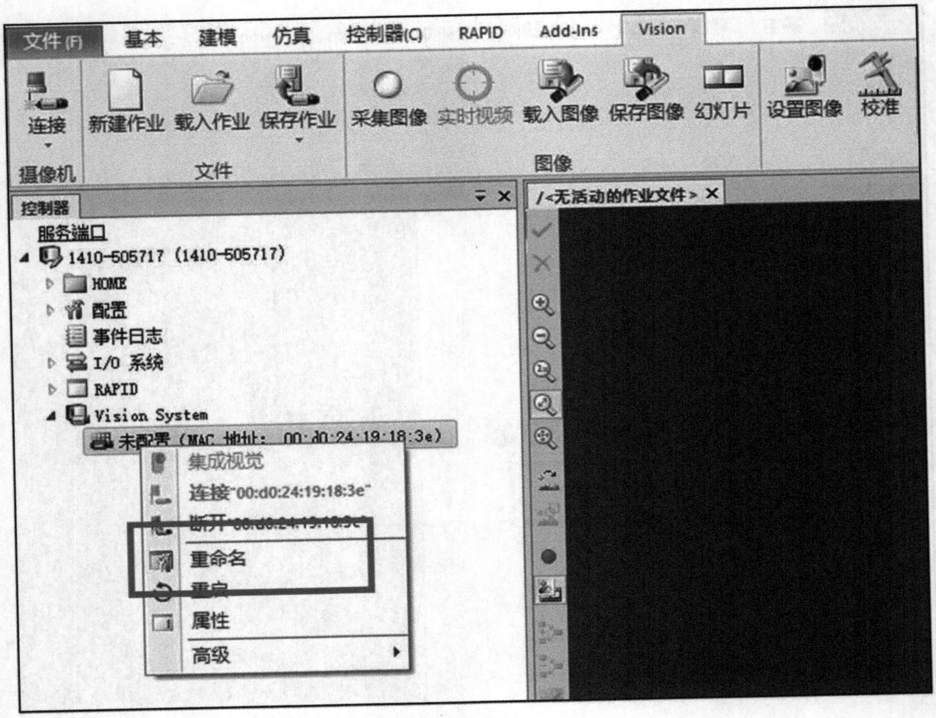

图 7-19

5）摄像头的名字可根据项目需求进行修改。如图 7-20 所示，将相机名称改为：ZT，单击“确定”，接着系统会提示需要重启控制器才能生效。

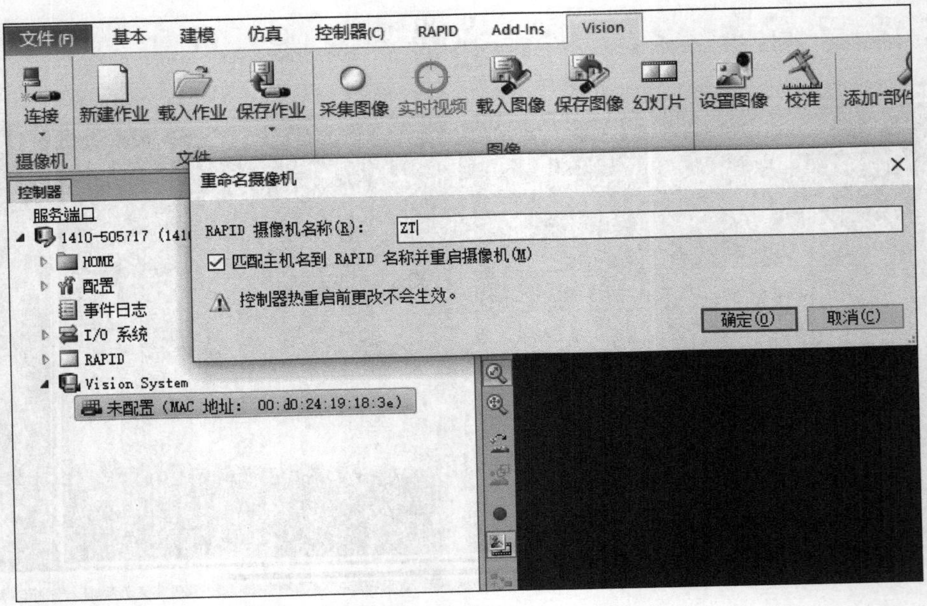

图 7-20

6）系统重启时会暂时断开连接，如图 7-21 所示，重启完成后会自动连接。

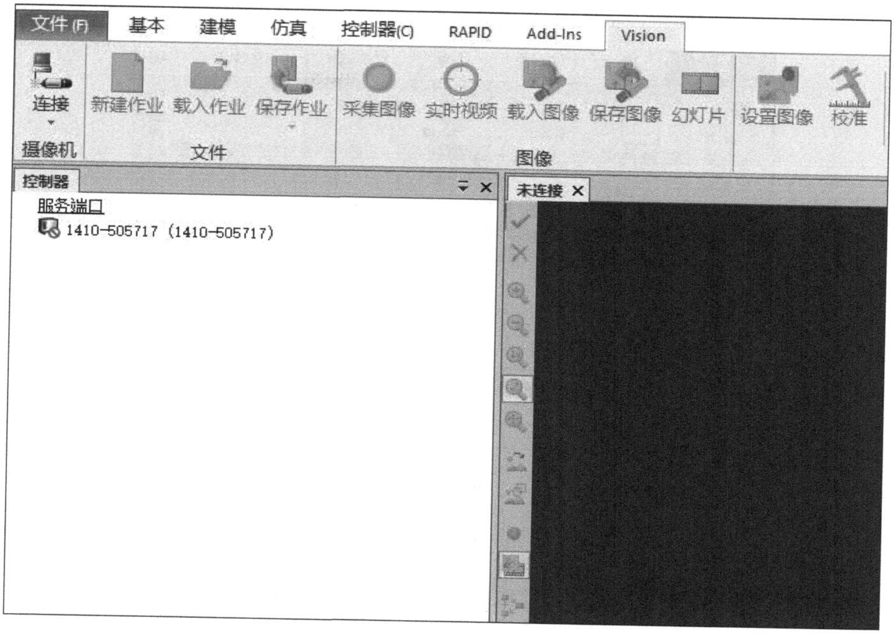

图　7-21

7）如图 7-22 所示，重启完成后，就会在“Vision System”下显示 ZT。

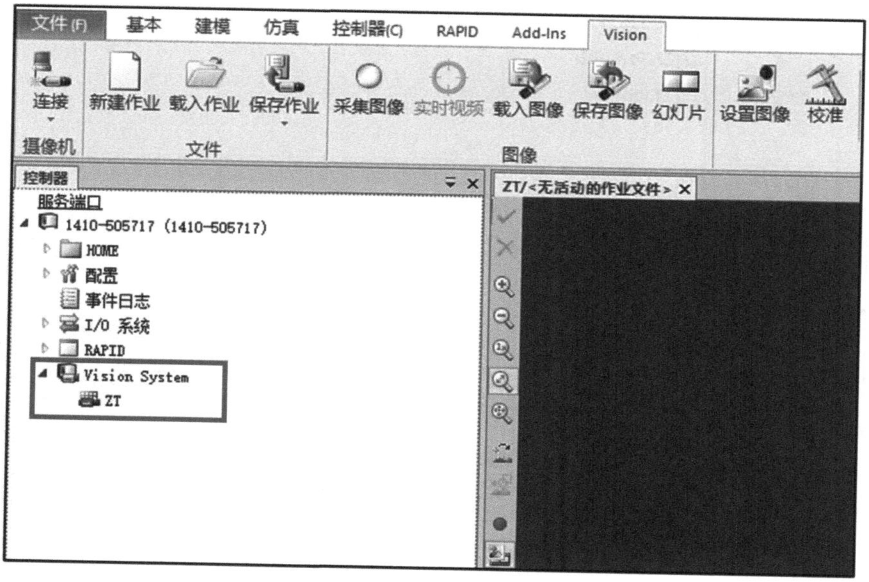

图　7-22

7.2.3　新建作业

在进行调试操作之前，需要新建或者载入作业；在进行调试时需要及时保存作业，避免意外丢失数据。如图 7-23 所示，在“文件”选项卡中可实现作业的新建、载入和保存功能。

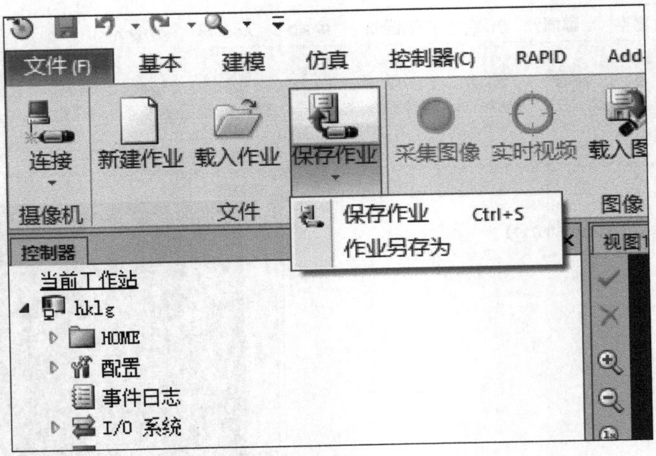

图 7-23

如图 7-24 所示，摄像头作业文件的扩展名为 .job，在后续的编程操作中会使用到。

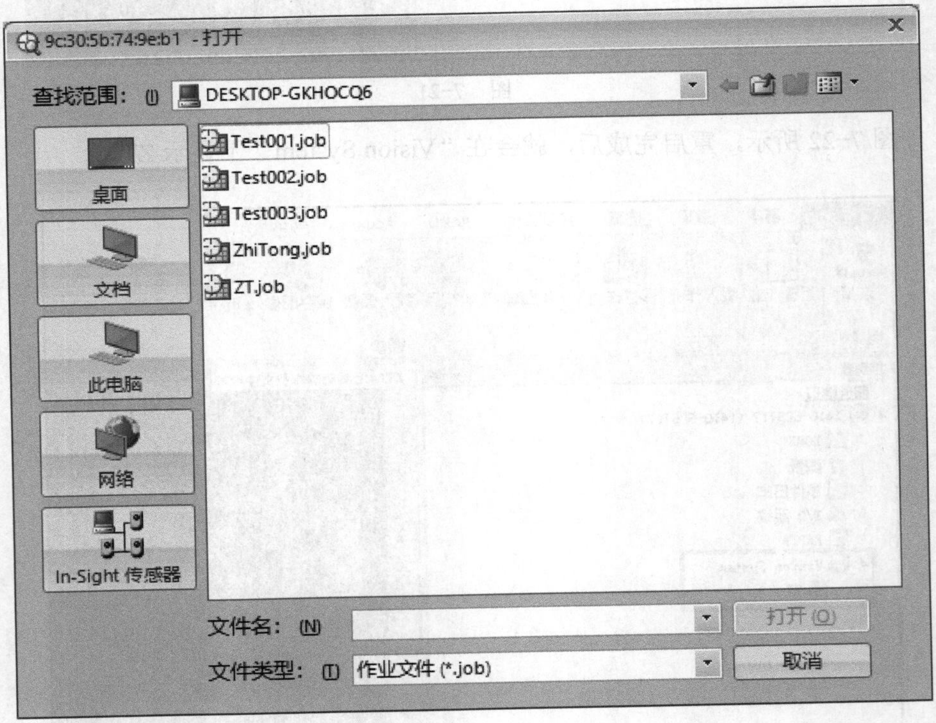

图 7-24

7.2.4 设定图像

在对摄像头进行调试之前，需要对图像的曝光度、亮度等参数进行设定，确保获取到清晰稳定的画面。

1）如图 7-25 所示，单击“新建作业”，创建一个新的作业进行操作。

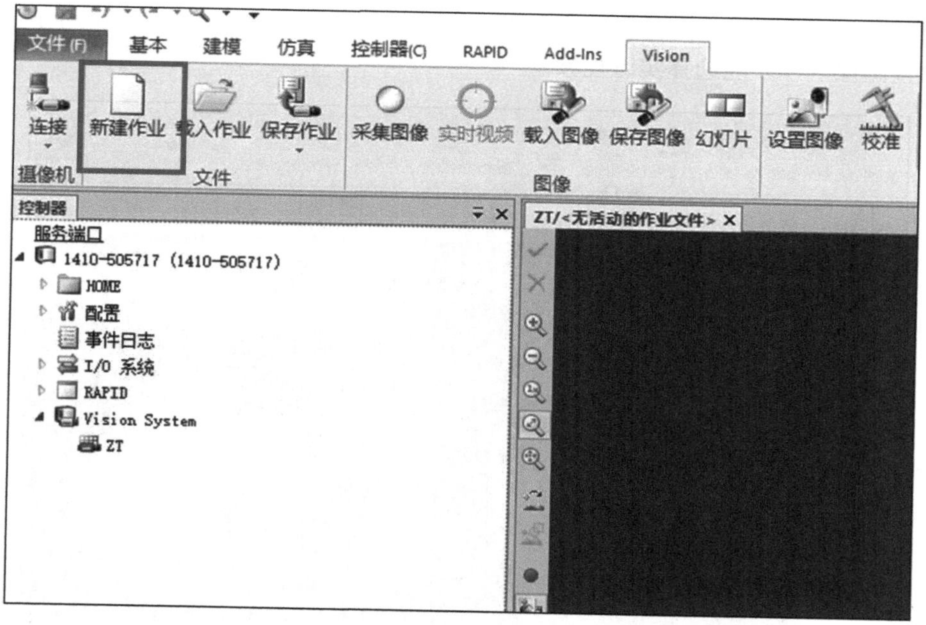

图　7-25

2）如图 7-26 所示，在图像栏中可完成以下操作：

采集图像：每单击一次，会让摄像头拍摄一次，将拍摄到的图像显示在画面中。

实时视频：可以在画面中显示实时动态图像，必须在设置图像状态下才能进行。

载入图像：可以将之前预先保存好的图像载入画面中。

保存图像：可以保存当前画面。

幻灯片：可以显示多个保存的画面。

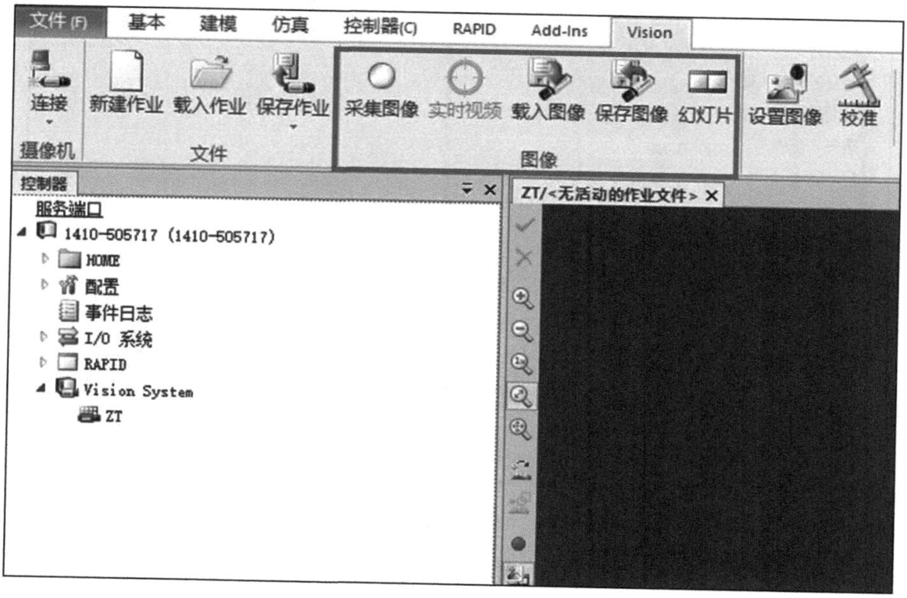

图　7-26

3）要对画面清晰度进行调整，使用实时视频是最佳的选择。如图 7-27 所示，需要先单击“设置图像”，才能选择实时视频。

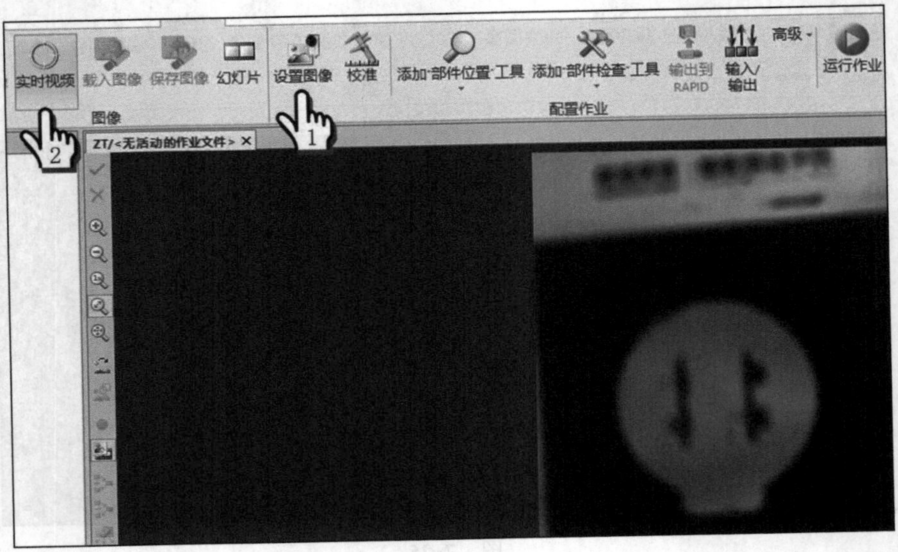

图 7-27

4）如图 7-28 所示，单击“设置图像”后，在软件界面下方还可以对相机进行参数设定，如触发拍照形式、触发间隔、光源控制等。设定“曝光（毫秒）”的大小可以改变相机的亮度。

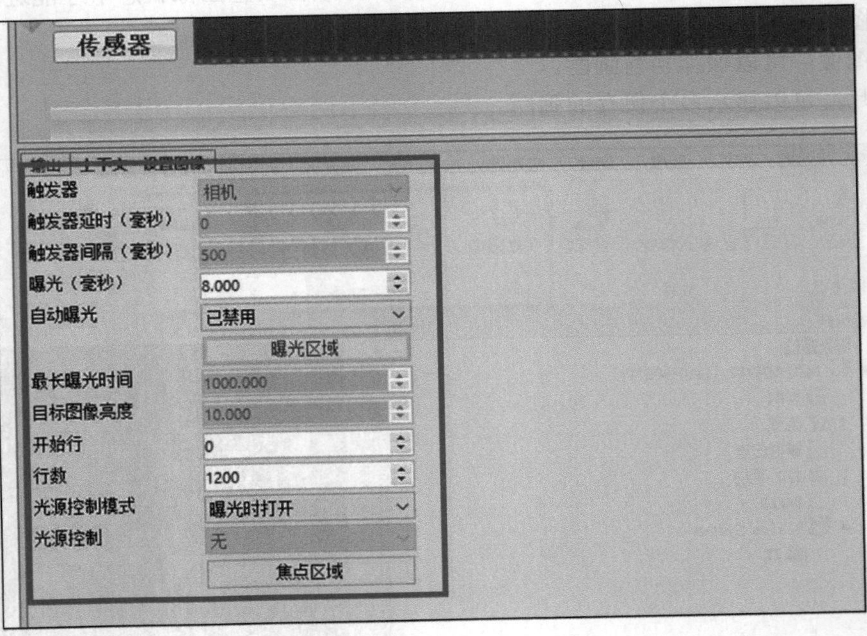

图 7-28

5）如图 7-29 所示，将摄像头移动到一个固定拍照点后，可通过通光孔径和聚焦调节环进行摄像头曝光度和对焦的调整。

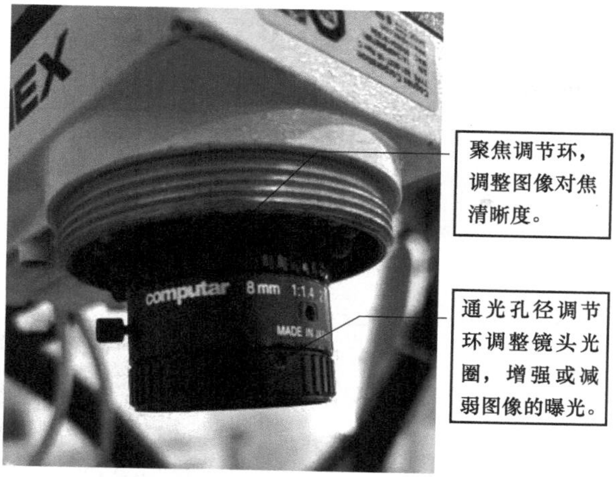

图　7-29

6）通过上述步骤，将画面调整到最清晰稳定的状态，这样才能在辨别产品时更加快速准确。如图 7-30 所示，调整后画面清晰可见。

图　7-30

7.2.5　校准

摄像头的画面由一个个像素组成，为了让拍摄到的图像转换成 ABB 工业机器人可识别的坐标数据，需要通过软件自带的校准功能实现。校准后，摄像头就可以通过内部算法将识别到的产品数据准确地发送给 ABB 工业机器人。

摄像头和 ABB 工业机器人都需要进行校准才能实现数据的转化。校准的原理是将校准图纸放到摄像头的视野下，让摄像头自动捕捉图纸的点位与坐标系，识别出当前画面的位置，然后机器人也通过校准图纸创建一个新的坐标系，摄像头与机器人是在同一个位置下创建同样的坐标系，因此发送的数据就是一致的。下面将分别介绍摄像头和 ABB 工业机器人的校准步骤与注意事项：

1. 仿真软件校准

1）首先在菜单中单击“校准”，进入校准界面，如图 7-31 所示。

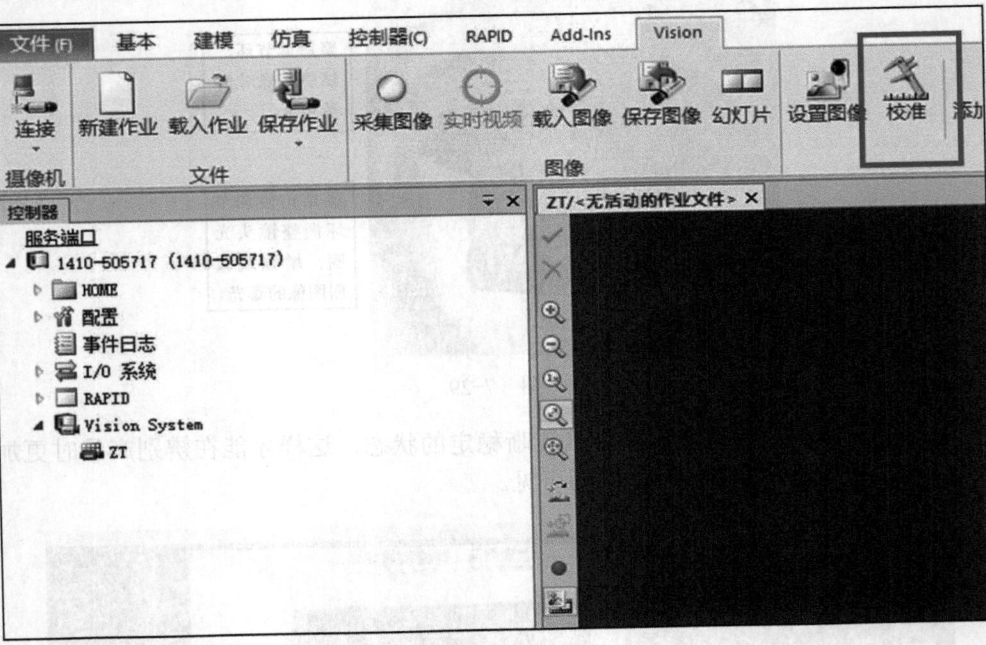

图 7-31

2）单击“校准”后，在软件下方会弹出校准设定界面，如图 7-32 所示，首先要选择校准类型。

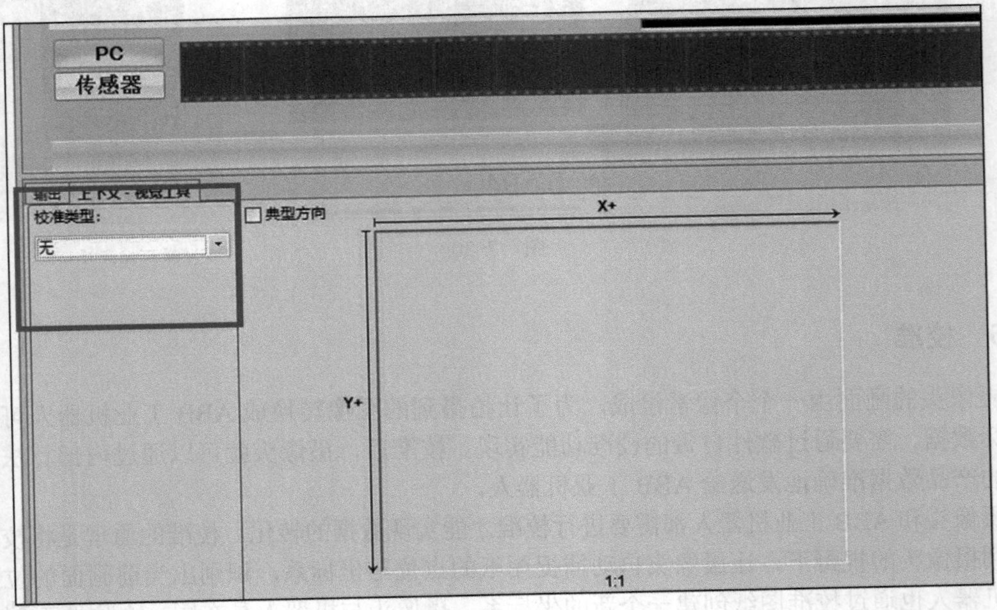

图 7-32

3）单击“校准类型”，可看到有多种类型供选择，如图 7-33 所示，在这里选择“Grid”。

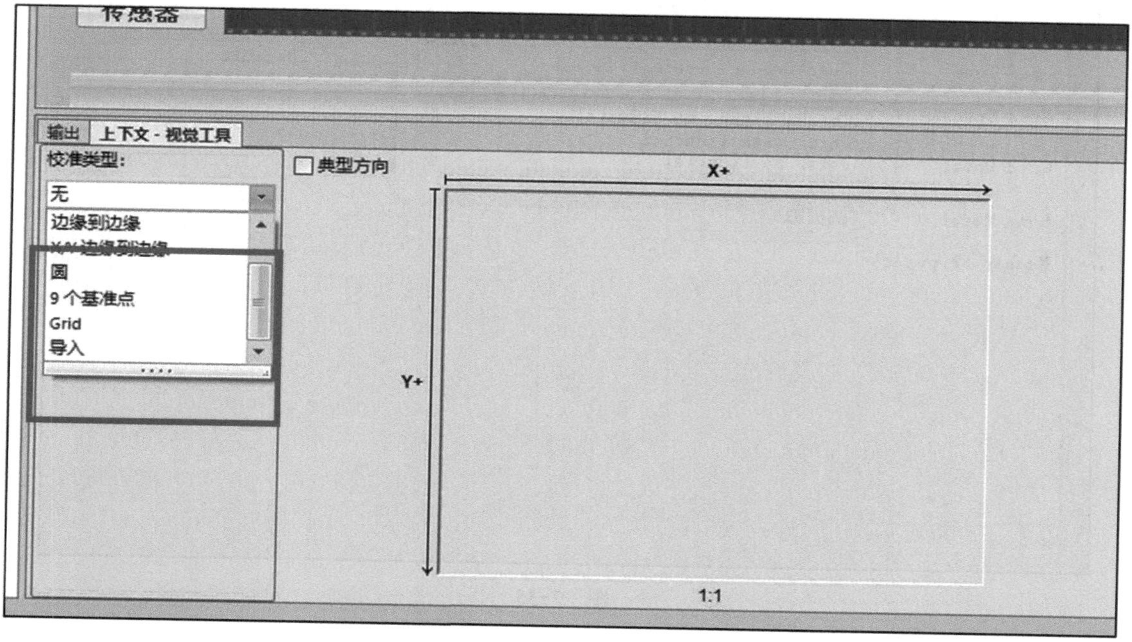

图　7-33

4）如图 7-34 所示，选择“Grid”后，右侧区域有以下参数需要修改：Grid Type：网格类型；Grid Spacing：网格间距；Grid Units：网格单位。

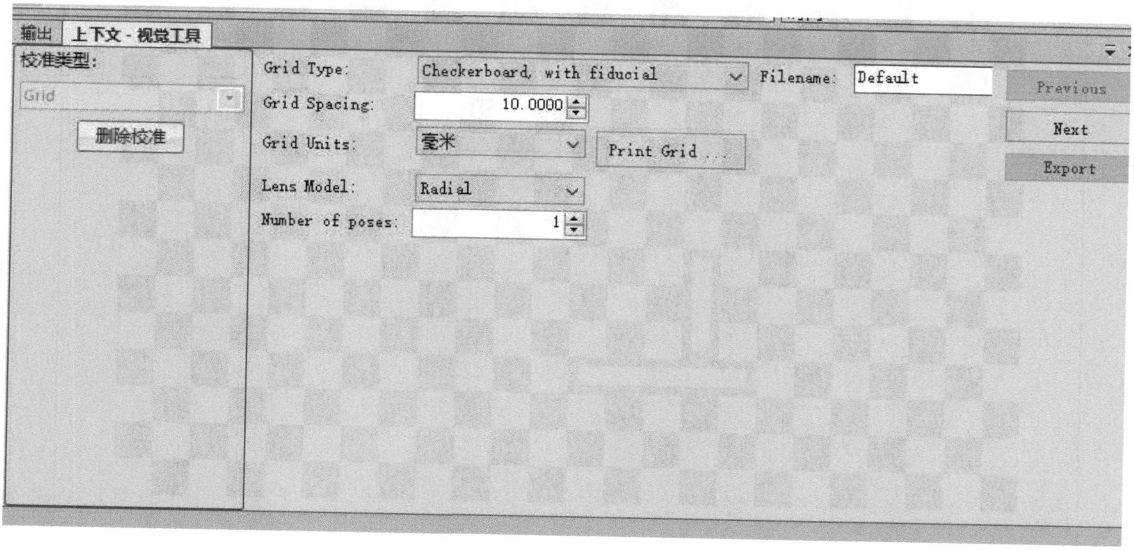

图　7-34

5）如图 7-35 所示，单击“Grid Type”，有四种类型可供选择。

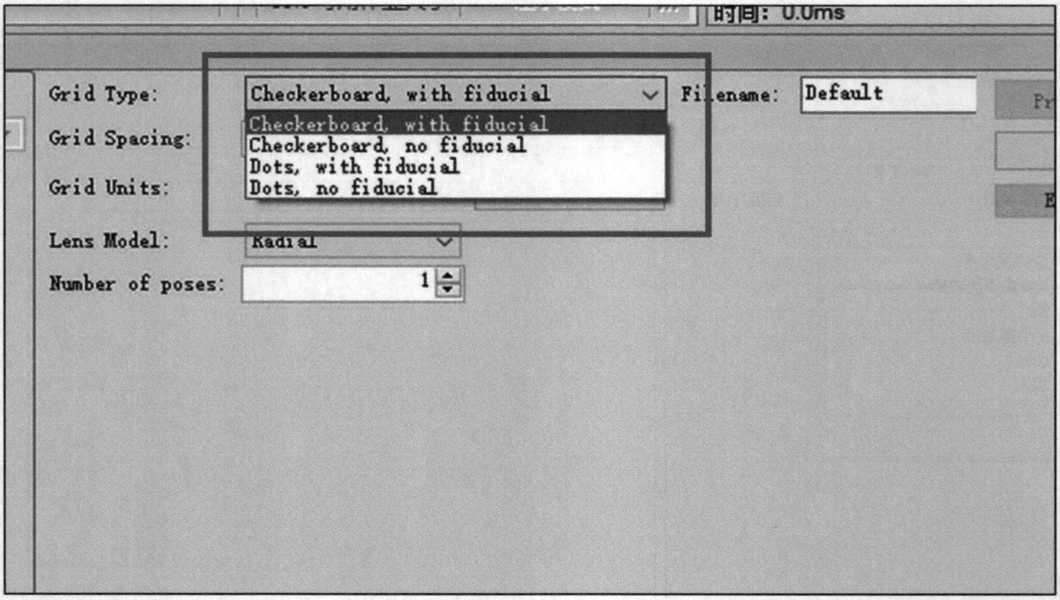

图 7-35

选择“Checkerboard, with fiducial”后的图像如图 7-36 所示。

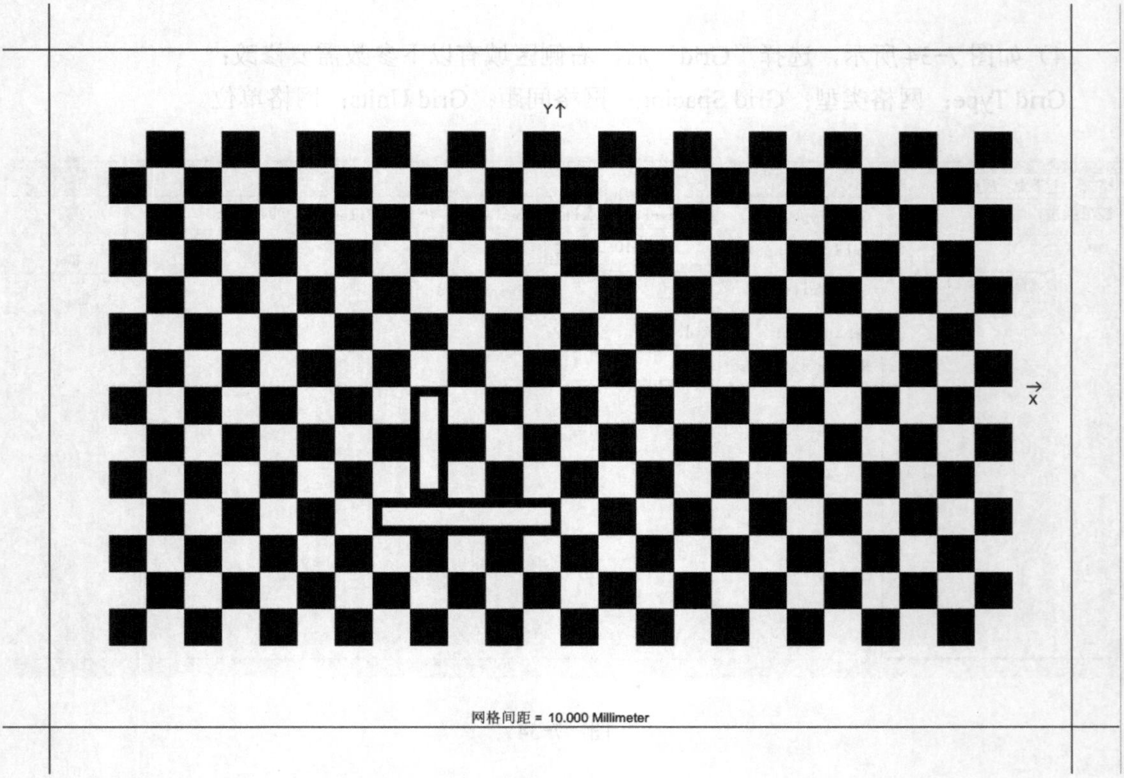

图 7-36

选择 “Checkerboard, no fiducial” 后的图像如图 7-37 所示。

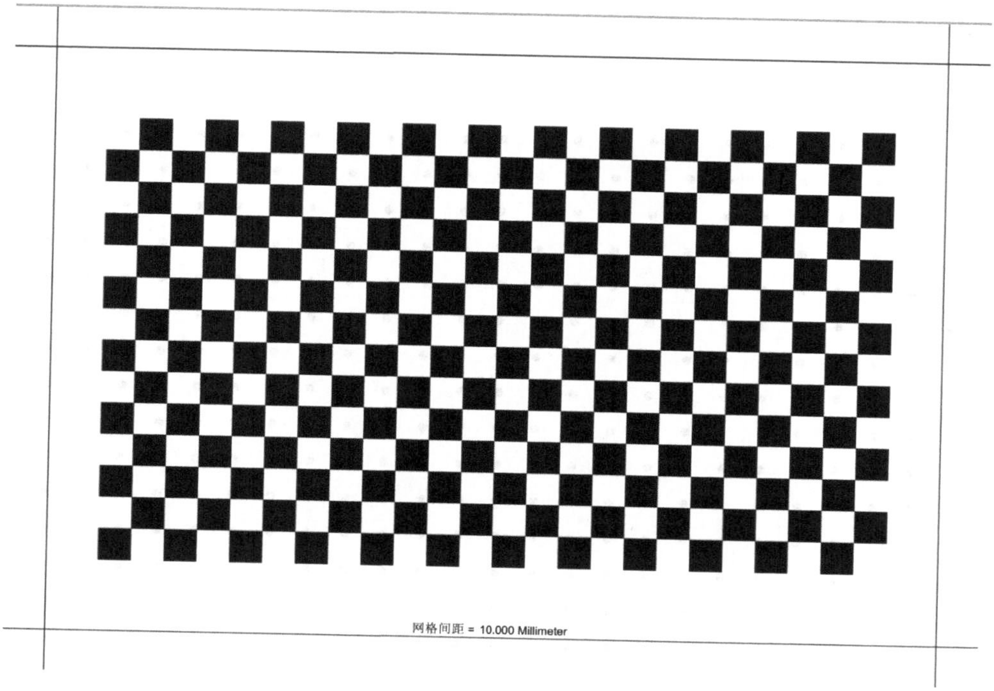

图　7-37

选择 “Dots,with fiducial” 后的图像如图 7-38 所示。

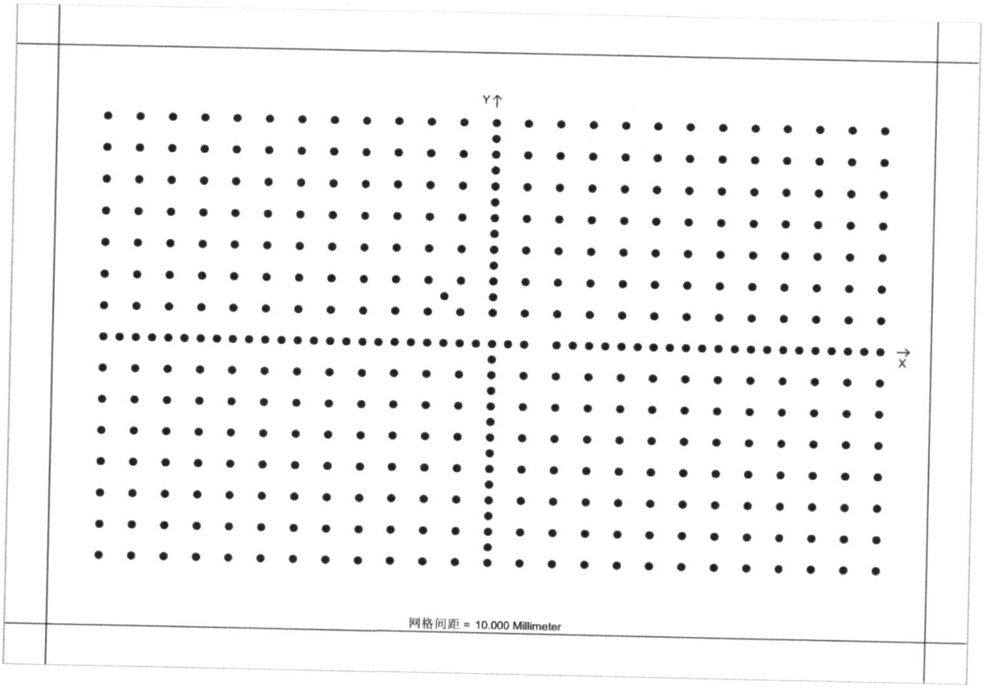

图　7-38

选择“Dots,no fiducial”后的图像如图 7-39 所示。

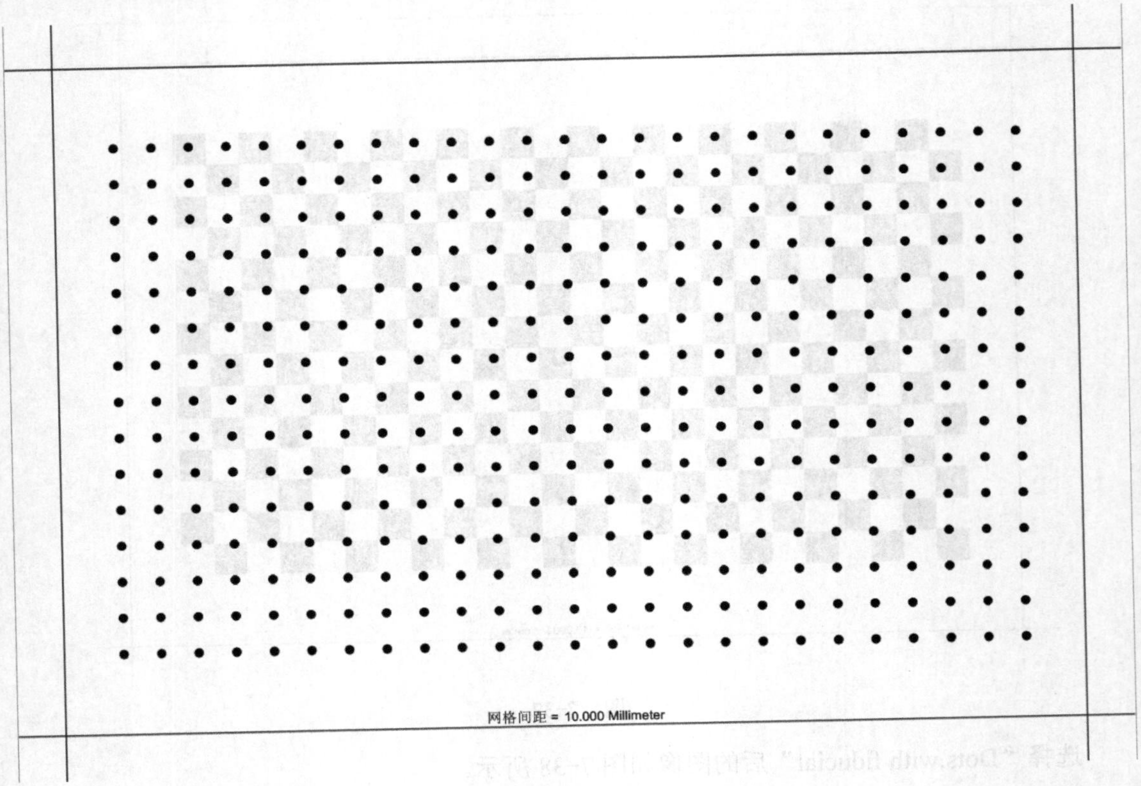

图 7-39

6）网格类型选择“Dots,with fiducial”，因为该图像含有对应的直角坐标系，便于 ABB 工业机器人校准，然后修改“Grid Spacing”（网格间距）的值，间距越小，校准的精确度越高。如图 7-40 所示，将“Grid Spacing”的值改为 5 mm。

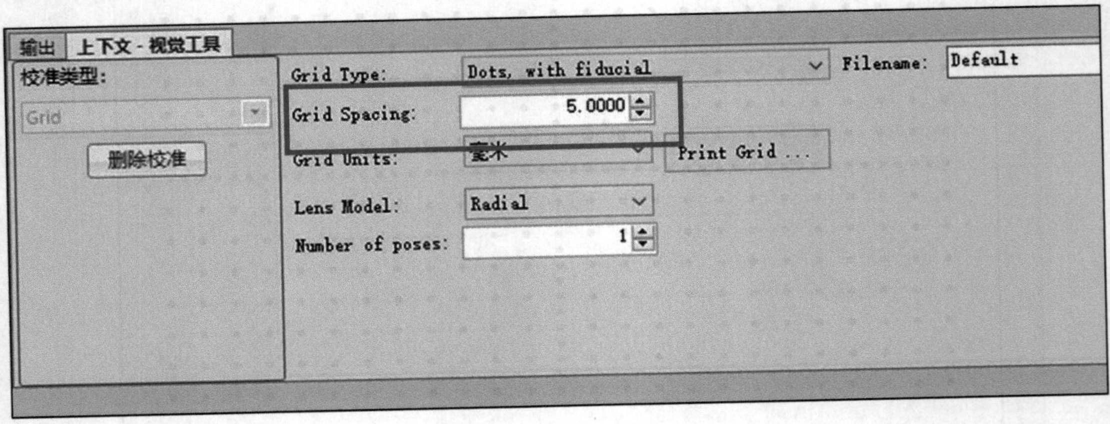

图 7-40

7）选择对应的网格类型后，就需要将其打印出来，放在摄像头的视野下进行校准。单击“Print Grid”打印校准网格，如图 7-41 所示。

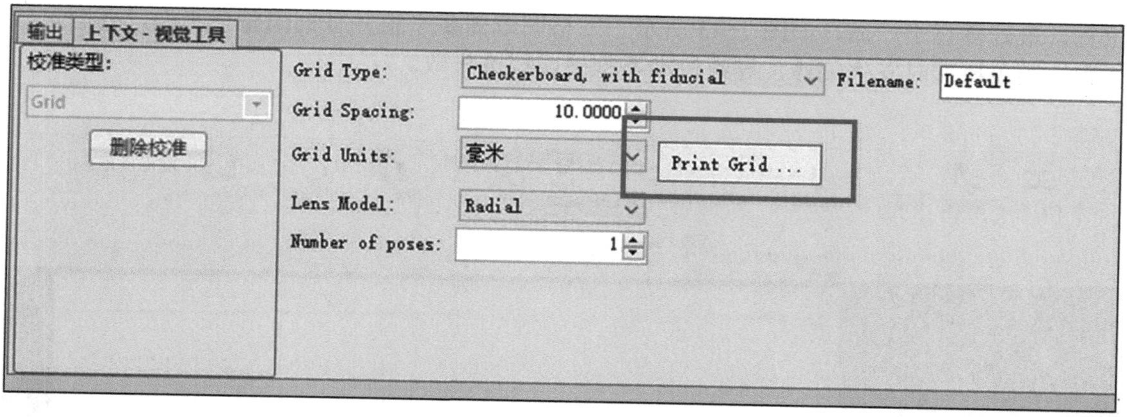

图　7-41

8）单击“Print Grid”后，会弹出打印窗口，如图 7-42 所示。如果计算机连接了打印机，单击“打印”按钮即可。

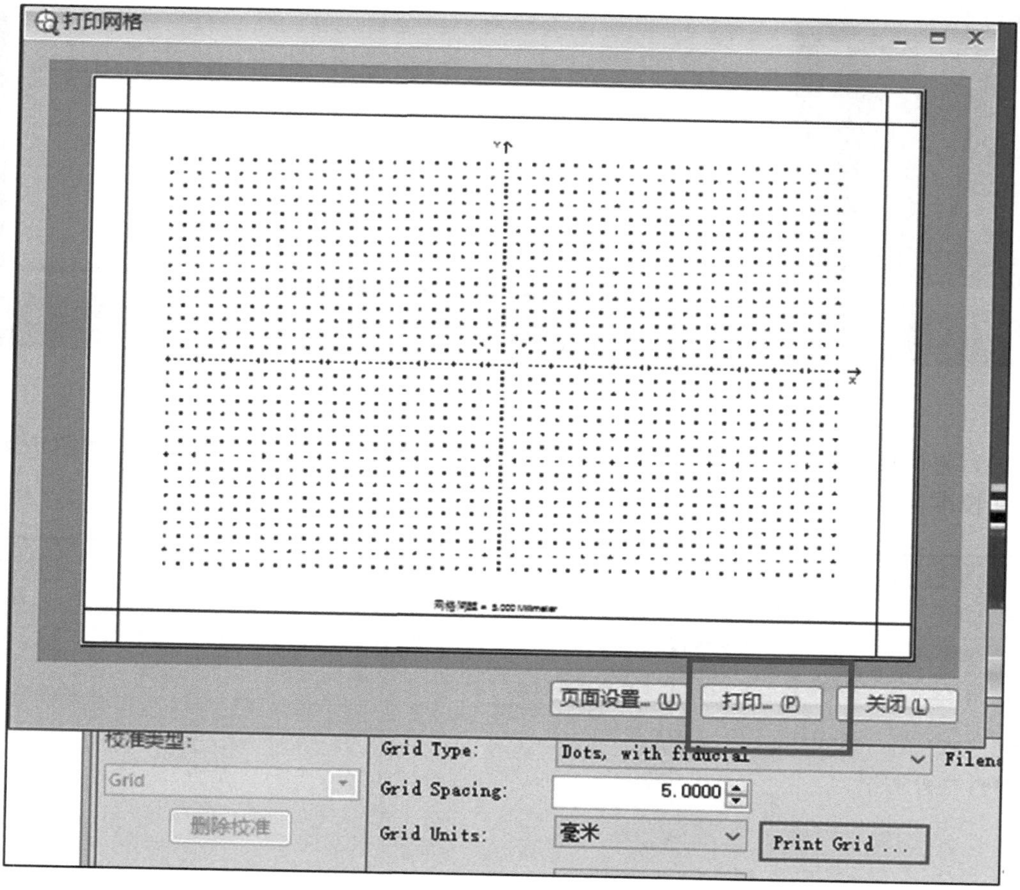

图　7-42

9）进行下一步操作前，需要将打印出来的网格放到摄像头的视野中，并调整好摄像头位置，最好垂直于产品，如图 7-43 所示。网格图纸需要平整并且铺满整个画面，要固定好位置，避免校准时发生偏移，导致校准不准确或校准失败。

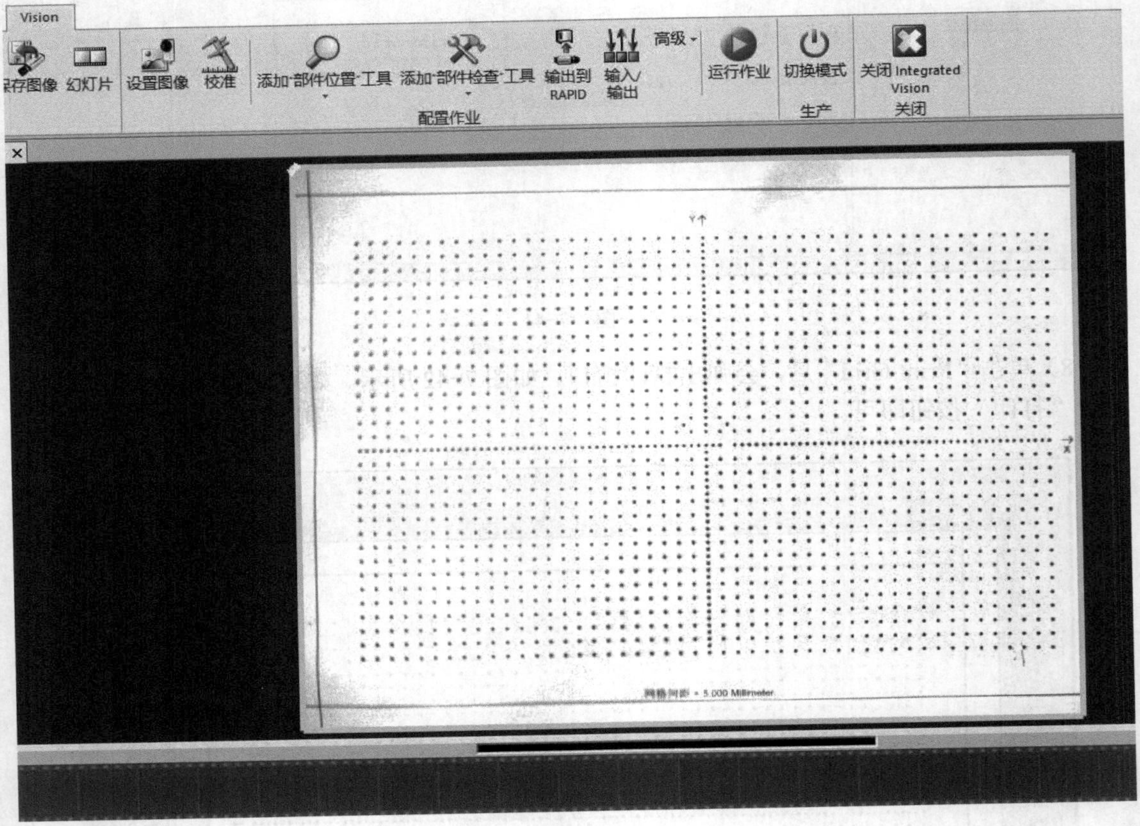

图 7-43

10）将摄像头位置、网格图纸都设定好位置后，就可以进行下一步操作。如图 7-44 所示，在校准窗口，单击“Next”。

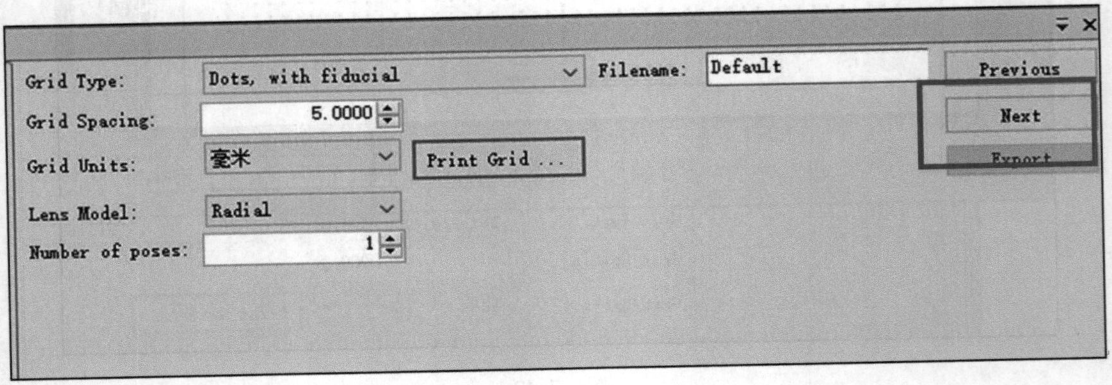

图 7-44

11）开始校准后，摄像头就会根据当前视野自动识别校准图像。如图 7-45 所示，在整个画面会根据校准图纸出现绿色的小点，同时在校准窗口会出现点位的校准数据。识别成功后的界面如图 7-46 所示，此时单击“Next”可进行下一步操作。

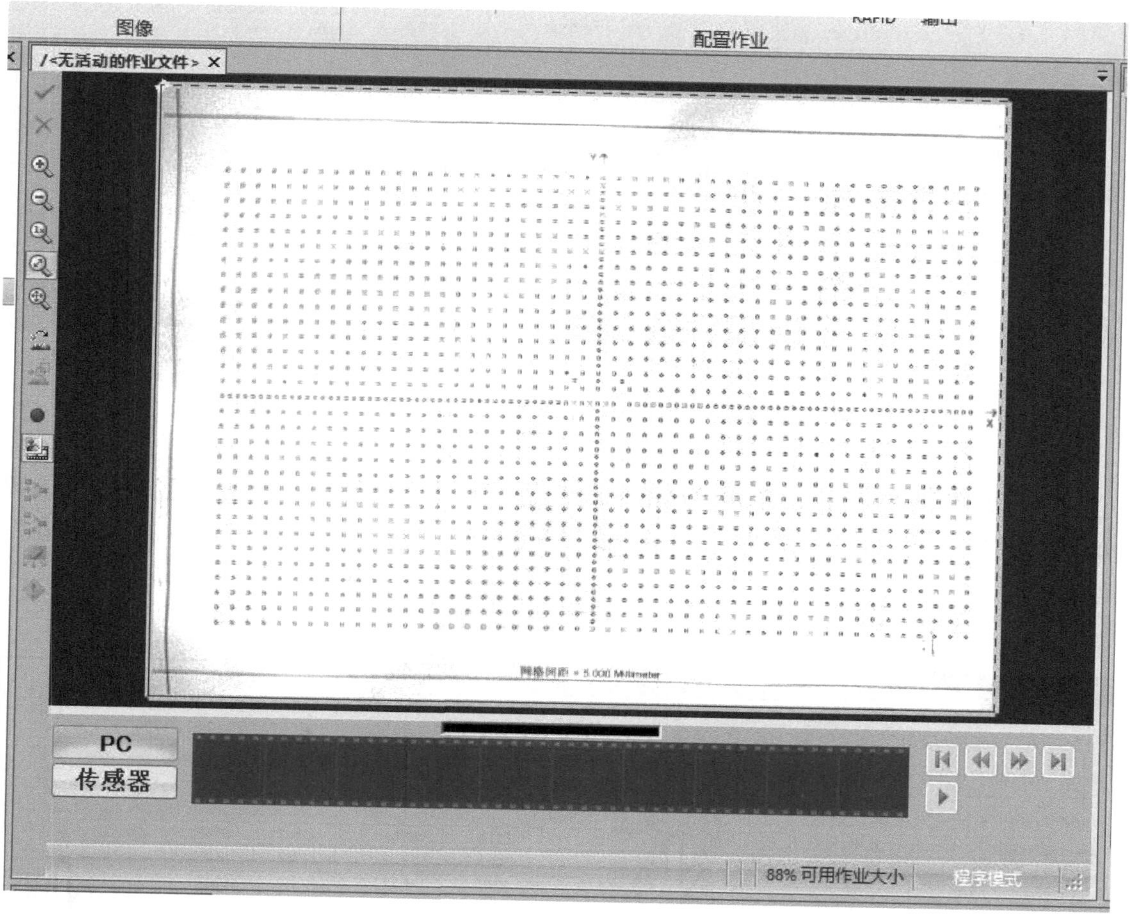

图　7-45

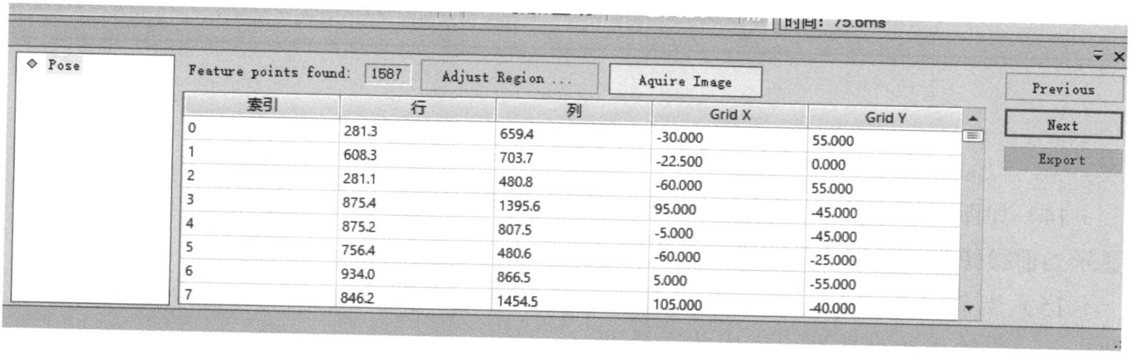

索引	行	列	Grid X	Grid Y
0	281.3	659.4	-30.000	55.000
1	608.3	703.7	-22.500	0.000
2	281.1	480.8	-60.000	55.000
3	875.4	1395.6	95.000	-45.000
4	875.2	807.5	-5.000	-45.000
5	756.4	480.6	-60.000	-25.000
6	934.0	866.5	5.000	-55.000
7	846.2	1454.5	105.000	-40.000

图　7-46

12）摄像头识别完网格图纸后，就会显示识别效果，如图 7-47 所示。

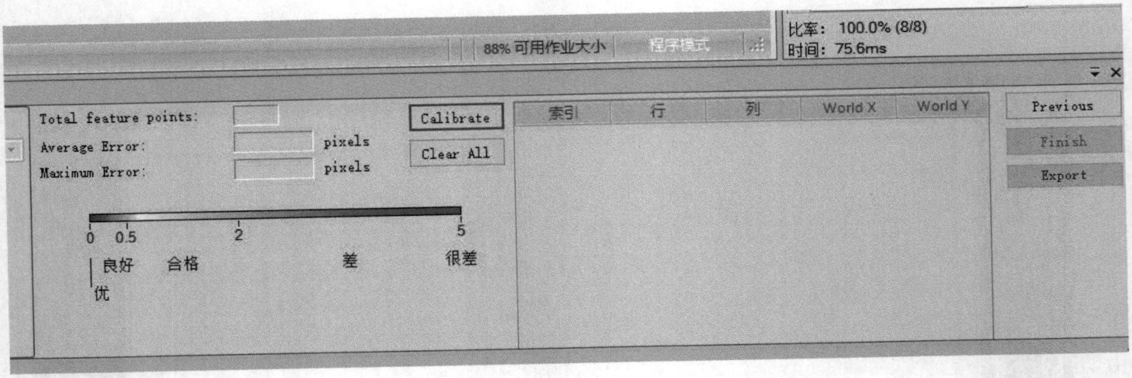

图 7-47

13）如图 7-48 所示，单击“Calibrate”进行校准，界面下方会显示当前校准的评分，需要达到合格以上才能使用。当前显示为 0.824，为合格。此时可以单击“Finish”结束校准。

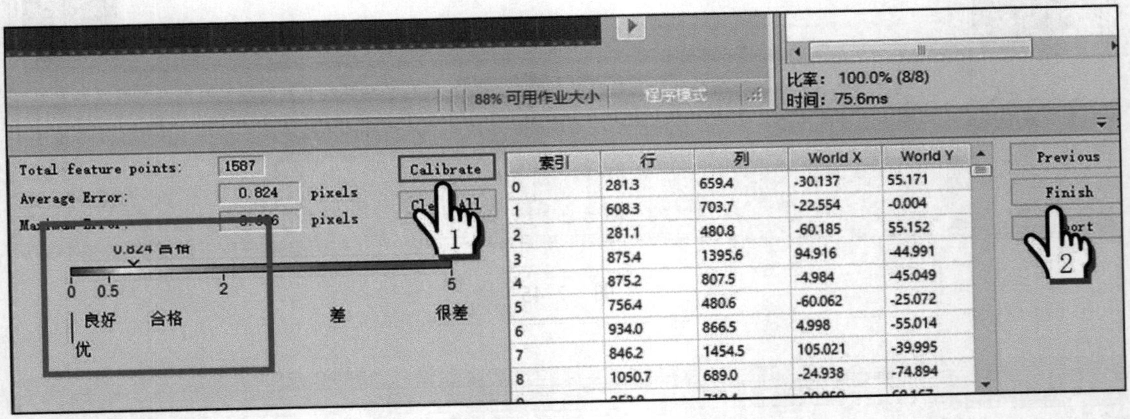

图 7-48

14）如图 7-49 所示，单击“Finish”后，在画面中会显示一个浅黄色的直角坐标系，显示当前摄像头通过校准后的坐标系位置。

15）当确认无误后，就完成了摄像头的校准。如图 7-50 所示，在校准界面单击“Export”输出校准数据，完成此次校准。

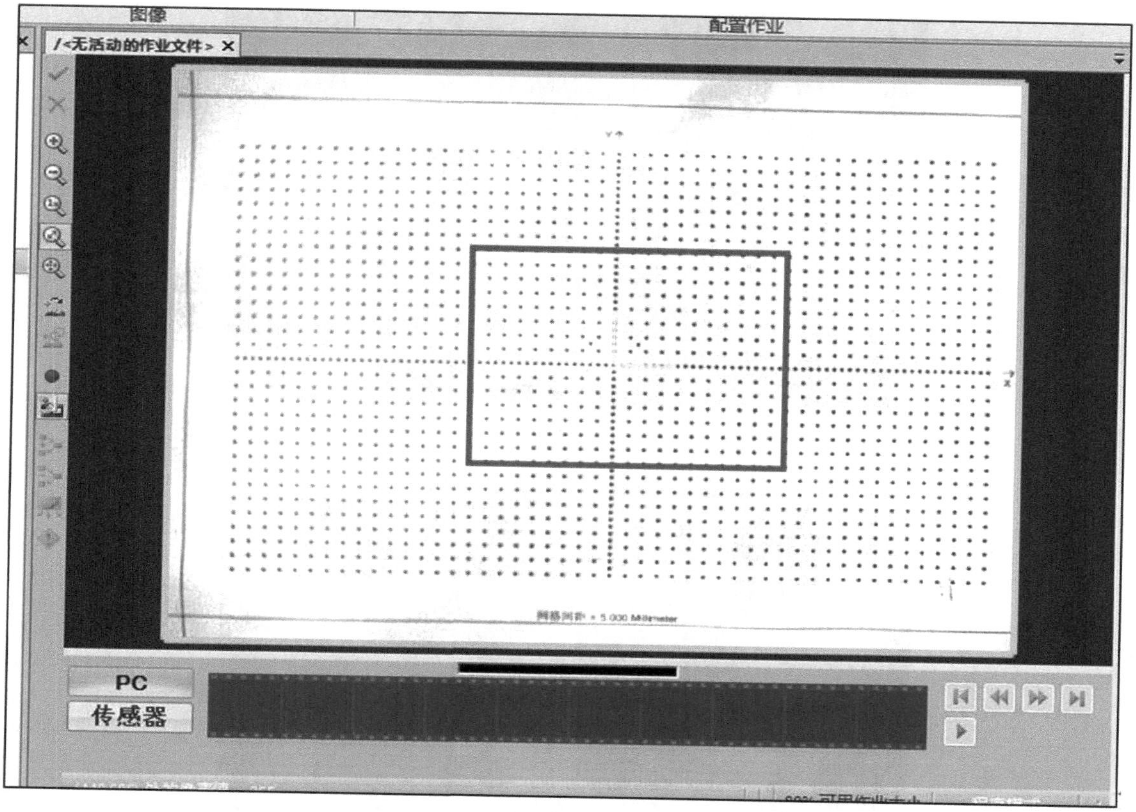

图　7-49

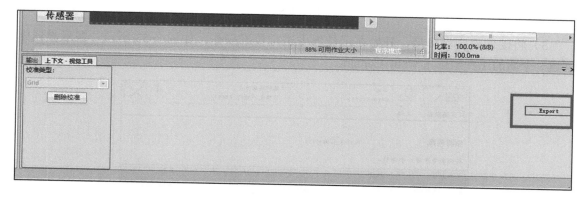

图　7-50

2. ABB 工业机器人校准

1）图 7-51 所示为 ABB 工业机器人夹爪全景图。

2）机器人在校准之前，需要在机器人夹具上加上中心点定位销，如图 7-52 所示。中心点定位销的尖端需要在夹爪的正中心，这样可以方便调试时更加精确地抓取产品。

图 7-51

图 7-52

3）将硬件设定完毕后，开始在示教器中进行校准操作。如图 7-53 所示，在示教器中创建一个新的工件坐标系 wobj_Camera。

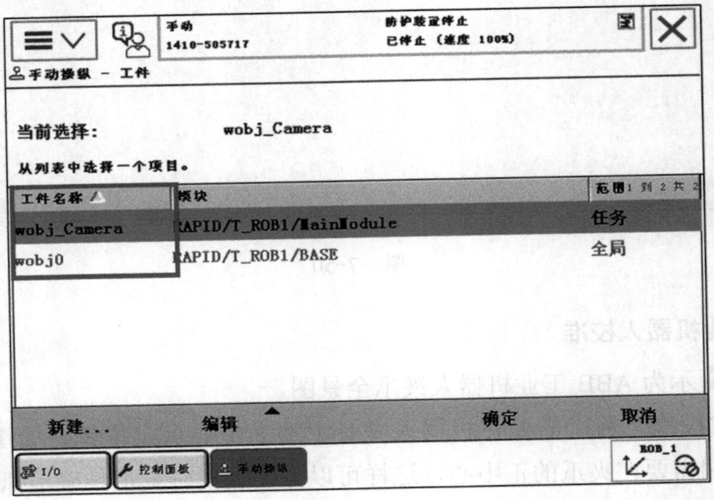

图 7-53

4）如图 7-54 所示，使用用户方法定义该工件坐标系。对应的 X1、X2 和 Y1 见步骤 5）、6）、7）。

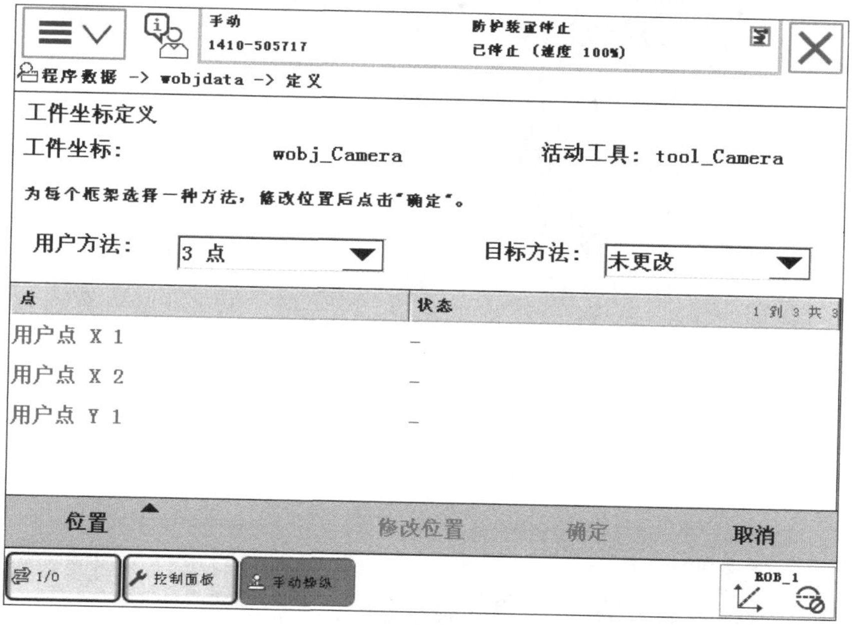

图　7-54

5）将 ABB 工业机器人移动到网格的中心点，定义为工件坐标系的 X1，如图 7-55 所示。

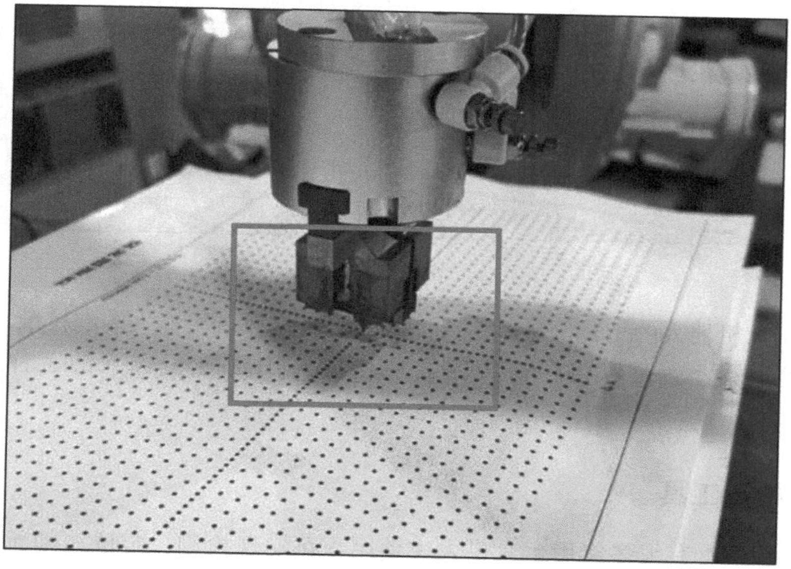
图　7-55

6）将 ABB 工业机器人移动到网格的 X 方向边缘点，定义为工件坐标系的 X2，如图 7-56 所示。

图 7-56

7）将 ABB 工业机器人移动到网格的 Y 方向边缘点，定义为工件坐标系的 Y1，如图 7-57 所示。

图 7-57

将 ABB 工业机器人的工件坐标系定义完成后，就完成了机器人端的校准。

通过上述步骤，就可以将摄像头的像素点与 ABB 工业机器人的工件坐标系 wobj_Camera 关联起来。

7.2.6 视觉检测工具

在视觉系统中，有很多实用工具供大家使用，可实现检测、定位、判断、计算等不同的功能，极大地扩展了视觉系统的应用范围。

在菜单栏中单击“添加“部件位置”工具”，展开如图 7-58 所示的工具。这些工具可用于检测产品的各种特征，根据检测出来的特征判断产品的位置。

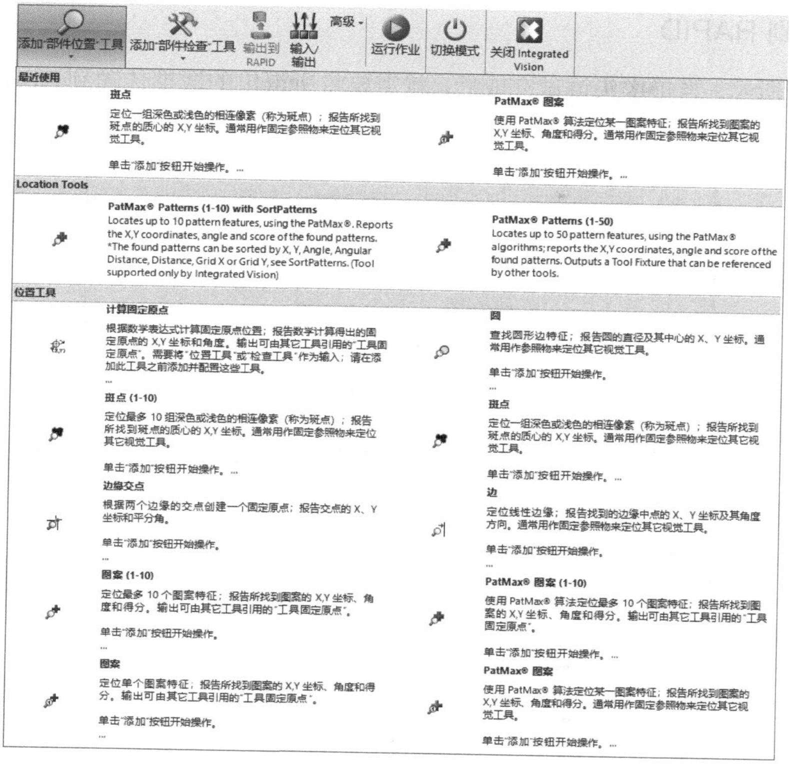

图　7-58

如图 7-59 所示，单击"添加部件检查工具"，会弹出相关工具。这些工具分为：测量工具、产品识别工具、存在 / 不存在工具、绘图工具、几何工具、计数工具、缺陷检测工具、数学逻辑工具、图像滤波工具、校准工具。

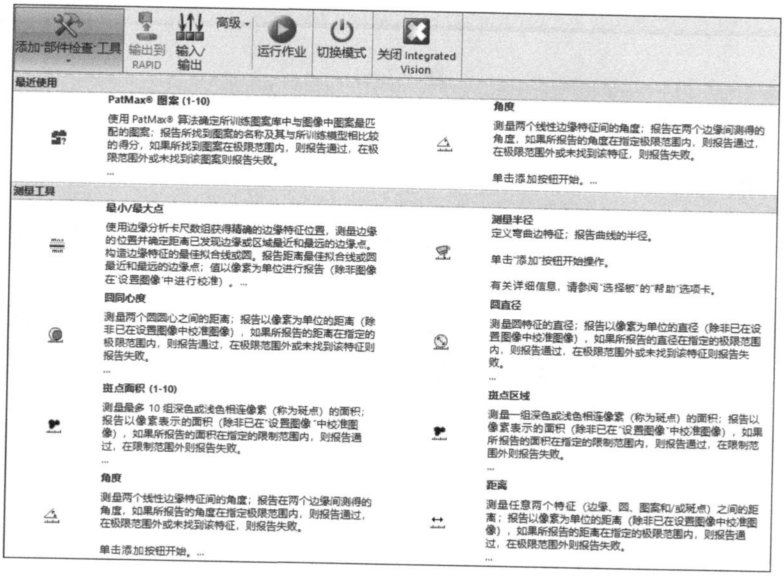

图　7-59

7.2.7 输出到 RAPID

如图 7-60 所示，当摄像头调试完成后，就需要将所得出的数据传输到 ABB 工业机器人，单击“输出到 RAPID”，进行数据传输设定。

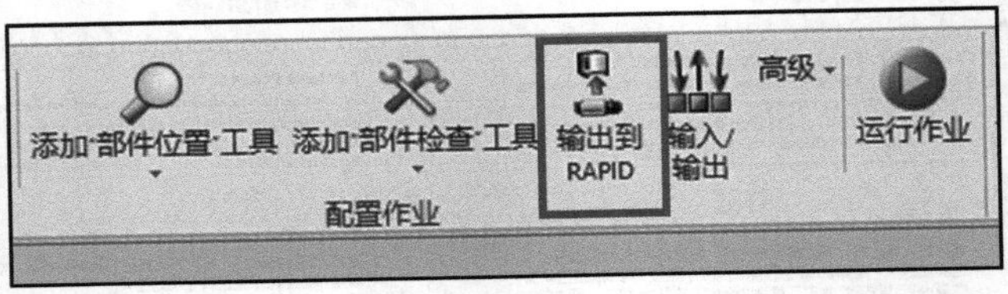

图 7-60

此时软件下方出现参数设定界面，如图 7-61 所示，在此界面添加对应的参数，ABB 工业机器人就可以在对应的参数中找到数据。

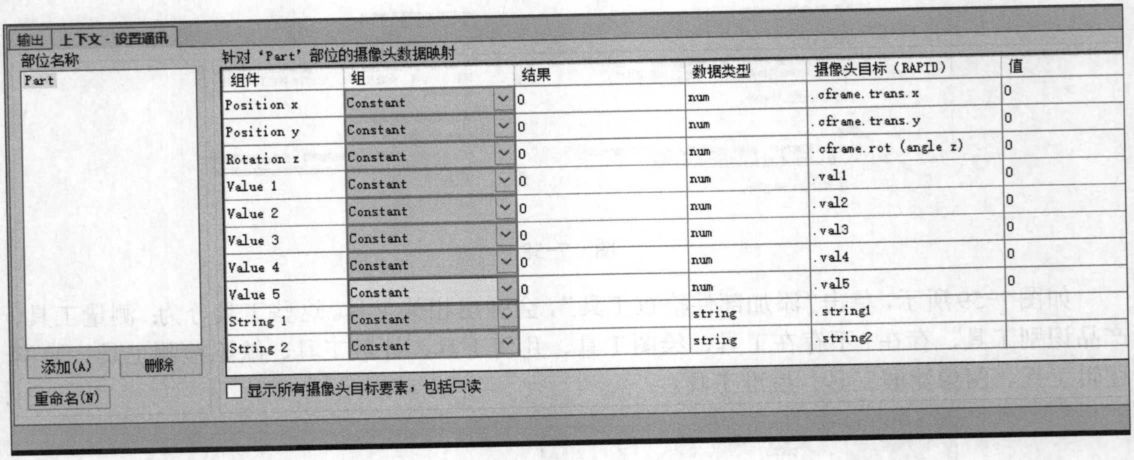
输出
上下文 - 设置通讯
部位名称
Part
针对‘Part’部位的摄像头数据映射
组件 | 组 | 结果 | 数据类型 | 摄像头目标（RAPID） | 值
Position x | Constant | 0 | num | .cframe.trans.x | 0
Position y | Constant | 0 | num | .cframe.trans.y | 0
Rotation z | Constant | 0 | num | .cframe.rot (angle z) | 0
Value 1 | Constant | 0 | num | .val1 | 0
Value 2 | Constant | 0 | num | .val2 | 0
Value 3 | Constant | 0 | num | .val3 | 0
Value 4 | Constant | 0 | num | .val4 | 0
Value 5 | Constant | 0 | num | .val5 | 0
String 1 | Constant | string | .string1
String 2 | Constant | string | .string2
添加(A)
删除
重命名(N)
显示所有摄像头目标要素，包括只读

图 7-61

7.2.8 模式切换

如图 7-62 所示，当编程完毕后，可手动单击“运行作业”，测试作业是否正确运行、是否正确捕捉产品。

在视觉系统中有编程模式和运行模式，可通过单击“切换模式”进行切换。在编程模式下可进行校准、工具的调整、修改与测试等工作，在运行模式下只能运行设定好的工具。

图 7-62

7.3　示教器图像界面与视觉编程

7.3.1　示教器图像界面

当在仿真软件上对摄像头调试完毕后，就可以在示教器查看当前摄像头的画面以及成像效果。在示教器上查看当前摄像头的画面时，摄像头会自动断开仿真软件的连接。下面开始讲解如何通过示教器查看摄像头以及相关数据。

1）ABB 工业机器人设定有专门的界面查看视觉图像。如图 7-63 所示，在示教器界面的左上方有“组合图像”，单击即可查看摄像头当前图像与相关参数。

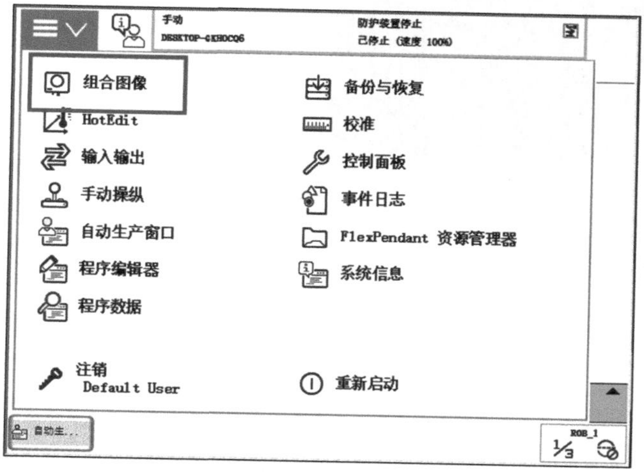

图　7-63

2）如图 7-64 所示，进入“组合图像”后，若当前仿真软件正在连接摄像头进行调试或查看，则会弹出窗口提示已有客户端连接摄像头。单击“确定”，断开仿真软件的连接，转为示教器连接摄像头。

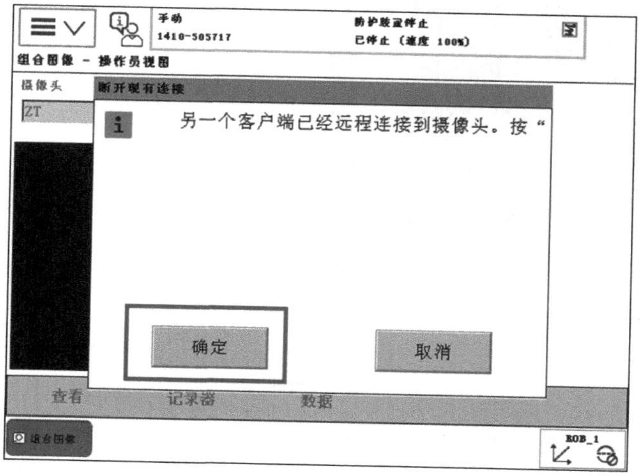

图　7-64

3）如图 7-65 所示，刚进入时需要选择摄像头，选择在仿真调试时的摄像头名称，如“ZT”。

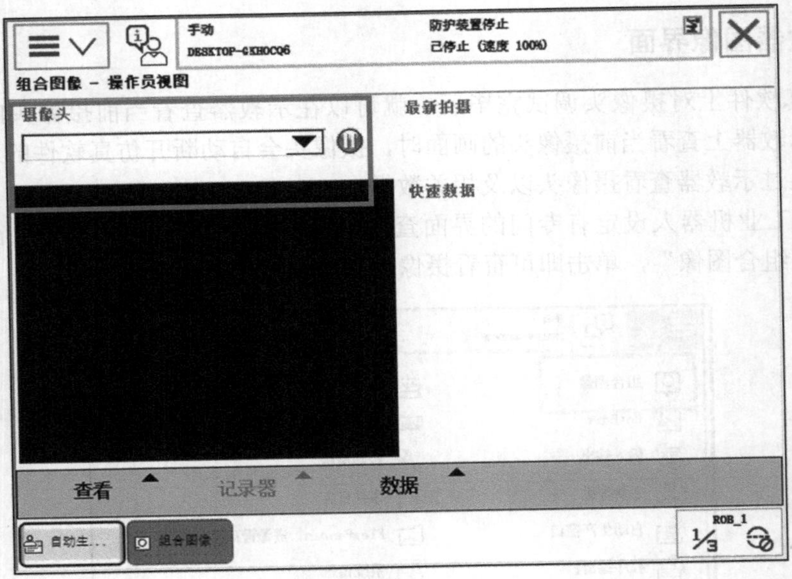

图 7-65

4）如图 7-66 所示，选择摄像头后，就会显示出当前摄像头画面，在右侧显示最新拍摄时间和数据。

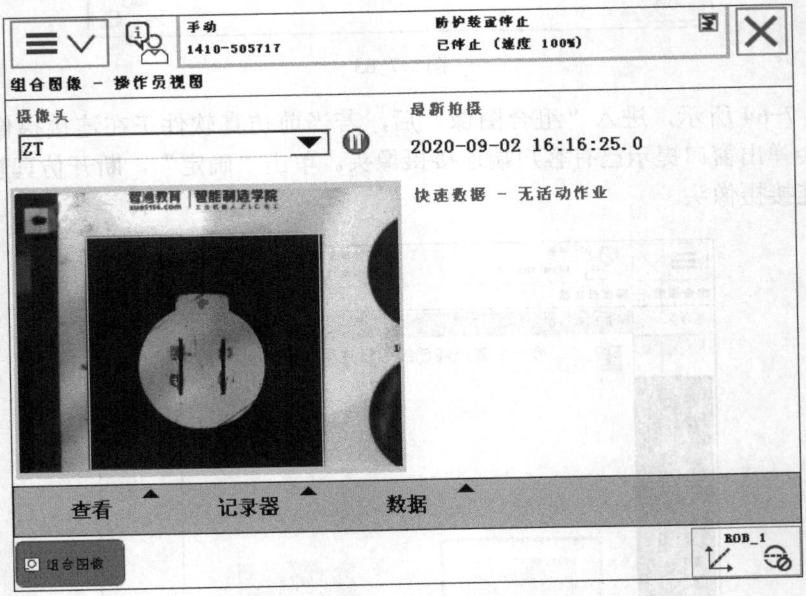

图 7-66

5）如图 7-67 所示，单击“查看”菜单，可选择画面显示的结果，可以选择同时查看图像和结果，也可以单独查看图像或结果。单独查看的好处是能显示更多的内容。

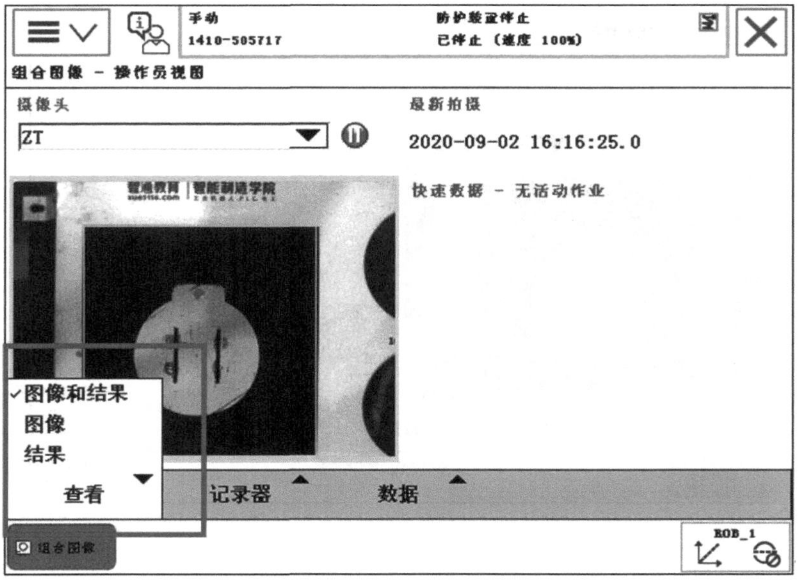

图　7-67

6）如图 7-68 所示，单击“记录器”，可以选择“显示”“冻结”“保存”。“显示”表示正常显示数据，“冻结”表示暂停数据更新显示，只显示当前数据界面。

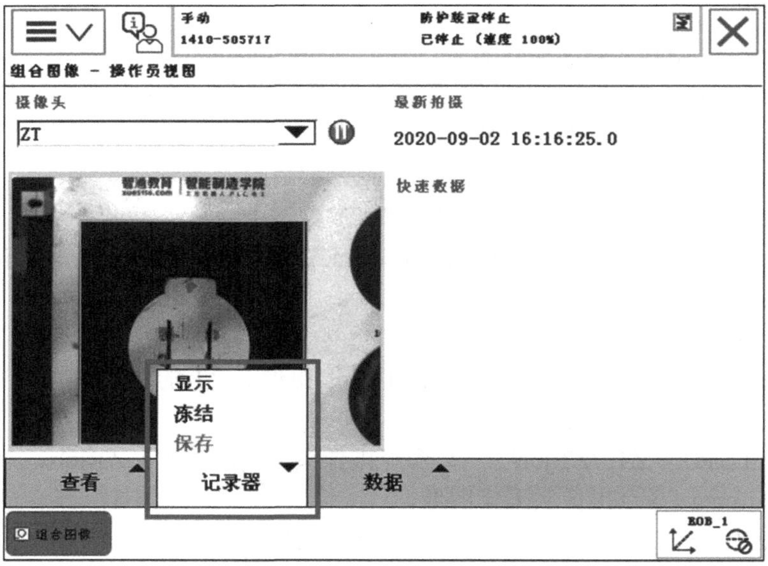

图　7-68

7）如图 7-69 所示，单击“数据”，可选择“配置”“摄像头结果”“默认”。

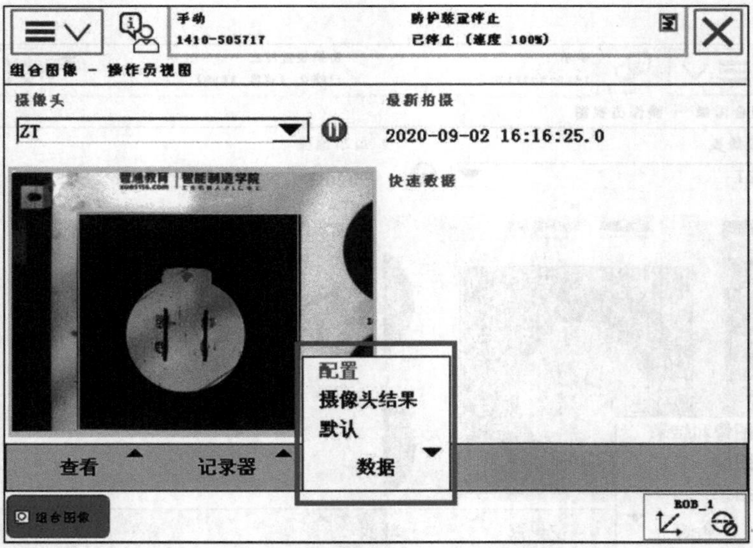

图 7-69

7.3.2 视觉集成相关指令

使用集成视觉（Intergrated Vision）插件需要用到相应的指令。ABB 工业机器人有丰富的指令可供使用。

1. 相关指令

1）AliasCamera 用别名定义摄像装置。

示例：AliasCamera ZhiTong, ZT; ！将摄像头 ZT 用“ZhiTong”别名代替。

2）CamFlush 从摄像头删除集合数据。

示例：CamFlush ZT; ！将摄像头 ZT 的数据全部清除。

3）CamGetParameter 获取不同名称的摄像头参数。

示例：CamGetParameter ZT, "Pattern_1.Fixture.X"\NumVar:=num_X; ！获取摄像头 ZT 的 Pattern.Fixture.X 的数据存入 num_X 中。

4）CamGetResult 从集合获取摄像头目标。

示例：CamGetResult ZT, cameratarget1; ！获取摄像头 ZT 的数据。

5）CamLoadJob 加载摄像头任务到摄像头。

示例：CamLoadJob ZT, "ZT.job"; ！命令摄像头 ZT 加载作业 ZT.job。

6）CamReqImage 命令摄像头采集图像。

示例：CamReqImage ZT; ！命令摄像头 ZT 拍摄一次。

7）CamSetExposure 设置具体摄像头的数据。

示例：CamSetExposure ZT\Brightness:=0.2; ！更改摄像头 ZT 的亮度为 0.2。

8）CamSetParameter 设置不同名称的摄像头参数。

示例：CamSetParameter ZT, "Math_1.X"\NumVar:=reg1; ！将摄像头 ZT 的 Math_1.X 的

参数改为 reg1。

9）CamSetProgramMode 命令摄像头进入编程模式。

示例：CamSetProgramMode ZT;　！将摄像头 ZT 设定为编程模式。

10）CamSetRunMode 命令摄像头进入运行模式。

示例：CamSetRunMode ZT;　！将摄像头设定为运行模式。

11）CamStartLoadJob 开始加载摄像头任务。

示例：CamStartLoadJob ZT, "ZhiTong.job";　！加载摄像头 ZT 的任务 ZhiTong.job。

12）CamWaitLoadJob 等待摄像头任务加载完毕。

示例：CamWaitLoadJob ZT;

2. 相关函数

1）CamGetExposure 获取具体摄像头数据。

示例：reg1:= CamGetExposure(ZT\ExposureTime);　！获取摄像头 ZT 的当前曝光时间，存入 reg1 中。

2）CamGetLoadedJob 获取所加载摄像头任务的名称。

示例：string2:= CamGetLoadedJob(ZT);　！获取摄像头 ZT 的当前任务，存入 string2 中。

3）CamGetName 获取所使用摄像头的名称。

示例：string3 := CamGetName(cameradev1);　！获取当前使用的摄像头名称，存入 string3 中。

4）CamNumberOfResults 获取可用结果的数量。

示例：reg2 := CamNumberOfResults(ZT);　！获取摄像头 ZT 运行过后可使用数据的数量，存入 reg2 中。

7.3.3 程序示例

1. 调整摄像头参数

视觉系统若需要调整参数，需要在编程模式下通过指令 CamSetExposure 和函数 CamGetExposure 对摄像头的曝光时间、亮度和对比度进行查看和修改。程序如下：

```
PROC rCamera()
    …
    reg1 := CamGetExposure(ZT\ExposureTime);    !获取当前摄像头 ZT 的曝光时间
    reg2 := CamGetExposure(ZT\Brightness);      ! 获取当前摄像头 ZT 的亮度设置
    reg3 := CamGetExposure(ZT\Contrast);        ! 获取当前摄像头 ZT 的对比度
    CamSetProgramMode ZT;                       ! 命令摄像头 ZT 设定为编程模式
    CamSetExposure ZT\ExposureTime:=5;          ! 更改摄像头 ZT 的曝光时间为 5ms
    CamSetExposure ZT\Brightness:=0.7;          !更改摄像头 ZT 的亮度为 0.7
    CamSetExposure ZT\Contrast:=0.3;            ! 更改摄像头 ZT 的对比度为 0.3
    …
ENDPROC
```

2. 加载、更换摄像头任务

视觉系统可以加载、更换摄像头作业。在编程模式下，可通过指令 CamLoadJob、CamStartLoadJob、CamWaitLoadJob 和函数 CamGetLoadedJob 对摄像头进行任务加载和查看，

```
PROC rCamera()
    ...
    String1 := CamGetLoadedJob(ZT);  ！获取摄像头 ZT 当前加载的任务
    ...
ENDPROC
```

加载任务有两种方法：

1）通过指令 CamLoadJob 加载。通过此指令，一定要等待任务全部加载完毕，程序才能继续运行，最大等待时间为 120s，超时则会报错并停止程序运行。

```
PROC rCamera()
    CamSetProgramMode ZT;                ！命令摄像头 ZT 进入编程模式
    CamLoadJob ZT, "ZhiTong007.job";     ！对摄像头 ZT 加载任务：ZhiTong007.job，并且等待任务
加载完成
ENDPROC
```

2）通过指令 CamStartLoadJob、CamWaitLoadJob 加载。通过这两条指令，可让任务在加载时不影响程序的运行。

```
PROC rCamera()
    ...
    CamSetProgramMode ZT;                ！命令摄像头进入编程模式
    CamStartLoadJob ZT, "ZhiTong.job";   ！对摄像头 ZT 加载任务：ZhiTong.job
    MoveJ p10, v500, z50, tool0;         ！机器人继续运行程序，完成工作任务
    Set Do_01Gripper;
    MoveJ p20, v500, fine, tool0;
    ...
    CamWaitLoadJob ZT;                   ！等待摄像头 ZT 任务加载完成
    String1 := CamGetLoadedJob(ZT);      ！获取摄像头 ZT 当前加载的任务
    IF String1 = "ZhiTong.job" THEN      ！判断当前任务是否为所要加载的任务
    CameraJob = TRUE;                    ！任务加载成功，正常运行程序
    ENDIF
    ...
ENDPROC
```

3. 控制摄像头拍摄

需要设定为运行模式才能控制摄像头拍摄。相关指令：CamSetRunMode、CamReqImage。

```
PROC rCamera()
    ...
    CamSetRunMode ZT;   ！命令摄像头 ZT 设定为运行模式
    CamReqImage ZT;     ！命令摄像头 ZT 拍摄一次
    ...
ENDPROC
```

4. 获取数据

获取数据有两种方式：

1）通过读取 Intergrated Vision 插件中设定输出 RAPID 的数据。如图 7-70 所示，图中“组”和“结果”表示需要输出的数据，在 RAPID 程序中可找到摄像头目标和部位参数。

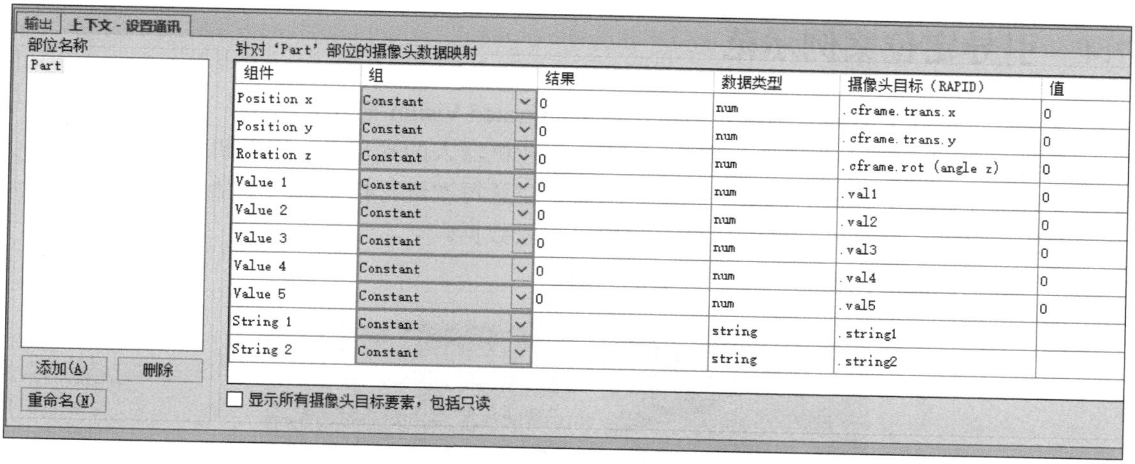

组件	组	结果	数据类型	摄像头目标（RAPID）	值
Position x	Constant	0	num	.cframe.trans.x	0
Position y	Constant	0	num	.cframe.trans.y	0
Rotation z	Constant	0	num	.cframe.rot (angle z)	0
Value 1	Constant	0	num	.val1	0
Value 2	Constant	0	num	.val2	0
Value 3	Constant	0	num	.val3	0
Value 4	Constant	0	num	.val4	0
Value 5	Constant	0	num	.val5	0
String 1	Constant		string	.string1	
String 2	Constant		string	.string2	

图　7-70

示例程序如下：

```
PROC rCamera()
    …
    CamSetRunMode ZT;        ！命令摄像头 ZT 设定为运行模式
    CamReqImage ZT;          ！命令摄像头 ZT 拍摄一次
    WaitTime 0.3;            ！延时 0.3s，让摄像头有缓冲时间进行拍摄与数据处理
    CamGetResult ZT, Part;   ！获取摄像头 ZT，Part 部位的数据
    reg1 := Part.val1;       ！读取 val1 数据
    reg2 := Part.val2;       ！读取 val2 数据
    reg3 := Part.val3;       ！读取 val3 数据
    reg4 := Part.val4;       ！读取 val4 数据
    reg5 := Part.val5;       ！读取 val5 数据
    string1 := Part.string1; ！读取 string1 数据
    …
ENDPROC
```

2）直接读取视觉工具上的数据，可通过指令 CamGetParameter 直接获取。示例程序如下：

```
PROC rCamera()
    …
    CamSetRunMode ZT;        ！命令摄像头 ZT 设定为运行模式
    CamReqImage ZT;          ！命令摄像头 ZT 拍摄一次
    WaitTime 0.3;            ！延时 0.3s，让摄像头有缓冲时间进行拍摄与数据处理
    CamGetParameter ZT, "Pattern_1.Fixture.X"\NumVar:= reg1;
                             ！获取摄像头 ZT 的工具名为 Pattern_1 下的 Fixture.X 的数据，存入 reg1 中
    CamGetParameter ZT, "Pattern_1.Fixture.Y"\NumVar:= reg2;
```

```
    CamGetParameter ZT, "Pattern_1.Fixture.Angle"\NumVar:=reg3;
    CamGetParameter ZT, "Pattern_2.Fixture.X"\NumVar:=reg4;
    ...
ENDPROC
```

7.4 引导定位案例示范

现通过一个视觉引导案例讲述如何使用 Intergrated Vision 插件。

如图 7-71 所示，当前摄像头安装在 ABB 工业机器人的夹爪上，跟随机器人一起运动，但视觉系统需要一个固定的拍摄位置，因此需要注意每次进行拍摄前，机器人都要运行到一个固定的拍摄点，并且停止稳定后再进行拍摄获取数据。

同时还需注意，摄像头最好垂直于拍摄面。

图 7-71

7.4.1 Intergrated Vision 插件调试

通过前面章节的学习，通过该插件调试摄像头的步骤如图 7-72 所示。

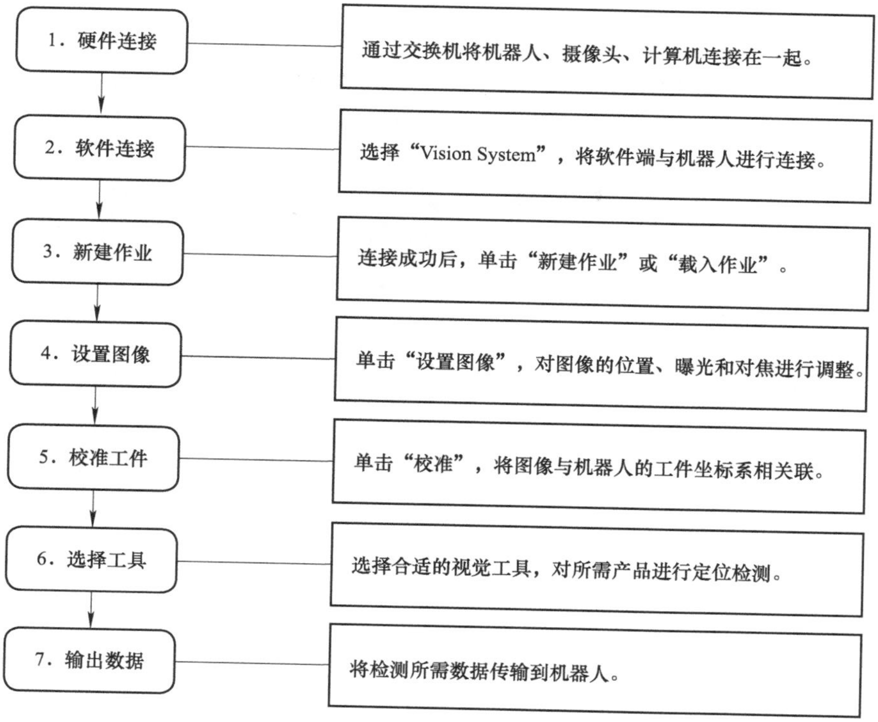

图　7-72

1. 硬件连接

分别将 ABB 工业机器人、摄像头、计算机与交换机进行连接，如图 7-73 所示。

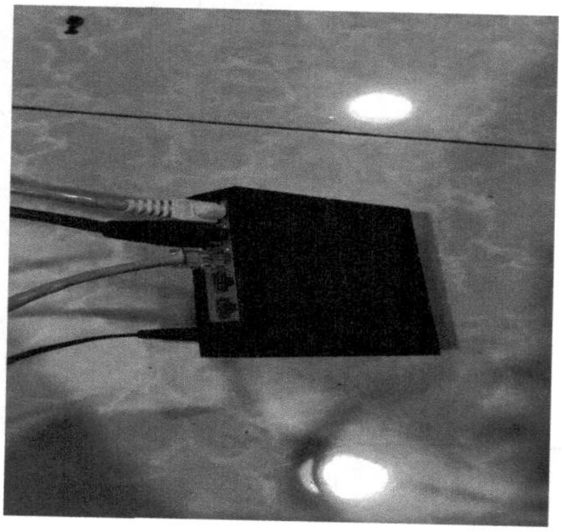

图　7-73

2. 软件连接

打开 RobotStudio 仿真软件在线连接 ABB 工业机器人，在控制器菜单下找到“Vision System”进行连接，如图 7-74 所示。具体操作步骤可参考 7.2.2。

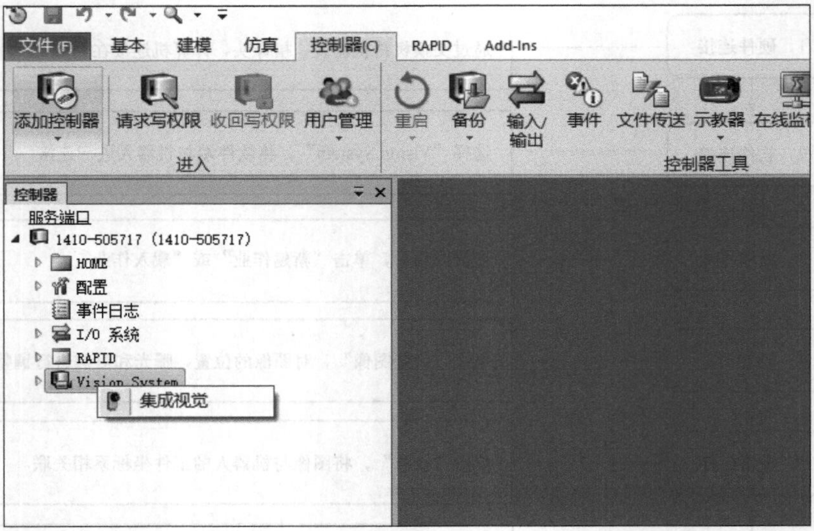

图 7-74

3. 新建作业

新建作业如图 7-75 所示。

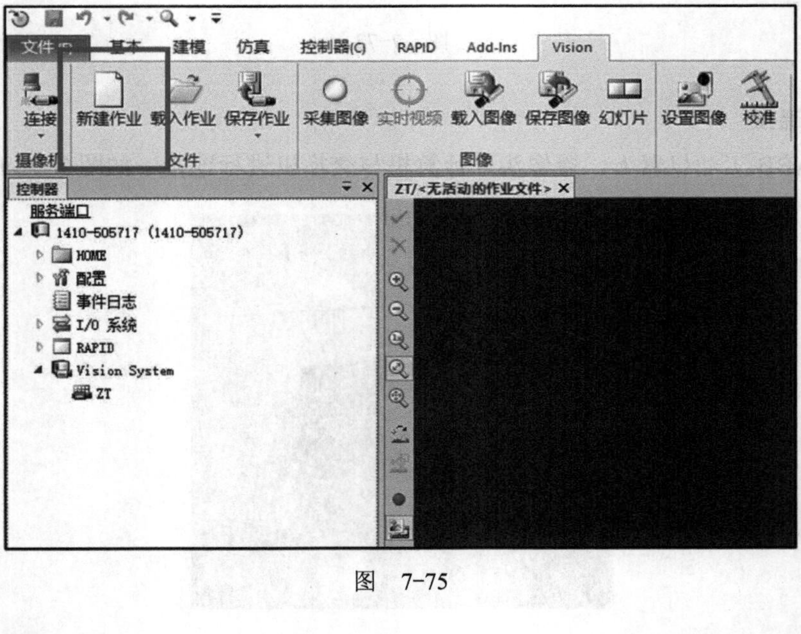

图 7-75

4. 设置图像

通过实时视频将 ABB 工业机器人调整到合适的位置，保存当前位置，当前位置通过示教器保存点位为 pPhoto，注意此位置不能轻易更改，一旦更改就需要重新进行校准。定位完成后将曝光度与对焦点调整到最佳。图 7-76 为机器人拍摄点；图 7-77 为将此位置保存为 pPhoto；图 7-78 为调整后的画面。

COGNEX

图　7-76

手动
DESKTOP-GKHOCQ6
防护装置停止
已停止 (速度 100%)
T_ROB1 内的<未命名程序>/Module1/rCamera
任务与程序
模块
例行程序
PROC rCamera()
MoveJ pPhoto, v500, fine, tool_Camera;
ENDPROC
添加指令
编辑
调试
修改位置
显示声明
自动生...
T_ROB1 Module1
手动操纵
ROB_1
1/3

图　7-77

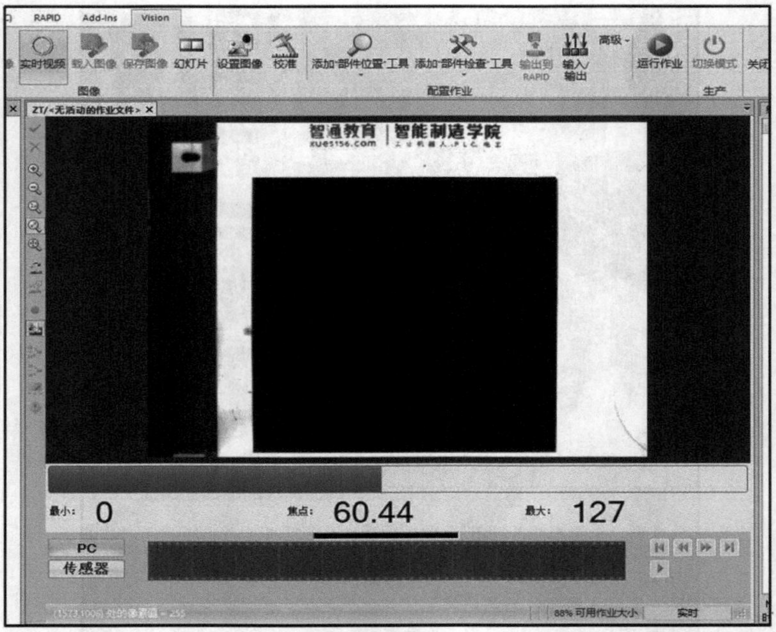

图 7-78

5. 校准

将提前准备好的校准图纸放入画面，如图 7-79 所示。详细步骤可参考 7.2.5。

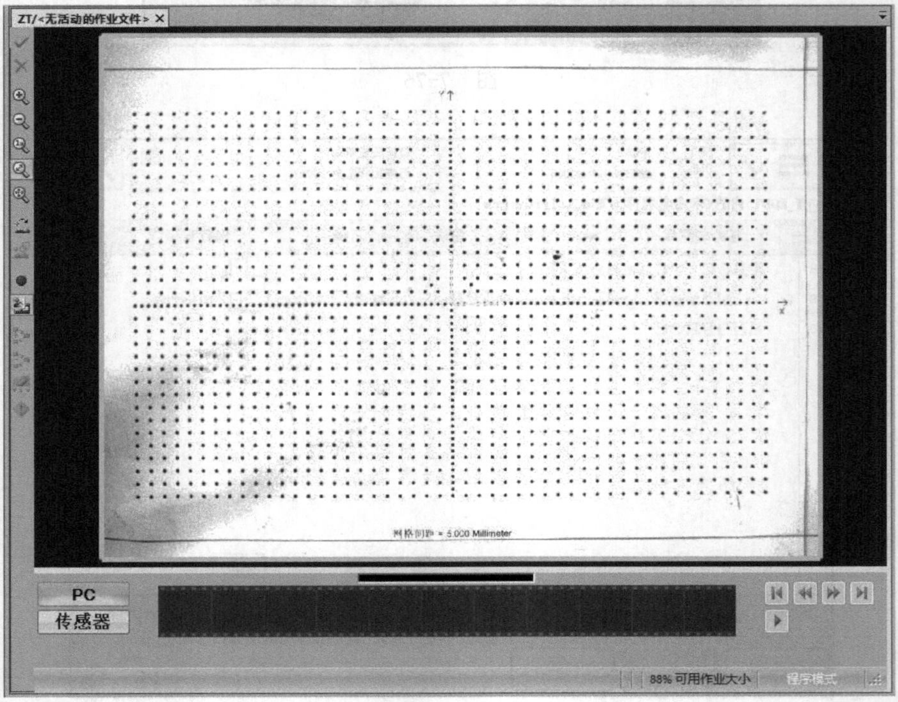

图 7-79

当摄像头校准完成后，还需要对机器人进行校准，机器人夹具夹取中心点尖端进行工件坐标系 wobj_Camera 定位，如图 7-80、图 7-81 所示。

图　7-80

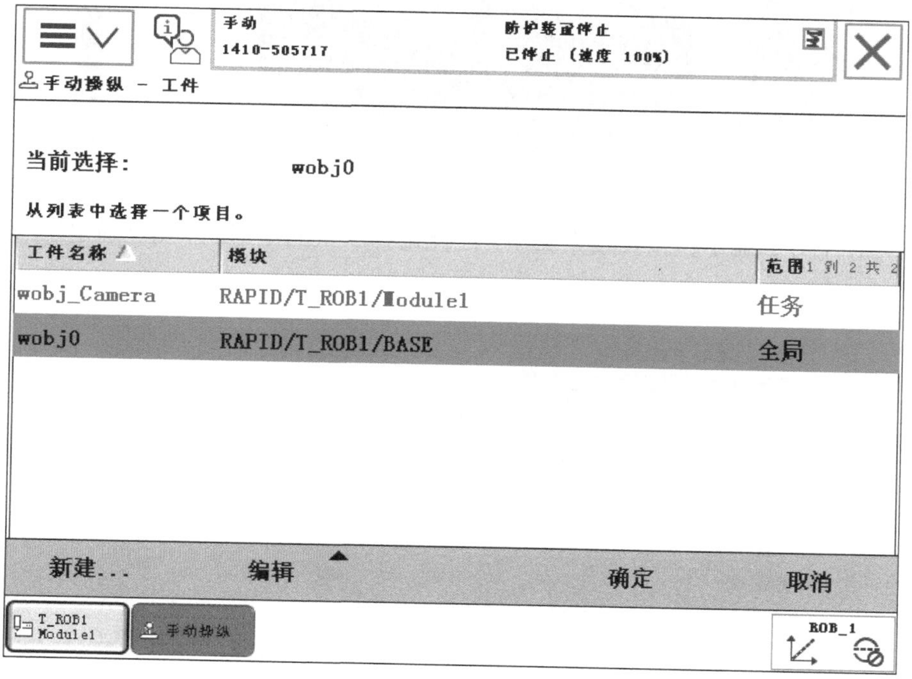

图　7-81

6. 添加视觉工具

1）此次是对支架底座进行检测定位，可使用“PatMax 工具”，如图 7-82 所示。

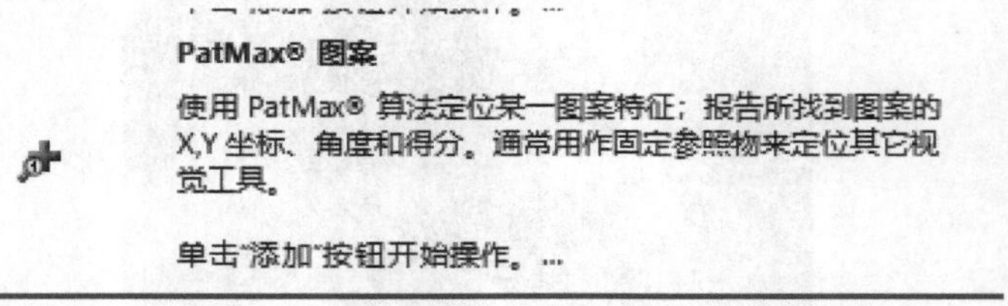
PatMax® 图案
使用 PatMax® 算法定位某一图案特征；报告所找到图案的X,Y 坐标、角度和得分。通常用作固定参照物来定位其它视觉工具。
单击“添加”按钮开始操作。...

图 7-82

2）选择“PatMax 工具”后，会在画面中会显示搜索框、模型框，如图 7-83 所示。

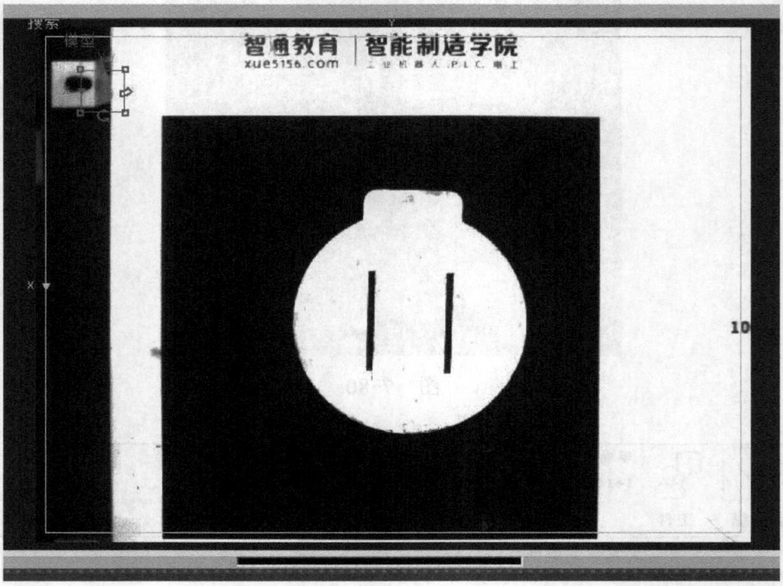

图 7-83

3）同时在下方会显示模型及搜索类型，在此选择默认的矩形，单击“确定”，如图 7-84 所示。

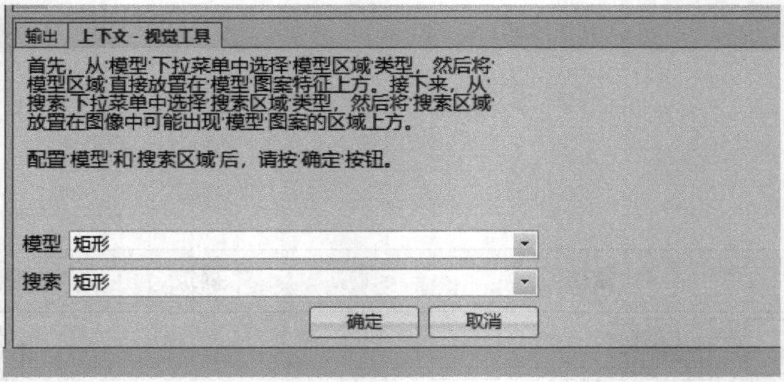

图 7-84

4）单击“确定”后，在右下方重新选择模型，如图 7-85 所示，将搜索区域设定到黑色部分、模型区域选择整个支架底座。

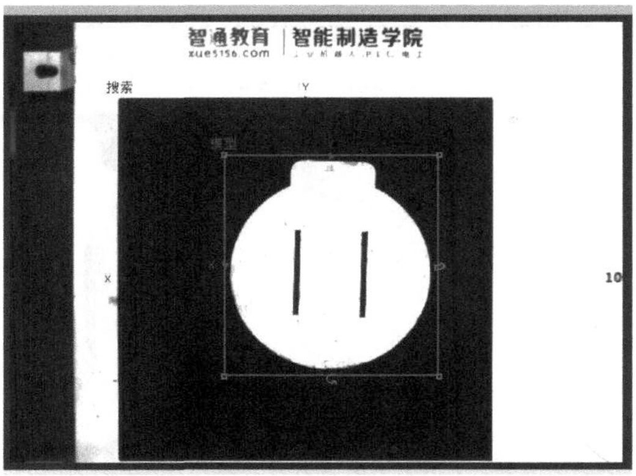

图　7-85

5）区域选择完毕单击“训练”，就可以在搜索框内捕捉到整个产品，并且将得出结果显示在右侧，如图 7-86 所示。在捕捉到的模型框内显示的绿色十字就表示输出的坐标系。

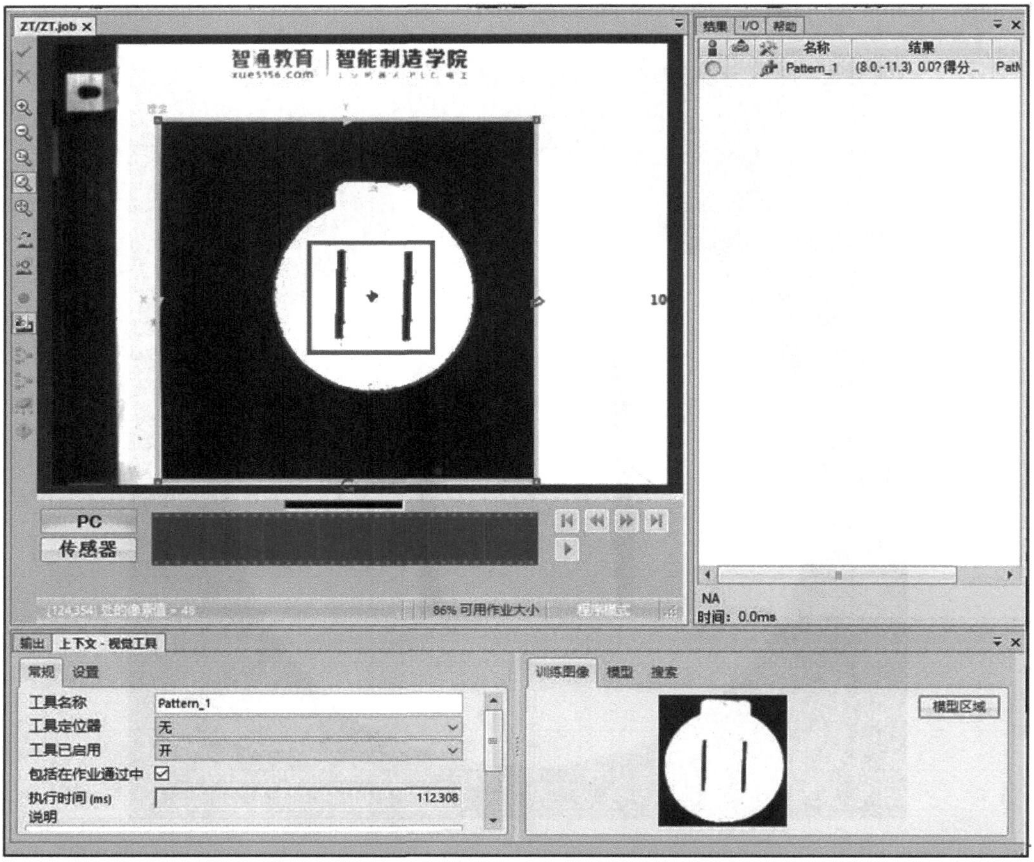

图　7-86

6）在工具设定界面中单击“设置”可以设定模型的参数。将旋转公差改为 180，那么产品放置位置就可以实现 360° 任意摆放都不影响其检测，如图 7-87 所示。

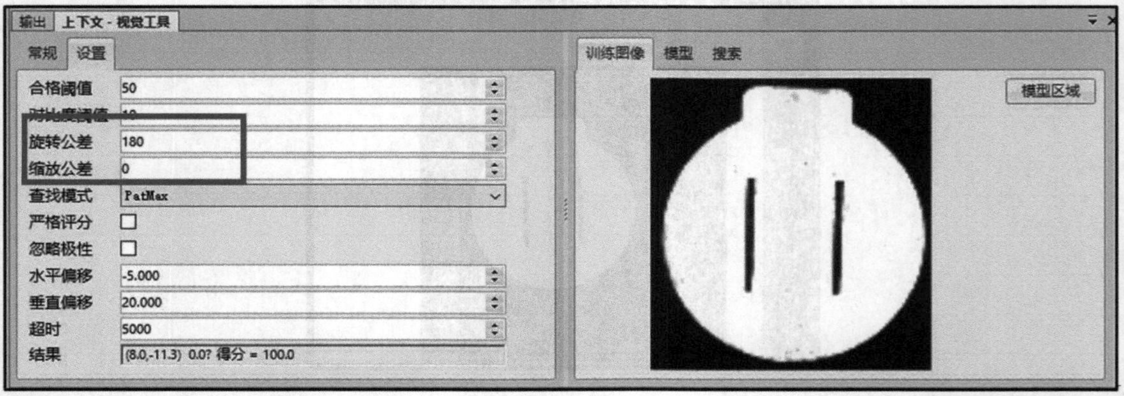

图 7-87

7）如图 7-88 所示，为了让摄像头成像的坐标值与产品抓取中心点一致，可对“水平偏移”和“垂直偏移”进行调整，如图 7-89 所示。

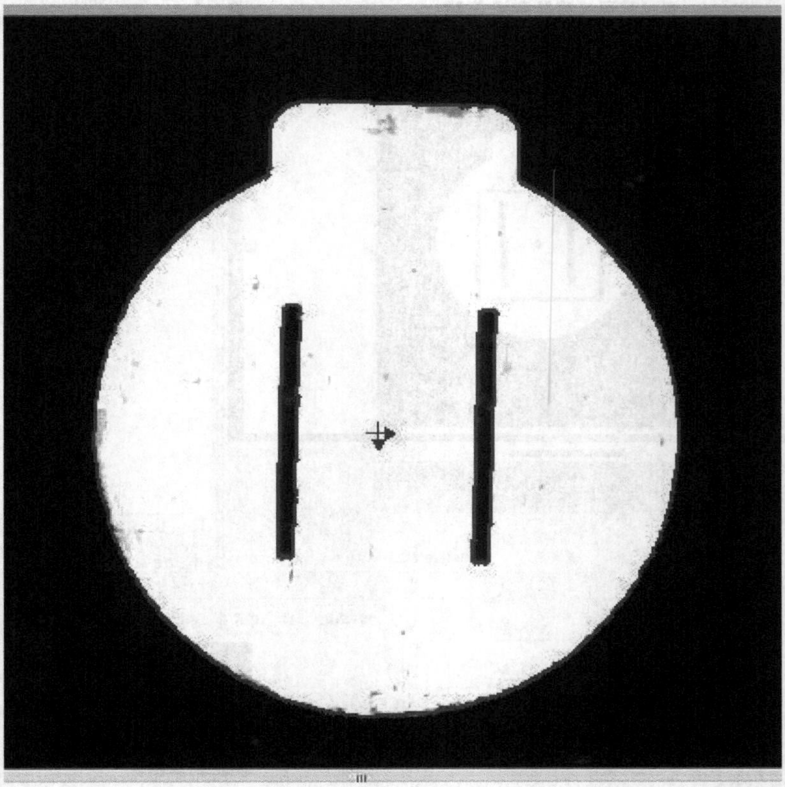

图 7-88

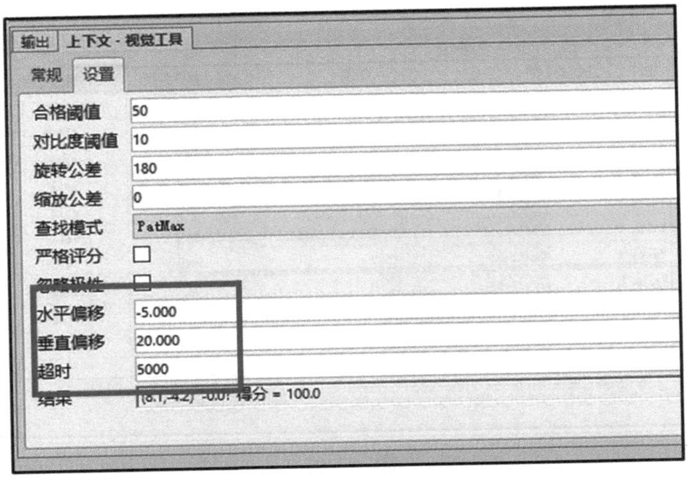

图 7-89

7. 输出到 RAPID

1）通过上述步骤可稳定有效地检测产品时，就需要将数据输出到机器人，单击“输出到 RAPID”，如图 7-90 所示。

图 7-90

2）此时，界面下方会显示数据选择界面，如图 7-91 所示。

图 7-91

3）填入对应数据，分别为 X、Y 和角度，如图 7-92 所示。

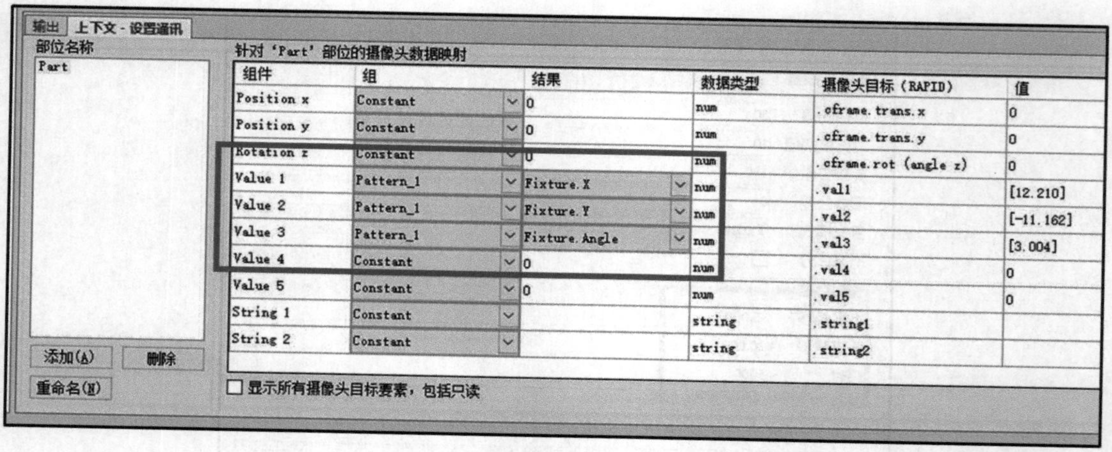

图 7-92

通过以上步骤，在仿真软件中对摄像头的调试已经完成。

7.4.2 示教器端调试

1. 查看

虽然不能通过示教器对“Intergrated Vision”插件进行直接调试，但是可以调试完毕后通过示教器查看当前摄像头的成像效果与所得数据。

打开组合图像菜单后，单击“数据”→“摄像头结果”，如图 7-93 所示。

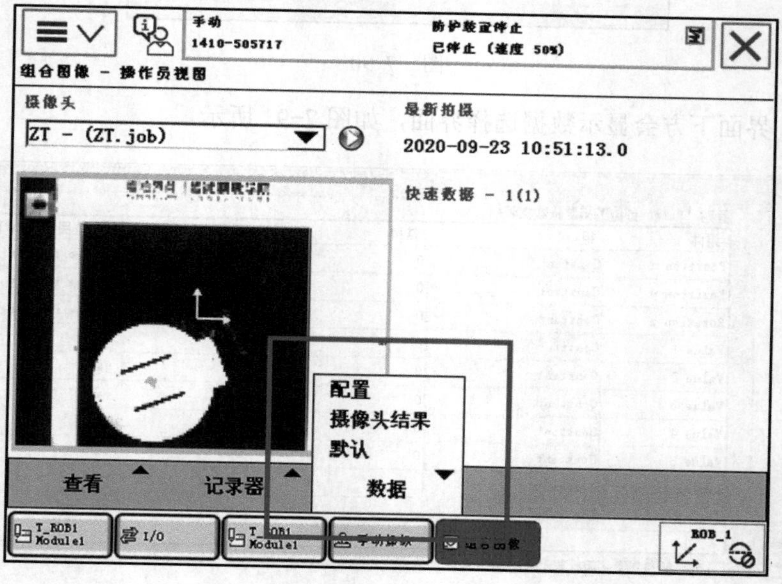

图 7-93

选择“摄像头结果”后，就可以在当前界面看到当前摄像头传输过来的数据，如图 7-94 所示。

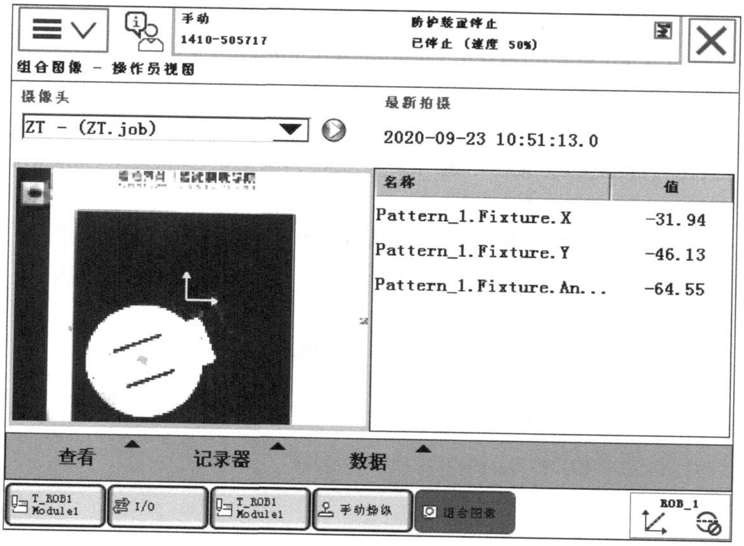

图　7-94

2. 编程

ABB 工业机器人的编程操作步骤如图 7-95 所示。

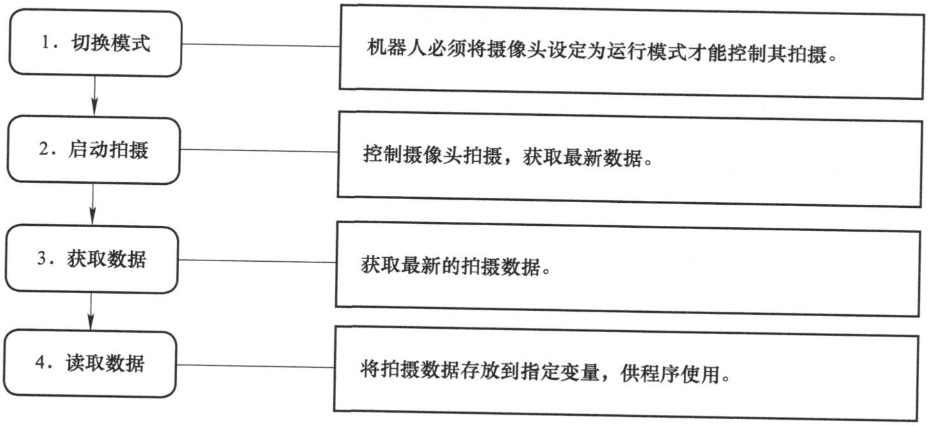

图　7-95

示例程序如下：

```
PROC rCamera()
        Set DO_01Gipper;
        MoveJ pPhoto, v500, fine, tool_Camera;     ! 移动到拍照点 pPhoto
        CamSetRunMode ZT;                          ! 将摄像头 ZT 设定为运行模式
        CamReqImage ZT;                            ! 命令摄像头 ZT 拍摄图片
        CamGetResult ZT, Part;                     ! 获取 ZT 下的 Part 组件的数据
        num_X := Part.val1;                        ! 读取 Part 组件的数据
        num_Y := Part.val2;
        num_Rz := Part.val3;
```

```
        pPick := CRobT(\Tool:=tool_Camera\WObj:=wobj_Camera);
        pPick.trans.x := num_X;    ！将读取到的数据修改 pPick
        pPick.trans.y := num_Y;
        pPick.trans.z := 30;
        MoveL RelTool(pPick,0,0,0\Rz:=-num_Rz), v1000, z10, tool_Camera\WObj:=wobj_Camera;    ！调
整夹具的角度
        MoveL Offs(pPick,0,0,-28), v200, fine, tool_Camera\WObj:=wobj_Camera;
        Reset DO_01Gipper;
        WaitTime 0.3;
        MoveL pPick, v200, z20, tool_Camera\WObj:=wobj_Camera;
        CamSetProgramMode ZT;
    ENDPROC
```

或者：

```
    PROC rCamera()
        Set DO_01Gipper;
        MoveJ pPhoto, v500, fine, tool_Camera;
        CamSetRunMode ZT;
        CamReqImage ZT;
        Waittime 0.3;
        pPick := CRobT(\Tool:=tool_Camera\WObj:=wobj_Camera);
        CamGetParameter ZT, "Pattern_1.Fixture.X"\NumVar:= pPick.trans.x;
        CamGetParameter ZT, "Pattern_1.Fixture.Y"\NumVar:= pPick.trans.y
        CamGetParameter ZT, "Pattern_1.Fixture.Angle"\NumVar:=num_Rz;
        ！直接读取摄像头工具的数据
        pPick.trans.z := 30;
        MoveL RelTool(pPick,0,0,0\Rz:=-num_Rz), v1000, z10, tool_Camera\WObj:=wobj_Camera;
        MoveL Offs(pPick,0,0,-28), v200, fine, tool_Camera\WObj:=wobj_Camera;
        Reset DO_01Gipper;
        WaitTime 0.3;
        MoveL pPick, v200, z20, tool_Camera\WObj:=wobj_Camera;
        CamSetProgramMode ZT;
    ENDPROC
```

通过运行上述程序，就能实现该产品的抓取动作。本章附件资源文件夹中提供了定位引导案例的相机程序、案例图片以及机器人虚拟工作站，以供读者参考。

课后练习

1. ABB 工业机器人使用集成视觉需要添加（　　）系统选项。

   A. 1341-1/1520-1 Intergrated Vision Interface

   B. 1341-1 Intergrated Vision Interface

   C. 616-1 PC Interface

   D. 1520-1 Intergrated Vision Interface

2. 下列哪个指令用于控制摄像头采集图像？（　　）

A. CamGetResult　　B. CamSetExposure

C. CamSetImage　　D. CamReqImage

3. 下列哪个指令用于设置具体摄像头的数据？（　　）

A. CamGetResult　　B. CamSetExposure

C. CamSetImage　　D. CamReqImage

4. 视觉系统保存作业文件的扩展名是______。

5. CamSetProgramMode 的作用是命令摄像头进入______模式。

6. Intergrated Vision 插件的调试步骤：硬件连接→软件连接→新建作业→设置图像→______→选择工具→______。

7. 运行以下程序后可以正确获取摄像头拍摄的数据。（ √ /× ）

```
PROC rCamera()
    ...
    CamSetProgramMode ZT;
    CamReqImage ZT;
    WaitTime 0.3;
    CamGetResult ZT, Part;
    reg1 := Part.val1;
    ...
ENDPROC
```

8. 示教器在“组合图像”下可以修改摄像头的工具参数。（ √ /× ）

9. 校准的作用就是创建 ABB 工业机器人的工件坐标系。（ √ /× ）

10. 必须使用 32 位的 RobotStudio 才能调试 Intergrated Vision 插件。（ √ /× ）

课后练习答案

第 1 章　课后练习答案

1．镜头　光源　滤镜
2．CCD　CMOS
3．计算理论层次
4．电子产品　半导体产品
5．瑕疵检测　尺寸测量
6．AOI（Automated Optical Inspection）
7．最黑　最白
8．图像数据

第 2 章　课后练习答案

1．选型时以客户的应用需求为导向；
硬件性能参数满足应用需求即可，不能配置不足，也不宜配置过高；
在满足应用需求的前提下，优先选择价格低廉的产品；
2．光信号　电信号
3．GIGE 千兆网卡接口　USB3.0 接口
4．相对运动
5．体积　感受波普范围　噪声
6．500
7．16 毫米 / 英寸
8．在特定物距范围内
9．背光照射
10．越大　越小

第 3 章　课后练习答案

1．7000　200
2．彩色相机
3．In-Sight Explorer
4．EasyBuilder　电子表格
5．逻辑函数，用于条件判断
返回逻辑取反运算结果
6．×
7．√
8．×

9．用户 LED1：处于活动状态时，指示灯为绿色。使用 4 号离散输出线进行用户配置。
用户 LED0：处于活动状态时，指示灯为红色。使用 5 号离散输出线进行用户配置。
电源 LED：当电源供电时，指示灯为绿色。
网络状态 LED：当检测到网络连接时，指示灯为绿色。

10．

1）打开安装好的软件，进入“系统”菜单，依次打开“选项”→“仿真”，复制“脱机编程引用码”。

2）回到官网的软件下载页面，单击左侧的“In-Sight 模拟器软件密钥”，进行授权。

3）输入公司名和粘贴“脱机编程引用码”后，单击“获取密钥”，然后复制生成的密钥（在这一步，需要在官网以企业邮箱注册账号并处于登录状态）。

第 4 章　课后练习答案

1．查看　　Ctrl+Shift+3

2．图案匹配、条码识读、字符识别

3．图形函数

4．坐标变换函数

5．相机触发、连续触发、外部触发、手动触发、网络触发

6．行坐标值、列坐标值、旋转角度值

7．ID　　ORC

8．一片单元格区域内

第 5 章　课后练习答案

1．发送信号　　接收信号　　信号地

2．函数解释说明：

1）事件函数。通过设定事件触发条件，更新所有从属单元格的状态

2）字符串构建函数。可设置字符串的格式，如前缀、后缀、分隔符、小数位等

3）从串行接口接收文本字符串

4）向串行接口发送文本字符串

5）用于 WriteDevice 和 ReadDevice 建立 TCP/IP 连接

6）在使用 TCP/IP 的网络上发送一个或多个单元格值到另一个装置

7）从网络上的另一个设备上接收数据

3．“’　”+ 内容（文字、数字、字母等）

4．波特率、奇偶校验、数据长度和停止位

5．616-1 PC Interface

6．√

7．×

8．√

9．×

10．程序如下：

```
VAR socketdev socket1;
    VAR string received_string:="";
    PROC ClientProgram()
        SocketClose socket1;
        SocketCreate socket1;
        SocketConnect socket1,"192.168.18.20",1025;
        SocketSend socket1\Str:="AB1";
        Waittime 2;
        SocketClose socket1;
        SocketCreate socket1;
        SocketConnect socket1,"192.168.18.20",1025;
        SocketReceive socket1\Str:=received_string;
        TPWrite received_string;
        received_string:="";
        WaitTime 10;
        SocketClose socket1;
    ENDPROC
```

第 6 章　课后练习答案

1. 服务器　　客户端
2. 单引号 / ‘
3. 定义一个 TCP 通信通道
4. ReadDevice　　WriteDevice　　SocketReceive　　SocketSend
5. 将一段字符串转化为一个数值　　布尔 /bool
6. 单元格状态
7. 物理单位　　像素单位
8. 客户端

第 7 章　课后练习答案

1. A
2. D
3. B
4. Job
5. 编程
6. 校准工件　　输出数据
7. ×
8. ×
9. ×
10. √

参 考 文 献

[1] 蒋正炎，许妍妩，莫剑中．工业机器人视觉技术及行业应用 [M]．北京：高等教育出版社，2018．
[2] 宋云艳，段向军．工业现场网络通信技术应用 [M]．北京：机械工业出版社，2017．
[3] 李正军．现场总线与工业以太网及其应用技术 [M]．北京：机械工业出版社，2011．
[4] 智通教育教材编写组．工业机器人与 PLC 通信实战教程 [M]．北京：机械工业出版社，2020．